新文京開發出版股份有限公司

新世紀‧新視野‧新文京 — 精選教科書‧考試用書‧專業參考書

New Wun Ching Developmental Publishing Co., Ltd.

New Age · New Choice · The Best Selected Educational Publications—NEW WCDP

餐飲服務

REVIEW OF
RESTAURANT SERVICE

總複習

好文化編輯小組 ◎ 編著

序言 PREFACE

　　民國90年週休二日制度實施後，帶動整體餐飲產業的蓬勃發展，至此影響餐飲相關產業對服務人員的大量需求，因此培養良好的餐飲服務人員成為餐旅類科學校的重要目標之一。

　　本書依據中華民國107年教育部發布之十二年國民基本教育技術型高級中等學校群科課程綱要－餐旅群「餐飲服務技術」編輯整理而成。本課程在協助學生了解餐飲服務的一般知識、規範並熟練餐飲服務之基本技能，以培養學生正確的服務態度與職業道德。

　　本課程目標如下：

(一) 了解餐飲服務業的專業知識、具備系統思考與解決問題能力。

(二) 熟悉餐廳營業所需之設備及器具，能規劃與執行各項服務工作。

(三) 熟練餐飲服務之基本服勤技巧，能規劃、執行與創新應變。

(四) 重視餐飲服務衛生安全、重視職場倫理與養成職場衛生安全習慣。

(五) 能思辨勞動法令規章與相關議題。

(六) 具備餐旅職場危機處理基本之能力，以因應危機事件。

本書特點：

1. 本書彙整相關理論知識並參照、分析歷屆試題，讓學習者在知識技能的研讀上能一目了然。

2. 在每一章節後，放入重要試題及解析，以加深學習者對該章節之記憶。

3. 相關章節附上圖片，以加強學習效果。

編著者 謹識

目錄 CONTENTS

CHAPTER

RESTAURANT

餐廳服務基本觀念

1-1 餐飲商品

1-2 基本服務禮儀與儀態

1-3 餐廳服務人員的組織與工作職責

◆—— 趨·勢·導·讀 ——◆

本章之學習重點：

服務員基本的服務禮儀與儀態介紹，身為餐飲人的基本禮儀都是需要注重的，需熟記職稱的中英對照並了解其工作的內容。

1. 認識餐飲商品中有形商品及無形商品。

2. 認識基本的服務禮儀與儀態。

3. 瞭解餐廳服務人員的配置組織與工作職責。

致・勝・關・鍵

1-1 餐飲商品

一、餐飲商品的構成要素

餐旅業(Hospitality Industry)屬於服務業，因商品獨具特色，大致分為有形（硬體設施）與無形（軟體服務）兩大類：

分　類	說　明	要　素	舉　例	備　註
有形商品	直接與消費者喜好有關	支援設施(Supporting Facilities)	建築、裝潢、座位、制服、餐具、設備	提供服務時所需的資源，但不可帶走
		促成貨品(Facilitating Goods)	餐點種類、飲料等客用消耗品	顧客所消費的實質商品，無再次使用
無形商品	間接影響消費者再次消費的意願	外顯服務(Explicit Services)	清潔、衛生、服務、氣氛、色香味	顧客五官所認知到的觀感
		內隱服務(Implicit Services)	舒適、方便、幸福感、身分	顧客心裡所認知到的觀感

二、餐飲業的特性

項　目	說　明
無形性(Intangibility)	1. 又稱不可觸摸性，非具體的，是一種不容易看見的商品。 2. 是一種顧客滿意度短暫的商品。 3. 餐飲服務的施行，是以人對人的情況為主。
易逝性(Perishability)	1. 又稱為不可儲存性、易腐性、易滅性，並非在特定需求的時間提供服務，而服務既不能儲存，也不能保留下來，是屬於高廢棄性的行業。 2. 例如：旅館客房未住滿，第二天並不能多住一些人；飛機起飛後，空的座位已無價值可言。
不可分割性(Inseparability)	提供服務的人與設備，必須與消費者同時間出現，不可分割。
異質性(Heterogeneity)	每位顧客對服務的期望並不相同，而每位服務人員所提供的服務內容，也無法完全的標準化，因此業者須訂定「標準作業流程(SOP)」來克服異質性。
無歇性(Continuously)	餐旅業大多是全年無休、全天候24小時無休的服務行業，大多採「輪班制度」(Shift work)。

考題推演

(B) 1. 一間餐廳成功的要素不只有餐點好吃，還包含很多的其他部分，若是提到「內隱服務」所指的代表是哪一項？ (A)建築、餐具、菜單、裝潢 (B)舒適、身分、幸福感、方便 (C)清潔、衛生、氣氛、色香味 (D)餐單、飲料、吸管、火柴。 【97統測模擬－餐服】

解答▶ B

解析▶ 無形商品：＊內隱服務的舉例為：舒適、身分、幸福感、方便。
＊外顯服務的舉例為：清潔、衛生、氣氛、色香味。
有形商品：＊支援設施的舉例為：建築、餐具、菜單、裝潢。
＊促成貨品的舉例為：餐單、飲料、吸管、火柴。

(D) 2. 關於餐飲產品的特性，下列哪些項目不屬於「intangible products」？甲、用餐氣氛；乙、服務態度；丙、裝潢；丁、菜單；戊、餐點 (A)甲、乙、丙 (B)甲、丙、戊 (C)乙、丙、丁 (D)丙、丁、戊。 【100統測－餐管】

解答▶ D

解析▶ intangible products：內隱服務。

(B) 3. 顧客到餐廳用餐是為了滿足對於餐飲與飲料的基本需求，其餐飲和飲料是餐飲商品構成要素的何者？ (A)Supporting Facilities (B)Facilitating Goods (C)Explicit Services (D)Implicit Services。

解答▶ B

解析▶ (A)Supporting Facilities（支援設施）、(B)Facilitating Goods（促成貨品）、(C)Explicit Services（外顯服務）、(D)Implicit Services（內隱服務）。

(D) 4. 消費者透過感官知覺觀察或感受到的餐廳商品、服務、環境及氛圍等，是屬於餐飲服務商品中的何者？ (A)Supporting Facilities (B)Faciliting Goods (C)Implicit Services (D)Explicit Services。 【105-1模擬專二】

解答▶ D

解析▶ (A)支援設施、(B)促成商品、(C) 內隱服務、(D)外顯服務。

( ) 5. 下列屬於餐飲商品中Facilitating Goods 的是：甲、劍叉；乙、餐食；丙、餐檯；丁、餐巾；戊、餐具；己、紙巾；庚、菜單；辛、杯墊 (A)甲丙丁戊 (B)甲乙己辛 (C)乙丙丁戊 (D)乙己庚辛。 【105-2模擬專二】

解答 B

解析 甲、劍叉；乙、餐食；己、紙巾；辛、杯墊，屬於餐飲促成商品(Facilitating Goods)丙、餐檯；丁、餐巾；戊、餐具；庚、菜單，屬於餐飲支援設施(Supporting Facilities)

1-2 基本服務禮儀與儀態

一、服務人員之人格特質

人格特質	說　明
能控制情緒	1. 服務業是一種「人對人」(Person To Person)為導向的產業，因此餐旅從業人員應對人有興趣，並對個人的「情緒管理」(Emotional Control)，有高度控制能力。 2. 控制情緒人格特質「3Q」： 　「智慧商數」(Intelligence Quotient , IQ)。 　「情緒商數」(Emotional Quotient , EQ)。 　「逆境處理商數」(Adversity Quotient , AQ)。
個性較外向	1. 能接納新朋友，樂於交朋友、也善於交朋友，且能主動結交朋友。 2. 能包裝自己形象與推銷自己，並將最好的一面，呈現給他人。 **3. 具積極、進取的工作態度，例如想要將事情做至盡善盡美的境界，而不是將餐旅服務視為安逸的日常工作。**
具有高度親和力	容易相處、親切、隨和、樂群、認真、負責、可靠、有效率與高忠誠度等，各種正面的人格特質。
高度經驗開放	1. **對新的事物，有意願學習，能接受新的事物與挑戰。** 2. 有接納、主動、冒險、學習的精神，具備創新、想像力、前瞻性等人格特質。
具嚴謹自律性	1. **具有高度的責任感、自動自發的行為、盡忠職守並注意細節。** 2. 以專業的態度與高度的工作熱忱，積極專注於餐旅服務的工作上。

二、服務人員之基本要求

項　目	說　明
健康的身心	從事餐旅服務業的人員，最基本的特質是身心健康，才足以應付每天大量的勞力工作。
整齊的儀表	儀表(Appearance)是整體餐旅企業形象(Image)最重要的一環，代表個人的專業形象，也代表該餐旅企業是有紀律、有訓練的一個企業體。
親切的態度	態度(Attitude)是一切服務的根本，**親切的態度正是餐旅服務業的最基本要求，是發自內心「以客為尊」的企業服務信念。**
敏捷的反應力	由於顧客的多元性與需求的異質性，服務人員應以敏捷的反應力，因應不同的人、事、時、地、物而制宜，以符合顧客的各種需求。
能善於溝通	「溝通」(Communication)是指透過語言的表達。良好的表達能力可以補足服務層面的不足。

三、基本服務禮儀

（一）一般國際禮儀

項　目	說　明
行走時（尊卑有序原則）	1. 2人同行時： **前尊，後卑**。如服務人員引導時，則應走在顧客前方引導，並將旅館餐廳之途徑或路況加以說明。 2. 3人同行時： 若全為男性或女性時，以**中間為尊，再以尊右原則區分尊、卑**。 3. 多人同行時： **在最前面者最尊位，再依尊右原則區分，最後者為最低位。**
男女同行時	1. **女士優先原則**：當3人同行時，若為1女2男，則女性居中；若2女1男，則男士走在最靠外側（例如靠近馬路邊）。 2. 若1對男女，**則男左、女右，以右為尊位**。
一般徒步的儀態	1. 走路的姿態應該要能**抬頭、挺胸**，精神煥發，不要低頭、喪氣、彎腰駝背。 2. 走路要集中注意力，隨時注意賓客狀況與館內的路況，但不可左顧右盼。 3. 雙手自然擺動，走路時不可將雙手放褲腰袋。 4. 如果走路想要超前其他的賓客時，應從側面繞行，並說「對不起」提醒。 5. 走路時如遇同事或賓客，應該點頭，或請安問好，不可視若無睹。 6. 為避免擋人去路或發生肢體碰撞，**應養成靠右行走習慣**，避免產生衝突。 7. 尊重國家規範：例如某些國家靠左走，也應該入境隨俗。

（二）基本服務禮儀

項　目	說　明
問候禮儀	1. 當顧客走進餐廳時，服務人員應立即迎接，並做適當的問候。 2. **問候時，兩眼應注視顧客，並面帶微笑，向顧客鞠躬或點頭，以示尊重。**
迎送禮儀	1. 當顧客至餐廳門口時，接待人員要以愉悅心情，面帶笑容迎接。 2. 當顧客要離開時，應面對顧客表示謝意。
引導禮儀	服務人員應先趨前禮貌的打招呼，再走在顧客的45°左前方或斜右方，以右手或左手掌併攏傾斜45度，手臂伸直，指示前進的方向。
上下樓梯禮儀	1. 上樓梯時，顧客走在前方，以防顧客不慎跌落。 2. 下樓梯時，讓顧客走在後方，以隨時保護。 3. 但若為熟客，服務員均走前方。
搭乘電梯禮儀	1. 進入電梯時，服務人員先進入並靠邊站，面向門，按住「開」的按鈕，再請顧客進入。 2. 出電梯時，先按住「開」的按鈕，再請顧客先走，服務人員再走出電梯。
談話禮儀	1. 以得體有禮的方式稱呼顧客，以建立顧客對餐廳的良好印象。 2. 顧客之間在談話時，不可趨前旁聽，若有急事告知時，應說聲「對不起」，再表達你要說的話。
拉椅入座禮儀	入座的方向為左入左出，因此拉椅子的時候，服務人員應將椅子朝左後方拉，當客人入座時，再將椅子往前推送到適當位置。
介紹禮儀	1. 將**位低者**介紹給**位高者**。 2. 將**年少者**介紹給**年長者**。 3. 將**賓客**介紹給**主人**或**上司**。 4. 將**個人**介紹給**團體**。 5. 將**男士**介紹給**女士**。 6. 將**非官方人士**介紹給**官方人士**。
名片禮儀	遞名片時，**以雙手遞上，並正面朝向對方**；接收名片者，應仔細看過一遍，也可以試念一遍。
電話禮儀	1. 服務員在**電話鈴響二聲後（亦即第三聲時）**接起電話。 2. 掛電話時應待對方掛完電話後，再輕輕掛上。
握手禮	1. 服務人員不可主動與顧客握手。 2. 若顧客主動伸手，則應以禮相待。 3. 女士或長輩沒有伸手請握時，不得伸手以免失禮。
＊行禮	1. 點頭禮：上半身15°傾斜，用於平輩或同事，迎賓。 2. 欠身禮（敬禮）：上半身30°傾斜。適用於主管、長輩及來訪的賓客，或歡送顧客離去。 3. 鞠躬禮（最敬禮）：上半身45°傾斜。為最高敬意、謝意及歉意的禮節。

項　目	說　明
乘車禮儀（可略，少考）	1. 由司機駕駛小轎車 司機 / 4（末位） 2　3　1（首位） 司機 / 7（末位） 3　2　1（首位） 6　5　4 上車順序：4→2→3→1 下車順序：1→3→2→4　　　（旅行車）
乘車禮儀（可略，少考）	2. 由主人駕駛小轎車 主人 / 1（首位） 3　4（末位）　2 主人 / 1（首位） 4　3　2 7（末位）　6　5 3. 主人駕車，女主人同坐時 男主人　女主人 2　3　1

四、儀態訓練

(一) 服務人員儀表基本要求

儀容與穿著		說　明
個人儀容 (Individual Appearance)	身體	每天勤於洗澡，身上不會產生異味，保持皮膚的健康。
	口腔	1. 勤於盥洗、刷牙，避免口臭的發生。 2. 不可食用有異味的食物。 3. **嚴禁嚼食檳榔、口香糖或吸菸。**
	臉部	1. 隨時保持乾淨。 2. 女性服務員應化淡妝；男性服務員應每日刮鬍子與鬢角。
	頭髮	1. 經常梳理，髮型自然，**不遮住額頭與臉頰。** 2. 女性若留長髮，應綁髮髻或髮網；男性則以短髮為原則。
	指甲	1. 不可太長，應經常修剪。 2. 女性可適當的擦上透明色澤的指甲油；男性以清潔為原則，不擦指甲油。
	香水	1. 女性不可擦香水，適當淡香的化妝水(Eau de toilet)則可以接受。 2. 男性不宜用太濃的古龍水(Cologne)，淡香的刮鬍水則可以接受。
服裝穿著 (Dress Wearing)	制服	1. **應經常換洗，熨燙整齊，並佩戴名牌與領帶或領結。** 2. 宜穿吸汗的制服，防止汗水滲出。 3. 穿長袖制服時，制服袖口要特別注意保持乾淨。
	內衣	應以吸汗材質為主，勤於換洗，且不露出制服外。
	鞋子	1. 女性以黑色、鞋跟不高、舒適之包頭鞋（不露出腳指或腳板）為原則。 2. 男性以黑色、平底之包頭鞋為原則。
	襪子	1. 女性應穿與皮膚色接近之絲襪。 2. 男性以黑色短筒襪子為原則。
	整體造型	1. **不論是女性或男性，均不宜佩戴大型裝飾物**，例如：戒指、手鐲、耳環、胸針、項鍊、腳鍊等。（＊但是婚戒、貼耳式耳環除外） 2. 手錶則視個別餐廳的狀況佩戴。 3. 眼鏡以透明鏡片為宜，不佩戴太陽眼鏡或其他特殊造形鏡框的眼鏡。

（二）良好的行為舉止

項目	女 性	男 性
站姿	1. 頭部自然擺正，下巴微向後收，頸部自然垂直。 2. 肩膀放鬆，兩臂自然下垂，或雙手交叉放在小腹前，指尖併攏。 3. 以**右腳向後收，使左腳的腳後跟靠近右腳內側的中間部位，略成丁字型的姿態。** 4. 身體自然略微向左邊側一些角度，但兩眼仍應正視前方。	1. 應兩眼正視前方，下巴微向後收，頸部自然垂直。 2. 兩肩放輕鬆，雙手下擺自然，手指併攏略握拳或緊貼褲縫。 3. 收小腹、背脊挺立，膝蓋打直並盡量靠近，**腳跟靠攏，兩腳尖向外張開成45度。**
坐姿	1. 入座的方向：由左側入座，從左側離開座位。 2. 入座的姿勢：站在座椅的左側，將右腳移到椅子正前面，用雙手扶好裙擺，再輕輕坐下。如果是穿著長褲，扶裙擺的動作仍不可少。 3. 坐下後兩腳應挪正、兩腳的膝蓋與腳跟均應靠攏。 4. 坐辦公桌時，雙手放在桌面上，椅子靠近桌子，使身體與桌子相距約一個拳頭寬（約10～15公分）的距離，且任何情況均不可倚靠桌子。腰部以上、背脊和頸部都保持挺直。	1. 宜從左側靠近，從右側確認位子，再輕輕坐下。 2. 如果是單排扣的西裝或禮服，可以解開上方扣子，待起立時再扣緊。 3. 坐下後兩腳挪正，**腳跟與膝蓋可略與肩齊，但不宜外張。**（此與女性坐姿不同之處）
走姿	1. **雙腳應筆直、腳尖朝前，勿呈過度內八或外八字。** 2. 雙手隨雙腳自然交錯擺動，幅度前擺大約成45°，後擺約15°。手部不可左右晃動。 3. 步伐距離約與腳掌長度相當，步姿輕盈，絕不拖腳後跟，弄出拖拉鞋跟的聲音。 4. 背脊應挺直，抬頭挺胸、下巴後縮，臀部向內收斂且收小腹，兩眼平視正前方，勿左顧右盼。	

考題推演

( ) 1. 有關基本應對禮儀的說明，下列何者正確？

(A)在介紹禮儀時，須注意先將男士介紹給女士、將個人介紹給團體、將官方人士介紹給非官方人士

(B)在握手禮儀時，一般是由長輩或位階較高者先伸手；若是男、女相互握手時，則應由女士先伸手較適宜

(C)在接聽電話禮儀上，電話鈴響在一聲後應接起，並向對方道問候語，通話過程需有禮且不插話

(D)在引導禮儀上，引導客人出入時，應走在客人前方約30°、1～2步的距離，並隨時注意客人是否跟上，且提醒客人注意行進途中的狀況。

【97統測模擬－餐服】

解答▶ B

解析▶ (A)在介紹禮儀，先將「非官方人士介紹給官方人士」。(C)在接聽電話禮儀，電話響應在第「三聲」時接起，一方面不讓電話鈴聲響太久，另一方面也不讓客人感覺太過急促，會讓客人容易有反應不及的感覺。(D)在引導禮儀上，引導客人出入時，應走在客人前方約「45°」。

( ) 2. 關於旅館服務人員與賓客同搭電梯時的禮儀，下列敘述何者錯誤？ (A)服務人員應先進入電梯背對門，再請賓客進入 (B)服務人員應站在電梯控制開關旁，為賓客服務 (C)電梯內遇到賓客，應點頭問候或打招呼 (D)欲到達同一樓層時，應請賓客先步出電梯。 【98統測－餐服】

解答▶ A

解析▶ 服務人員與賓客同搭電梯時，當電梯打開後，應先進入電梯，面對門，靠控制開關旁邊站立，先按住「開」的按鈕，讓賓客往裡走，並稍作等待再關門。

( ) 3. 下列有關上下樓梯禮儀的敘述，何者正確？ (A)上樓梯時長者在晚輩之前 (B) 上樓梯時女士在男士之後 (C)下樓梯時服務員在顧客之後 (D)下樓梯時男士在女士之後。 【98統測模擬－餐服】

解答▶ A

解析▶ 依據外交部公告的國際禮儀參考資料中：
＊上樓時，女士在前，男士在後；長者在前，幼者在後，以示尊重。
＊下樓時，男士在前，女士在後；幼者在前，長者在後，以維安全。

( ) 4. 有關餐飲服務人員服務態度與言行應對訓練之要求，下列何者不宜？ (A)接近顧客時，應保持約15~30公分的適當距離 (B)若知道顧客姓氏，應稱呼其姓氏如王先生，以表示尊重 (C)以同理心接納抱怨，並冷靜地依餐廳規定程序完善處理 (D)耐心傾聽顧客的需求，適時歸納要點，並以複述方式向顧客確認。 【105-1模擬專二】

解答▶ A

解析▶ (A)服務人員接近顧客時，應保持約30~90公分的適當距離。

( ) 5. 在餐飲服務禮儀中，有關介紹順序的禮儀，下列何者正確？ (A)先將慈善團體介紹給小信認識 (B)先將企業主管介紹給政府機關主管認識 (C)先將李經理介紹給王主任認識 (D)先將來賓蔡小姐介紹給餐廳人員小樺認識。 【105-1模擬專二】

解答▶ B

解析▶ (A)先將小信介紹給慈善團體認識、(C)先將王主任介紹給李經理認識、(D)先將餐廳人員小樺介紹給來賓蔡小姐認識。

 ## 1-3 餐廳服務人員的組織與工作職責

一、餐飲部的工作職責

(一) 餐飲部 (Food & Beverage Department) 的組織架構

1. 餐飲部主要管理人員

(1) 餐飲部經理 (Food & Beverage Manager)為該單位的「部門主管」(Department Head)，並設有「餐飲部副理」(Food & Beverage Assistant Manager)分擔其工作，並為其職務的代理人。

(2) 經營餐廳數較多，會設有「餐廳長」(Maitre D'hotel / Manager of Restaurants & Bars)、「餐飲督導」(F & B Director)。

(3) 各餐飲營業單位的「服務經理」(Outlet Service Manager)。

2. 餐飲部組織分類

分　類	說　明
依產品分類	(1) 中餐廳(Chinese Restaurant)，中式主餐廳(Main Dining Room)。 (2) 日本料理餐廳(Japanese Restaurant)。 (3) 義大利西餐廳(Italian Restaurant)。 (4) 法式西餐廳(French Restaurant)：西式主餐廳(Main Dining Room)。 (5) 自助餐廳(Buffet Service Restaurant)。 (6) 咖啡廳(Coffee Shop)含下午茶(Afternoon Tea)。 (7) 主要酒吧(Main Bar)：大廳酒吧(The Lobby Bar)。 (8) 客房餐飲服務(Room Service)。 (9) 宴會廳(Banquet / Ballroom)。 (10) 鐵板燒或炭烤餐廳。 (11) 台菜餐廳。

分　類	說　明
依功能分類	餐飲部 餐廳部　宴會部　飲務部　廚務部　餐務部

（二）餐飲部的工作職掌

1. 餐飲部管理工作說明

職　稱	說　明
餐飲部經理 (F&B Manager)	(1) 審查新菜單及定價。 (2) 了解各餐飲營業單位(Outlets)其營運分析與成本控制，以掌握市場的動向。 (3) 針對提升餐飲服務的水準，作出要求，控制餐飲部人力資源的安排。 (4) 分析營運結果，從事餐飲市場調查。 (5) 編制餐飲部門的預算及制定部門的目標營運計劃。
餐飲部副理 (Asst. F&B Manager)	為餐飲部經理的職務代理人，完成餐飲部的所有營業目標，安排該單位所有員工的班表(Work Schedule)，並協助訓練餐飲部的所屬員工。

2. 餐飲服務部（餐廳部）員工工作說明：以負責餐廳外場服務(Service)為主

職　稱	說　明
服務經理 (Service Mgr.)	(1) 制定、建立各營運相關S.O.P及訓練計畫。 (2) 與各部門協調，並推廣業務。 (3) 受理顧客及員工抱怨。
服務副理 (Asst. Service Mgr.)	(1) 為服務經理的職務代理人，並協助完成所有餐飲服務工作。 (2) 負責餐飲服務人員的工作分配、服務人員的訓練、督導及考核、餐廳設備的維護保養、餐飲備品的存量控制、餐飲服務水準的維持、營業業績的提升、顧客抱怨與意見的處理、新產品的推出等業務。
餐廳領班 (Captain / Head Waiter)	(1) 屬於餐飲服務第一線的管理者。 (2) 負責訓練、監督、管理所有的餐飲服務員、服務生。 (3) 安排班表(Work Schedule)與分配工作。 (4) 主持服務前會議(Briefing)。 (5) 向顧客介紹、推銷，菜單與酒單上的餐飲商品，接受顧客點餐、點酒。

職　稱	說　明
服務員 （Waiter（男）/ Waitress（女））	(1) 餐廳之靈魂人物，可區分為資深服務員(Senior Waiter)、資淺服務員(Junior Waiter)及助理服務員(Assistant Waiter)。 (2) 負責整理工作檯、補充備品、餐桌擺設及布置。 (3) 熟悉服務流程與服務技巧。 (4) 維持餐廳整潔。
服務生與練習生 (Bus Boy / Bus Girl / Bus person / Assistant Waiter)	(1) 服務員的助手、協助餐前準備工作。 (2) 協助遞送點菜單、傳送菜餚、收拾殘盤、搬運餐具及代客購物。 (3) 協助餐後重設工作。
領檯 (Host（男）/ Hostess （女）/ Greeter)	**是餐廳的接待員，負責接電話、劃位、帶位、分配座位…等工作。**
葡萄酒服務員 (Sommelier / Chef de Vin / Wine Butler)	負責為客人進行選酒、開酒、過酒、品酒、倒酒等服務。（詳見9-1葡萄酒服務流程）

3. 飲務部(Beverage Department)員工工作說明

職　稱	說　明
飲務部經理 (Beverage Mgr.)	(1) 為跨部門的飲料之高階管理者。 (2) 負責對某單位「酒吧服務經理」(Bar Service Manager)，還有「酒吧服務副理」(Asst. Bar Service Manager)等下管理命令。
酒吧經理 (Bar Mgr.)	是以服務外場的飲料顧客為主的「服務經理」，同時也負責酒水的存貨、採購與管理，保持在一個合理的成本控制範圍內。
酒吧服務副理	是酒吧經理的職務代理人，協助完成所有的飲務服務工作與酒水管理工作。
調酒領班 (Bar Captain)	掌管酒吧現場，處理日常的飲料銷售業務，**新飲料研發的工作**，飲料、酒水與酒吧之硬體（杯器皿）維護。
調酒員 (Bartender)	**負責飲料調製的服務**，酒吧內之衛生與安全的維護與保養工作。
助理調酒員 (Asst. Bartender)	調酒員的助手，有時需協助外場的服務員的外場服務工作。

4. 宴會部(Banquet Department)員工工作說明

職　稱	說　明
宴會服務經理 (Banquet Service Mgr.)	以服務到宴會廳消費的客人為主要任務，會先與訂席客人協商「菜單」與「場地布置」(Floor Plan)，並依客人訂席狀況，發出「集會通知」(Function Order)，主動安排、協調與布置場地，並且協調「餐務部」準備需要的餐具種類、數量與餐務人員。

職　稱	說　明
宴會廳服務副理 (Banquet Asst. Service Mgr.)	(1)「宴會服務經理」的職務代理人，協助完成員工之「工作班表」。 (2) 在服務人員不足時，協調相關部門借調服務人員。
餐飲服務領班	與一般餐廳外場的餐飲服務領班相同，以餐飲服務為主。

5. 客房餐飲服務部(Room Service Department)員工工作說明

職　稱	說　明
客房餐飲服務員 (Room Service Waiter / Chef d'Etage)	(1) 至各樓層收集門把菜單(Door Knob Menu)。 (2) 是實際負責將餐點送至客房的服務人員。 (3) 負責收膳工作（30分後或詢問客人收膳時間）。
電話點菜員 (Order Taker)	(1) 幫助房客點菜的人員，詳實的記錄點菜相關資料。 (2) 需具備語文能力（英、日）。 (3) 有些飯店由總機(Operator)擔任。

6. 廚務部(Kitchen Department)員工工作說明

職　稱	說　明
行政主廚 (Executive Chef)	(1) 專責廚房行政工作，制定廚房政策、作業程序與研發新菜單。 (2) 針對食材的用量與份量，進行成本控制的工作。 (3) 廚房人力資源的調配、工作班表的安排。 (4) 廚房行政業務之間的協調、訓練、督導和考核等。
副執行主廚 (Executive Sous Chef)	行政主廚的助手兼職務代理人。
主廚 (Head Chef)	為各別單位的廚房，掌管各個廚房現場製備、操作，與廚務管理工作。
副主廚 (Sous Chef)	為主廚的助手與職務代理人。

7. 中餐廚房組織

職　稱	職　責
爐灶師傅／炒鍋師傅／**候鑊**師傅	負責爐灶事宜，以熱炒為主，**為中餐廚房最重要的烹調單位**。
砧板師傅／**凳子**師傅／**紅案**師傅／**墩子**	負責砧板上調配工作、切菜配色、廚房進貨，並負責冰箱食材之儲存與管理。
蒸籠師傅／**水鍋**師傅／**上什**	負責各式蒸燉食品及高湯熬製。

職　稱	職　責
排菜師傅／**打荷**／**料清**	負責爐邊的雜事：拿取材料、控制上菜順序、成菜前的拼扣、完成菜餚的排盤及傳送工作。
燒烤師傅	如烤乳豬師傅、烤鴨師傅。
冷盤師傅	負責冷盤、拼盤、果雕、冰雕。
點心師傅／**白案**師傅	負責點心製作。

8. 西餐廚房組織

職　稱	法文名稱	英文名稱	職　責
醬汁廚師	Saucier	Seucemaker / Sauce chef	負責熱炒及製作熱炒食物的醬汁。
魚類廚師	Poissonnier	Fish Cook	負責海鮮切割、料理工作。
燒烤廚師	Rôtisseur	Grill－room Supervisor	負責家禽、家畜等肉類燒烤工作。
蔬菜廚師	Entremetier	Vegetable Chef	負責生菜沙拉及蔬菜清洗與烹調、熱開胃菜、湯品、澱粉類料理、蛋料理。
冷菜廚師	Garde Manger	Pantry Chef	負責冷盤、生菜沙拉、沙拉醬汁、冷開胃菜、三明治製作、果雕、冰雕等製作。
切割廚師／ 肉房廚師	Boucher	Butcher	負責魚類、肉類之切割工作，可再分為魚切割師（Fish butcher）、禽類切割師（Poultry butcher）。
西點廚師	Pâtissier	Pastry Chef	負責製作甜點、麵包、蛋糕。
	Confiseur		糖果餅乾師傅。
	Boulanger	Baker	麵包師傅。
	Glacier		冷凍及冷甜點師傅。
	Decorateur		蛋糕師傅。
備用人手 （機動廚師）	Tournant	Relief Chef/ Roundsman/ Swing Cook	廚房各單位主廚的替補，隨時支援各部門。
油炸廚師	Frituriêr	Fry cook	負責油炸食物、焗烤類的食物之烹調。
幫廚		Helper	在西式廚房個別小部門中學習幫忙、完成廚房的工作。
學徒	Apprenti	Apprentice	1. 為餐廳廚房中，職別最低的階級。 2. 通常由實習學生、工讀生或剛學做菜的學徒擔任。

二、餐務部(Steward Department)的工作職責

(一)餐務部之職稱與職責

職　稱	英文名稱	說　明
餐務部經理	Steward Manager, Chief Steward	餐務部總負責人。
餐務部主任	Steward Supervisor	餐務部經理的代理人，協助餐務部經理督導員工。
餐務部領班	Shiht Steward	負責餐務工作的現場執行與監督工作。
領發員	Clean－up Personnel	負責營業用的器皿支領及發放的程序。
洗滌工	Ware Washer	負責餐廳洗碗機的操作及餐具的洗滌。
擦銀工	Silverman	負責餐廳內所有銀器餐具的擦洗、拋光工作。
清潔雜工	Kitchen Cleaner	負責餐廳的清潔與維護工作。

(二)餐務部的工作執掌

1. 動態工作執掌

以每天例行性的機具操作、垃圾處理與化學藥物的作業為主。

分　類	說　明
餐具洗滌作業 (Dish Washing)	(1) 餐務區的擺設與運作(Steward Area Setup & Operation)。 (2) 洗碗機的操作業務(Dishwashing Machine Operation)。 (3) 化學清潔劑的使用(Chemical Detergent Using)。 (4) 洗碗機的保養(Dishwashing Machine Maintenance)。
清潔與衛生 (Cleaning & Sanitation)	(1) 廚房的清潔(Kitchen Cleaning Operation)。 (2) 廚房衛生與安全檢查(Kitchen Inspection)。 (3) 餐飲衛生(F & B Sanitation & Hygiene)。 (4) 庫房的清潔(Storage Room Cleaning Operation)。
垃圾處理 (Garbage & Trash Handling)	(1) 垃圾的分類(Garbage & Trash Sorting)。 (2) 空瓶的收集(Empty Bottle Collecting)。 (3) 垃圾的清運(Bussing The Garbage)。
蟲害防治 (Pest Control)	(1) 害蟲的種類(Types Of Insects & Oests)。 (2) 蟲害的防治(Pest Control)。 (3) 與房務部分工與合作(Cooperation With HK Department)。

2. 靜態工作職掌

分　類	說　明
營業器皿管理 (Operation Equipment Management)	(1) 生財設備與器皿的分類。 (2) 營業器皿的分類。 (3) 營業器皿的種類與用途。 (4) 營業器皿的材質與製作。 (5) 營業器皿的貯存管理。
餐具的維護 (Operation Equipment Maintenance)	(1) 銀器的維護(Silverware Maintenance)。 (2) 瓷器的維護(China Maintenance)。 (3) 玻璃器皿的維護(Glass Ware Maintenance)。 (4) 布巾類的維護(Linen Ware Maintenance)。 (5) 特殊餐具的維護(Special Pantry Ware Maintenance)。
支援宴會部營運	(1) 營業器皿的支援。 (2) 人員的支援。 (3) 營業器皿的保養。

考題推演

(　　) 1. 在美式餐廳的編制中，下列哪一項是男／女服務生(Bus Boy/Bus Girl)所擔任的主要工作項目？　(A)負責傳送點菜單、跑菜　(B)收拾殘盤，搬運餐具　(C)接受客人點酒水、點菜　(D)負責切肉推車、點心車之推送與服務。　　　　　　　　　　　　　　　　　　　　　　【93統測模擬－餐管】

解答 B

解析 男女服務生是餐廳外場最基本的工作人員，其職責主要是收拾桌面、搬運殘盤、整理服務檯並補齊備品等。

(　　) 2. 下列有關Steward Dept.之敘述，何者錯誤？　(A)屬於F & B Dept.後場支援系統　(B)負責餐廳所有餐具的保養，減少餐具的損耗　(C)統籌餐廳固、液、氣態垃圾分類與處理　(D)餐具洗滌區、餐具室、備料室、員工餐廳等區域均屬其職責區。　　　　　　　　　　　　　　　【97統測模擬－餐服】

解答 C

解析 (C)餐務部(Steward Dept.)統籌餐廳垃圾分類與處理，僅以固態垃圾為主，包含分類、清運等。液態垃圾汙水處理與氣態垃圾油菸處理，以工程部為主要負責單位。

(　) 3. 下列餐廳工作人員，何者原則上不會直接與顧客接觸？ 　(A)bartender (B)butcher 　(C)chef de rang 　(D)greeter。 　　　　　　　　【109統測－餐服】

解答▶ B

解析▶ (A)bartender調酒員；(B)butcher肉類廚師；(C)chef de rang服務員；(D) greeter領檯員。

(　) 4. 有關餐廳外場從業人員的工作職責說明，下列何者錯誤？ 　(A)Director of Food & Beverage Division負責管理督導旅館內各餐廳的餐飲服務、促銷計 畫、食品供應與安全衛生等工作 　(B)Supervisor負責調配人力，擬訂培訓 計畫，並督導評估實施成效 　(C)Captain負責督導基層員工，管理餐廳的設 備、器具及物品，帶位入座及掌握供餐速度 　(D)Expediter負責遞送點菜單 至廚房，並送餐保持傳菜工具及傳菜通道的清潔與衛生。

【105-1模擬專二】

解答▶ C

解析▶ (A)Director of Food & Beverage Division：餐飲總監、(B)Supervisor：餐廳 主任、(C)Captain：領班，帶位入座是領檯員的工作職責、(D)Expediter：傳 菜員。

(　) 5. 在廚房內負責「烹調菜餚、調製配料與裝飾擺盤，並檢查食材備料的質與 量」等工作內容，是屬於下列何者的工作職責？ 　(A)Kitchen Helper 　(B) Assistant Cook 　(C)Station Cook 　(D)Executive Chef。【105-1模擬專二】

解答▶ C

解析▶ (A)Kitchen Helper：幫廚、(B)Assistant Cook：助理廚師、(C)Station Cook：廚師、(D)Executive Chef：行政主廚。

實·力·測·驗

1-1 餐飲商品

(　　) 1. 下列何者不屬於餐廳之 explicit service？　(A)餐廳環境的清潔與衛生　(B)菜餚的顏色、香氣與口味　(C)餐廳的燈光、音樂、照明等整體氣氛　(D)服務人員滿足顧客需求的親切服務態度。　【105統測－餐服】

(　　) 2. 「餐旅業全天候為顧客服務，即使在過年期間，仍照常營業」，此敘述是屬於餐旅業的何種特性？　(A)立地性　(B)有限性　(C)易變性　(D)無歇性。　【100統測－餐管】

(　　) 3. 有關餐廳服務商品提供之敘述，下列何者正確？甲、Doily Paper屬Supporting Goods；乙、服務過程應以專業用語與客溝通；丙、「頷首禮」為服勤賓客常見之禮儀；丁、Catering Service由Stewarding Dept.接洽辦理；戊、Expediter負責將Captain Order遞送至廚房；己、服務可因顧客需求彈性調整　(A)甲乙丁　(B)甲丙戊　(C)丙戊己　(D)乙丁己。　【105-3模擬專二】

解析▶ 甲、Doily Paper（花邊紙）為餐廳消耗品，故屬Facilitating Goods（促成商品），非Supporting Goods（支援設施）；乙、服務過程應以顧客熟悉之語言、用語進行溝通；丁、Catering Service（宴席服務）由宴會部（Catering Dept.或Banquet Dept.）接洽辦理；戊、Expediter（傳菜員）負責將Captain Order（點餐單）遞送至廚房。

(　　) 4. 時下親子餐廳經營模式蔚為風潮，親子用餐即可免費使用各式兒童娛樂設施（如溜滑梯）。此類附屬設施提供屬於下列何項商品服務？　(A)Supporting Facilities　(B)Facilitating Goods　(C)Implicit Service　(D)Explicit Service。　【105-4模擬專二】

解析▶ (A)支援設施 、(B)促成商品、(C)外顯服務、(D)內隱服務。

(　　) 5. 有關餐飲服務的敘述，下列何者正確？甲、服務具彈性，主要原因為服務的不可儲存性；乙、服務滿意度由顧客主觀意識決定，因此才有以客為尊，服務至上的概念；丙、Implicit Service對顧客是一種感覺，包括內心感

🎯 解答

1-1　　1. D　　2. D　　3. C　　4. A　　5. D

受的部份，如視覺、聽覺、嗅覺、味覺等；丁、服務對餐廳而言，除滿足顧客基本生理需求外，亦可滿足其馬斯洛其他層級之需求；戊、餐飲服務為個人化服務業，以產品品質及服務獲取合理報酬　(A)甲乙丙　(B)乙丙丁　(C)丙丁戊　(D)乙丁戊。　【106-1模擬專二】

解析▶ 甲、服務具彈性，因客人需求不同，以提供多樣的服務滿足顧客，為服務的異質性；丙、Implicit Service 對顧客是一種感覺，包括內心感受的部份，如方便、舒適、成就感、幸福感…等感受。

(　) 6. 餐廳經營所提供的商品包含有形產品及無形的服務，其中屬於Facilitating Goods的有哪些？甲、尊榮感；乙、口布；丙、杯墊；丁、紙巾；戊、餐叉；己、服務人員的微笑；庚、飲品　(A)甲丙戊　(B)乙丙己　(C)丙丁戊　(D)丙丁庚。　【106-1模擬專二】

解析▶ 促成商品(Facilitating Goods)：丙、杯墊；丁、紙巾；庚、飲品。

(　) 7. 餐廳環境氣氛及人員的服務，是屬於下列哪一種餐旅商品？　(A)Facilitating Goods　(B)Explicit Services　(C)Supporting Facilities　(D)Implicit Services。　【107-1模擬專二】

解析▶ (A)Facilitating Goods：促成商品、(B)Explicit Services：外顯服務、(C)Supporting Facilities：支援設施、(D)Implicit Services：內隱服務。

(　) 8. 「餐飲產品隨著服務提供者、用餐地點和時間等不同，很難維持品質的穩定性」，並與Variability共同可以解釋的特性為下列何者？　(A)Heterogeneity　(B)Inseparability　(C)Intangibility　(D)Perishability。　【107-3模擬專二】

解析▶ (A)Heterogeneity異質性、(B)Inseparability不可分割性、(C)Intangibility無形性、(D)Perishability易逝性。

(　) 9. 社區開了一間個性咖啡館，店裡的坐椅是皮革沙發，照明設備是復古燈具，裝潢的物件包含鏽蝕鐵件、外露的管線、斑駁的紅磚牆等，全店呈現工業風的氛圍，由上所述的特點是屬於商品構成要素的哪一種要素？(A)Facilitating Goods　(B)Supporting Facilities　(C)Explicit Service　(D)Implicit Service。　【108-1模擬專二】

解析▶ (A)Facilitating Goods：促成商品，主要是指餐食及飲料，或一次性消耗品，例如：紙巾、吸管及杯墊等、(B)Supporting Facilities：支援設施，指建築

🎯 解答

6. D　　7. B　　8. A　　9. B

物、裝潢、設備、餐具等、(C)Explicit Service：外顯服務，指食物的色香味、清潔及衛生等服務、(D)Implicit Service：內隱服務，指舒適、方便、優越感、幸福感等。

( ) 10. 信樺餐廳邀請知名書法大師合作舉辦揮毫送春聯活動，來店用餐的賓客不僅可以欣賞名家現場揮毫，還能免費獲贈春聯，導致餐廳座位一位難求，使「店內用餐的賓客感到與眾不同且非常榮幸」。試問上述內容在「餐飲商品」中，屬於下列哪一項？ (A)促成商品(Facilitating Goods) (B)外顯服務(Explicit Services) (C)支援設施(Supporting Facilities) (D)內隱服務(Implicit Services)。 【108-4模擬專二】

解析 (D)信樺餐廳邀請知名書法大師揮毫送春聯活動贈與來店用餐的賓客，因一位難求，所以「來店用餐的賓客感到與眾不同且非常榮幸」，是讓顧客們得到心理層面的感覺，讓來店用餐的賓客感到與眾不同且非常榮幸是屬於內隱服務(Implicit Services).

( ) 11. 新型冠狀病毒衝擊全球，連續二年榮獲米其林指南一星的山海樓，除外帶優惠外，更在今年二月底至四月底，首次推出外送服務，提供經典菜色如甘蔗燻雞、手工香腸、經典拼盤等到府美食。但「精緻餐廳最重要的還是顧客在店內整體用餐體驗，如服務流程、餐點擺盤、用餐氣氛、上菜速度、呈上菜色的時候如何向客人解釋，以及說明經營理念等，所有細節都是經過考量、設計的。」精緻餐廳如何在疫情和經營定位之間取得平衡，著實不易。請問，上述畫底線處指的是精緻餐廳所提供的何種餐飲商品？ (A)Facilitating Goods (B)Supporting Facilities (C)Implicit Service (D)Explicit Service。 【109-2模擬專二】

解析 (A)Facilitating Goods促成商品、(B)Supporting Facilities支援設施、(C)Implicit Service 內隱服務、(D)Explicit Service 外顯服務。

1-2 基本服務禮儀與儀態

( ) 1. 有關握手禮儀，下列何者較不恰當？
(A)男女相互握手時，須待女士先伸手
(B)男士與初次介紹認識的女士，通常不行握手禮，可微笑點頭即可

 解答
....

10.D　　11.D　　 1-2 　　1. C

(C)對於長官或長者，應先伸出手握手，表示尊重

(D)主人對客人要先伸手相握，以示歡迎與重視。　【100統測模擬－餐服】

解析▶ (C)對於長官或長者，不可先伸出手握手。

(　) 2. 有關乘電梯與上下樓梯的禮儀，下列何者最為恰當？

(A)女士或長者先進入或走出電梯

(B)進入電梯後應面向內，便於與同行者交談

(C)男女同行下樓梯時，男士應讓女士走在前面，以維護安全

(D)乘電梯時談論公事，議論私事。　　　　　【100統測模擬－餐服】

解析▶ (B)進入電梯後應面向外，避免與他人面對；
　　　　 (C)男女同行下樓梯時，男士在前，女士在後，以維護安全；
　　　　 (D)電梯內談論公事、議論私事均不宜。

(　) 3. 下列關於服務禮儀的敘述，何者錯誤？　(A)交換名片時，為展現尊重應以雙手呈遞、雙手接收　(B)引導顧客下樓梯時，為表現恭敬應請顧客先行 (C)男女握手時，為符合國際禮儀，男士不宜主動伸手　(D)遇有急事時，為保持儀態從容可加快步伐，但不宜奔跑。　　　　【100統測－餐服】

(　) 4. 有關服務人員禮儀之敘述，下列何者錯誤？　(A)一般服務人員在工作時遇到賓客，行點頭禮即可　(B)向賓客遞上名片時，應將正面朝向對方，並以雙手遞上　(C)交換名片後，為避免遺失，應馬上將對方的名片收起來 (D)通話完畢時，應等對方先掛斷電話。　　　　　　　【101統測－餐服】

(　) 5. 有關餐旅從業人員的服裝穿著規定，下列敘述何者錯誤？　(A)制服應經常換洗、熨燙整齊，並配戴名牌與領帶或領結　(B)不論男女，均不宜配戴裝飾物品　(C)女性以穿著黑色、低跟之包頭鞋為原則　(D)不論男女，以穿著黑色或深色之襪子為原則。　　　　　　　　　　　　　　　【101統測－餐服】

(　) 6. 關於餐飲服務禮儀之敘述，下列何者正確？　(A)行介紹禮儀時，應將女士介紹給男士，以符合女士優先的通則　(B)抬頭挺胸、小腹放鬆、收臀、眼睛直視，為餐廳服務人員標準的站姿　(C)在引導顧客方向時，應站在顧客斜前方，輔以手勢指引，並隨時留意顧客步伐　(D)當顧客為女性時，服務人員不宜主動與其握手；顧客為男性時，則可主動與其握手以表熱忱。

【102統測－餐服】

 解答

2. A　　　3. B　　　4. C　　　5. D　　　6. C

( ) 7. 接待顧客時，服務人員表現的禮儀，下列何項較不恰當？　(A)服務音量需適中且真誠　(B)服務時，可以和顧客聊天、私下見面　(C)隨時注意顧客的需求並協助結帳　(D)紀錄常客的用餐習慣與特殊喜好。

【105-2模擬專二】

( ) 8. 有關中餐服務流程的說明，下列何者錯誤？　(A)帶位引導時，需以客為尊讓顧客走在斜前方　(B)奉茶時，視天氣調整水溫是貼心的表現　(C)應從顧客右側進行攤口布的服務　(D)Captain Order分別送到廚房、出納及顧客桌上。

【105-2模擬專二】

> **解析** (A)服務時需以客為尊，讓顧客走在前方，但服務人員帶位時，有引導之任務，需讓顧客走在後方。

( ) 9. 有關餐旅服務人員的行為舉止，下列何者不合乎服務禮儀？　(A)迎賓時，親切地對顧客說：「您好，歡迎光臨」　(B)處理顧客抱怨時，服務人員應耐心傾聽並以點頭禮表示抱歉　(C)接聽顧客預約電話時，需詳實記錄訂位大名、日期、時間及人數　(D)服務顧客電梯上樓時，服務人員應簡單點頭招呼為禮。

【106-1模擬專二】

> **解析** (B)顧客抱怨時，服務人員應耐心傾聽並以鞠躬禮表示抱歉。

( )10. 有關餐廳服務人員基本禮儀的敘述，下列何者正確？　(A)領檯員引導顧客帶位入座時，應以客為尊，讓顧客先行　(B)電梯服務時，遇見熟客應熱情招呼，噓寒問暖　(C)介紹禮儀中，服務人員面對顧客應主動呈遞名片，並先自我介紹　(D)與顧客握手，為表尊敬服務人員應先主動伸手相握。

【106-1模擬專二】

> **解析** (A)領檯員引導顧客時，服務人員有先行之必要、(B)電梯服務時，遇見熟客應點頭示意即可、(D)與顧客握手，應由顧客主動伸手服務人員才能相握。

( )11. 服務人員的儀態表現決定顧客對餐廳的印象，下列敘述何者錯誤？　(A)以顧客熟悉的語言服務　(B)熱愛與顧客互動，言談優雅尊重　(C)真誠對待與傾聽，創造讓顧客感動的服務價值　(D)燦爛笑容取決於小費所得。

【106-2模擬專二】

( )12. 有關餐廳服務禮儀的敘述，下列何者正確？　(A)若賓客桌上菜餚使用完畢，可以小跑步前往收拾桌面　(B)餐廳服務員與賓客打招呼時，以鞠躬

🎯 **解答**

7. B　　8. A　　9. B　　10.C　　11.D　　12.D

禮較為常見　(C)接待員介紹賓客時，可以主動將賓客介紹給服務員認識
(D)雙方遞送名片時，身分地位低者應主動遞出名片。　【106-3模擬專二】

解析▶ (A)僅能快走、(B)點頭禮較常見、(C)賓客介紹給主人或主管認識。

(　　)13. 「儀態與形象」為餐旅服務人員從業基本素質要求。下列相關敘述，何者
不適宜？甲、與顧客對話時應正視對方，並時時環顧週遭環境；乙、時尚
新潮為得體的服儀共通原則；丙、站立時雙腳應自然站立，避免外八或叉
開；丁、行進間應面帶微笑平視前方，雙手不宜擺動；戊、制服展現職業
形象，穿著制服毋須注意自我精神面貌及修養　(A)甲乙丁　(B)甲乙丁戊
(C)乙丙丁戊　(D)甲丙戊。　【106-4模擬專二】

(　　)14. 有關餐飲服務人員的儀表，下列敘述何者不正確？　(A)身體不適但無法請
假時，應配戴口罩服勤　(B)不配戴有色鏡片　(C)女性依餐廳規定，著膚
色或黑色絲襪　(D)有跟皮鞋以高跟為宜。　【107-1模擬專二】

解析▶ (D)有跟皮鞋以低跟為宜。

(　　)15. 餐廳介紹禮儀情境題：有一位服務員正接待一位重要的賓客，現場還有餐
廳主管在餐廳內等候，角色1：服務員－宋惠橋，角色2：重要賓客－智業
文化出版社公司李光珠董事長，角色3：餐廳經理－宋中基。請問當時服務
員應該如何介紹，依介紹的禮儀的順序，如何才是合宜的介紹禮儀呢？
(A)(1)您好，您就是李董事長嗎？／(2)我是服務員宋惠橋，這是我們的餐
廳經理－宋中基／(3)您好，我是經理宋中基　(B)(1)李董事長，您好／(2)
我是宋惠橋，他是經理－宋中基　(C)(1)您好，我是服務員宋惠橋／(2)李
董事長，您好，這是我們的餐廳經理－宋中基／(3)宋經理，智業文化出版
社公司李光珠董事長　(D)(1)李董事長您好，這是我們的餐廳經理－宋中基
／(2)宋經理，智業文化出版社公司李光珠董事長／(3)我是服務員宋惠橋。
　【107-2模擬專二】

解析▶ 合宜的介紹禮儀：(1)服務人員應先自我介紹：先說您好，再說出自己名字，
(2)先尊稱賓客，再介紹主管的頭銜和姓名，(3)先稱呼餐廳主管，再說出賓客
的公司名稱、姓名及頭銜。

(　　)16. 有關餐飲從業人員的基本服務禮儀，下列何者正確？　(A)接待顧客時，遇
到主管迎面走來，服務人員應主動先將顧客介紹給主管認識　(B)接近顧客

🎯 解答

13.B　　14.D　　15.C　　16.C

時，應保持90~120公分的距離，以免顧客產生壓迫感　(C)從訂位紀錄中得知顧客姓氏，親切的稱呼顧客姓氏以表尊重　(D)服務人員行走時遇到來賓，應面帶微笑行30度鞠躬禮。　　　　　　　　　　　【108-2模擬專二】

解析▶ (A)接待顧客時，遇到主管迎面走來，服務人員應主動先將主管介紹給顧客認識、(B)接近顧客時，應保持30~90公分的距離，以免顧客產生壓迫感、(D)服務人員行走時遇到來賓，應行點頭禮即可。

(　　)17. 陳老師上課教授了很多「行的禮儀」，但有些人不小心記錯，請問下列哪一位同學說法錯誤？　(A)小月說：並行時，中為尊，右為次，左為小　(B)小強說：前後而行時，前居次，中為尊，後最小　(C)阿明說：遇到急事時，可以快走，但不能奔跑　(D)真真說：行走時遇到同事、平輩或晚輩，可對其行點頭禮。【108-5模擬專二】

解析▶ (B)前後而行時，前為尊，中居次，後最小。

(　　)18. 金秘書正在教服務員正確的站姿訓練，下列的站姿儀態何者正確？甲、上身挺直，肩膀聳起；乙、男服務生雙手握於兩手掌；丙、臉部肌肉放鬆，眼睛平視，嘴巴輕閣，面帶笑容；丁、女服務生應膝蓋併攏，雙腳呈y字型，腳尖朝前微開約45度　(A)甲乙丁　(B)甲丁　(C)乙丙　(D)丙丁。

【109-1模擬專二】

解析▶ 甲、上身挺直，肩膀應放鬆；乙、男服務生雙手應握拳交疊於小腹前。

1-3 餐廳服務人員的組織與工作職責

(　　) 1. 關於餐飲部門員工工作職掌之敘述，下列何者錯誤？　(A)executive chef負責統管廚房運作　(B)hostess負責迎賓、帶位與安排座位　(C)runner負責用餐時的傳菜準備工作　(D)wine steward負責為顧客調製雞尾酒。

【106統測－餐服】

(　　) 2. 關於餐廳chef de vin之職務與工作內容的敘述，下列何者正確？　(A)協助請領廚房所需食材與物品　(B)推薦顧客適合搭配點用菜餚的酒類　(C)整理顧客的訂位紀錄，並安排座位　(D)負責傳遞菜餚，是外場與廚房間的聯繫橋樑。　　　　　　　　　　　　　　【107統測－餐服】

🎯 解答

17.B　　18.D　　1-3　　1. D　　2. B

(　　) 3. wine steward 原則上宜編制於下列哪一個單位？　(A)kitchen　(B)reservation　(C)steward department　(D)western restaurant。

【108統測－餐服】

(　　) 4. 在餐廳組織中，下列哪些工作內容是屬於hostess主要的職責？　甲、負責端送菜餚；乙、引導顧客入座；丙、現場座位的安排；丁、熟悉每天訂席情況；戊、負責員工的在職訓練　(A)甲、乙、丙　(B)甲、丙、戊　(C)乙、丙、丁　(D)丙、丁、戊。

【100統測－餐管】

(　　) 5. 在餐廳負責提供顧客用餐前、佐餐以及餐後之葡萄酒服務工作的專業人員稱為：　(A)bartender　(B)bus boy　(C)commis de rang　(D)sommelier。

【100統測－餐管】

(　　) 6. 關於sous chef的主要工作職責，下列敘述何者正確？　(A)負責廚房內清理搬運的工作　(B)協助主廚督導廚房的工作　(C)負責一切餐具的管理與清潔　(D)接洽餐廳所有訂席及會議。

【100統測－餐管】

(　　) 7. 宴會部的訂席與其業務單位之主要工作內容，包含下列哪幾項？　甲、招攬業務；乙、佈置場地；丙、宴會結束後追蹤；丁、簽訂合約　(A)甲、乙、丙　(B)甲、乙、丁　(C)甲、丙、丁　(D)乙、丙、丁。

【100統測－餐服】

(　　) 8. 下列何者不是餐廳briefing的主要作用？　(A)分配工作及責任區域　(B)檢討前一日營業狀況　(C)說明當日促銷菜單與注意事項　(D)於餐廳前列隊迎接第一位顧客光臨。

【100統測－餐服】

(　　) 9. 下列何者不屬於餐務部(Steward Department)的工作職責？　(A)負責餐具洗滌，破損控制、降低成本　(B)負責廚房原物料消耗和成本控制工作　(C)廚房清潔與衛生的管理　(D)廚房廢棄物的處理。

【101統測－餐服】

(　　)10. 下列餐飲服務工作人員中，何者是最基層的人力，其主要職責是協助服務員服務顧客，間接與顧客接觸？　(A)Bus boy　(B)Captain　(C)Senior waiter　(D)Sommelier。

【103統測－餐服】

(　　)11. 下列餐廳從業人員之主要工作內容，何者原則上與其他三者截然不同？　(A)Greeter　(B)Hostess　(C)Receptionist　(D)Runner。【104統測－餐服】

(　　)12. 關於餐飲部門職位，下列何者屬於 back of the house？　(A)dish cleaner (B)junior waiter (C)receptionist (D)sommelier。【110統測－餐服】

🎯 解答

3. D	4. C	5. D	6. B	7. C	8. D	9. B	10.A	11.D	12.A

( )13. 下列何項工作內容**不屬於**餐廳服務人員的「mise en place」？ (A)檢查 table setting (B)確認 reservation (C)進行 food service (D)完成 glassware polish。 【110統測－餐服】

( )14. 餐廳「迎賓帶位」服務，多半由下列何人負責執行？ (A)Supervisor (B)Receptionist (C)Captain (D)Chef de Rang。 【105-3模擬專二】

( )15. 請問餐廳中哪一個部門、負責搬運雜物、處理廢棄物？ (A)Kitchen Dept (B)Food Service Dept (C)Stewarding Dept (D)Banquet Dept。 【105-4模擬專二】

解析▶ (A)廚房部、(B)餐廳部、(C)餐務部、(D)宴會部。

( )16. 餐廳外場服務人員與其職責配對正確的是 (A)Manager－編排工作班表，安排執勤內容 (B)Captain－擬訂營運目標及訂價策略 (C)Hostess－接受訂位、劃位、帶位服務 (D)Waiter－負責葡萄酒服勤及銷售。 【106-1模擬專二】

解析▶ (A)Captain－編排工作班表，安排執勤內容、(B)Manager－擬訂營運目標及訂價策略、(D)Sommelier－負責葡萄酒服勤及銷售

( )17. 有關餐廳外場職稱與工作內容配對，下列何者正確？ (A)Supervisor為餐廳的領導者，負責SOP 之作業規範 (B)Gretter需在賓客抵達餐廳前，召開Briefing (C)Busperson 專門協助點菜單的遞送與收拾殘盤的服務 (D)Bartender提供酒類專業知識與佐餐酒之推薦。 【106-3模擬專二】

解析▶ (A)Manager、(B)Captain、(D)Sommelier。

( )18. 下列何者不屬於Host的工作內容？ (A)負責掌握訂位人數及現場帶位的服務 (B)協助客人將大衣掛在衣帽間 (C)彙整客訴問題並向主管呈報 (D)協助傳菜生收拾殘杯殘盤至後場。 【106-3模擬專二】

解析▶ (D)Host 僅協助領班及現場服務員之工作內容。

( )19. 餐廳外場組織編制中，下列何者主要負責處理顧客抱怨且為餐廳營運事務成敗與否的指標人物？ (A)Manager (B)Supervisor (C)Captain (D)Expediter。 【107-1模擬專二】

🎯 解答

13.C　14.B　15.C　16.C　17C　18.D　19.A

解析 (A)Manager：經理、(B)Supervisor：主任、(C)Captain：領班、(D)Expediter：傳菜生。

( )20. 有關餐廳Greeter的工作內容，下列敘述何者正確？ (A)處理餐廳內的Lost & Found的登記作業 (B)召開Briefing (C)執行餐桌服務工作 (D)推薦適合搭配點用菜餚的酒類。 【107-1模擬專二】

解析 Greeter：接待員。(A)Lost & Found：遺留物品作業、(B)Briefing：營業前會議。

( )21. 有關餐飲從業人員的職稱與職責之說明，下列何者不正確？ (A)Barman：負責飲料調製，不負責端送飲料給客人 (B)Chef d'Etage：負責端送客房餐飲至客房內 (C)Butcher：負責現場切割燒烤大塊肉類 (D)Expenditer：又稱為Runner，負責將點菜單送到廚房內，將菜餚自廚房端送到餐廳服務檯上，再由服務員送至餐桌，將殘盤送回廚房。 【107-5模擬專二】

解析 (C)Trancheur：在桌邊現場切割燒烤的大塊肉類，而Butcher 是負責在廚房內切割肉、魚、海鮮的師傅。

( )22. 高材生言默從餐旅烘焙系畢業後進入五星級飯店的烘焙坊擔任西點廚師，下列有關西點廚師的職稱中，何者不會是言默擔任的職務？ (A)Poissonnier (B)Boulanger (C)Confiseur (D)Glacier。

【108-1模擬專二】

解析 (A)Poissonnier 海鮮（魚類）師傅、(B)Boulanger 麵包師傅、(C)Confiseur 糖果餅乾師傅、(D)Glacier 冷凍類甜點師傅。

( )23. 在廚房中負責砧板上調配工作、廚房進貨或配菜，以及冰箱食材之儲存與管理，不屬於下列哪一個廚師的工作內容？ (A)紅案師傅 (B)切割師傅 (C)墩子師傅 (D)料清師傅。 【108-1模擬專二】

解析 料清師傅，即是排菜師傅，負責爐邊的雜事、拿取材料、成菜前的拼扣、控制上菜順序，完成菜餚之排盤及傳送工作。砧板師傅：又稱為紅案、墩子、凳子師傅，負責砧板上調配工作及廚房進貨或配菜，也負責冰箱食材之儲存與管理。

( )24. 趙喬一在餐廳的工作是負責接受訂位、熟記顧客資料、安排帶位，有時候也必須了解餐廳桌椅數量及因應今日訂席狀況適當調整餐廳座位佈置，請

🎯 解答

20.A 21.C 22.A 23.D 24.D

問趙喬一的職務為下列何者？　(A)Apprentice　(B)Assistant Manager　(C)Head Waiter　(D)Greeter。　　　　　　　　　　【108-1模擬專二】

解析▶ (A)Apprentice 實習生、(B)Assistant Manager 副理、(C)Head Waiter 領班、(D)Greeter 領檯員。

(　　)25. 下列何者不屬於Briefing的工作項目？　(A)服裝儀容檢查　(B)檢查周邊設施，如燈光、音樂、空調等　(C)檢討工作得失、鼓勵表揚員工　(D)傳達本日訂席狀況、VIP 名單及各項注意事項。　　　　　【108-1模擬專二】

解析▶ Briefing是指服務前會議，而檢查周邊設施，如燈光、音樂、空調等是屬於服務區準備(Guest Mise en Place)的工作項目。

(　　)26. 下列哪一個職務的餐飲從業人員必須熟悉餐廳桌椅的排列方式與座位數？　(A)Greeter　(B)Dumb Waiter　(C)Sommelier　(D)Manager。

【108-2模擬專二】

解析▶ (A)Greeter 領檯員、(B)Dumb Waiter 送菜梯、(C)Sommelier 葡萄酒侍酒師、(D)Manager 經理。

(　　)27. 有關餐飲單位與其工作職責內容之敘述，下列何者錯誤？　(A)王曉明在Stewarding Dept.每天負責餐具管理、洗刷炊具、垃圾分類與蟲害防治　(B)張美麗是Chef d'Etage，主要任務與職責為具備葡萄酒專業素養、服務技巧、熟悉服務流程並負責盤點葡萄酒　(C)李大衛在Beverage Dept.負責餐廳內飲料的管理、儲存、銷售與酒水服務　(D)張馬克每天負責海鮮的切割、料理之醬汁，其工作職稱為Poissonnier。　　　【108-3模擬專二】

解析▶ (A)Stewarding Dept.餐務部、(B)Chef d'Etage，客房餐飲服務人員、(C)Beverage Dept.飲務部、(D)Poissonnier 魚類廚師。

(　　)28. 花喵是一位有名的蒸籠師傅，請問花喵除了可以被稱為蒸籠師傅外，還能稱作下列哪一種師傅？　(A)水檯師傅　(B)水鍋師傅　(C)白案師傅　(D)紅案師傅。　　　　　　　　　　　　　　　　　　　　　【108-5模擬專二】

解析▶ (A)水檯師傅又稱為水案師傅，負責宰殺禽類及海鮮、(C)白案師傅負責製作點心、(D)紅案師傅負責砧板上調配工作及廚房進貨或配菜。

🎯 **解 答**

25.B　　26.A　　27.B　　28.B

( )29. 小玉、小竹、小品和小佳四個人，參加部門廚師資格考試，四個人都通過了測驗，有關四位負責的項目和他們的職務，下列何者正確？ (A)小玉擔任Grillardin負責所有碳烤類食物 (B)小竹擔任Pâtissier 負責冷盤、生菜沙拉、沙拉醬汁 (C)小品擔任Poissonnier負責製作蛋糕、甜點 (D)小佳擔任Saucier負責協助主廚各項工作，為主廚之職務代理人。【108-5模擬專二】

解析▶ (B)小竹擔任Pâtissier負責製作蛋糕、甜點、(C)小品擔任Poissonnier負責海鮮料理，包含海鮮切割、料理之醬汁、(D)小佳擔任Saucier負責熱炒及製作熱炒食物之醬汁。

( )30. 下列何者不屬於葡萄酒侍酒師的工作職責？ (A)負責葡萄酒的採購及存貨管理 (B)辦理餐酒活動推廣待酒服務 (C)遞送點菜單，傳送菜餚酒水等 (D)推薦賓客適合搭配點用菜餚的酒類。 【109-1模擬專二】

解析▶ 遞送點菜單，傳送菜餚酒水等是服務生/助理服務員的工作。

( )31. 下列何者為資深服務員的工作職責？ (A)負責餐後重設工作 (B)隨時注意賓客的動態，觀察其需求 (C)主持服務前會議的進行 (D)接聽電話或安排訂位。 【109-1模擬專二】

解析▶ (A)負責餐後重設工作為服務生／助理服務員的職責、(C)主持服務前會議的進行為領班的職責、(D)接聽電話或安排訂位為領檯員的職責。

( ) 32. 下列何者不是根據愛斯可菲(Georges Auguste Escoffier)所主張的廚師團隊標準設立的廚師分類(brigade)裡的編制？ (A)Pâtissier (B)Chef de Salle (C)Entremetier (D)Poissonnier。 【109-2模擬專二】

解析▶ (A)Pâtissier同Pastry Chef 點心師傅、(B)Chef de Salle大廳服務員、(C)Entremetier同Vegetable Cook 蔬菜師傅、(D)Poissonnier同Fish Cook海鮮魚類師傅。

 解答

29.A   30.C   31.B   32.B

CHAPTER

02

RESTAURANT

餐廳設備與器具

◆———— 趨 · 勢 · 導 · 讀 ————◆

本章之學習重點：

餐廳的設備及器具是服務員基本的專業知識，中餐及西餐的器具不同，其專業的使用
方式如何搭配都需要熟記並靈活運用。

1. 了解西式餐廳中推車的中英配對、推車的功能。

2. 熟悉餐廳器具特色及特性。

3. 正確的器具保養及消毒的方式。

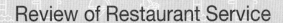

 ## 2-1 餐廳設備

一、家具設備(Furniture)

(一) 餐桌 (Table)

1. 餐桌的高度：為減少服務的困擾，一般認為較理想的高度約為75公分。

2. 顧客進餐的餐桌面積寬度：大約53公分，最舒適約為61公分，太寬容易有疏離感。而一般的桌邊服務(Table Service)，個人所使用的寬度約在53～61公分之間最理想。

3. 各式餐桌型式尺寸與座位數之關係如下：

座位數	餐桌型式		單位：公分
	圓桌（直徑）	方桌（長×寬）	長方桌（長×寬）
1～2人	80 (Round Table)	60～65×60～65 (Square Table)	72～85×60～65 (Rectangle Table)
3人	90		90～95×70～75
4人	105～110	76～90×76～90	120×75～80
5～6人	130		180×85～90
7～8人	150（另備轉檯）	120×120	240×85～90
10～12人	180（另備轉檯）		300×90～100

資料來源：整理自經濟部商業司，餐飲業經營管理實務，2003，p.78。

(1) 圓桌直徑超過150公分（5呎／8人桌），皆備有「轉檯」(Lazy Susan)，以方便顧客取用食物。

(2) 轉檯的直徑約為餐桌直徑減60公分。（計算方式：圓桌直徑－60cm即轉檯直徑）

例如：直徑為150公分的圓桌，其所搭配的轉檯約為90公分。

(3) 「轉檯」(Lazy Susan)又稱為「懶惰的蘇珊」、「轉盤」。

(4) 在餐飲宴會廳，一般使用的長方桌多為90cm×180cm。

(5) 國內餐旅技能檢定多使用60cm×180cm的長方桌。

(6) 轉檯直徑＝圓桌直徑－60cm

(7) 檯布尺寸：

　＊圓檯布直徑＝圓桌直徑＋60cm

　＊方檯布直徑＝方桌長、寬各加60cm

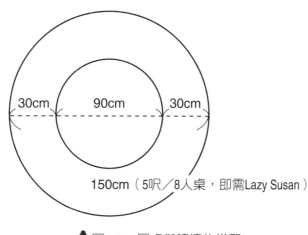

🧑 圖2-1　圓桌與轉檯的搭配

4. 摺葉卓(Folding Leaf Table)：

(1) 四邊收起時，為90cm×90cm的正方桌。（適合4人座）

(2) 若將四個弧形邊掀起即成為圓桌。（適合6人座）

（二）餐椅 (Chair)

1. 餐椅的適宜高度約為40～45cm。

2. 鋪設檯布時，布下垂約30cm，切齊椅面。因此，當方桌寬度為90cm×90cm時，其檯布尺寸宜選擇150cm×150cm。（**計算方式：桌長寬各加60cm**）

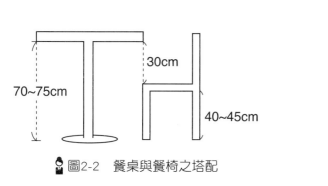

🧑 圖2-2　餐桌與餐椅之搭配

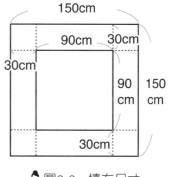

🧑 圖2-3　檯布尺寸

3. **兒童椅**(Baby Chair)：需附有扶手和小桌面，高度約65cm。

（三）工作檯 (Service Table / Service Station / Work Station / Side Board)

1. 或稱為服務檯、服務櫃，具儲存櫃功能，縮短服務距離。

2. 多存放服務時所需的刀、叉、匙、布巾、餐具等備品，以方便服務員服務顧客，減少往返餐廳與倉庫的時間。

3. 多置於不妨礙服務動線、客人走動處，重實用性及方便性。

（四）接待檯 (Reception Desk)

1. 為迎接顧客所設置的設備。

2. 多設置在餐廳入口，為領檯人員(Receptionist)工作的地方。

3. 檯面上放置訂席簿及電話，餐廳座位配置圖等。

（五）托盤架 (Tray Stand)

1. 是可折疊的架子，常見於美式餐廳。

2. 輔助服務桌之不足，與大托盤搭配使用，具有轉接菜餚的功能。

圖2-4　托盤架

（六）托盤 (Tray)

1. 依形狀分類

名稱	內容說明
圓托盤(Round Tray)	1. 直徑約12～18吋；用途最廣泛。 2. 用於將菜餚、飲料等端至顧客餐桌上。
長方托盤(Rectangular Tray)	1. 約10～25吋；用於搬運餐具、盤碟或菜餚。 2. 餐服丙檢中，作為往返於器具區與工作檯的搬運工具。
橢圓托盤(Oval Tray)	1. 約12~18吋。 2. 用於端送食物，常用於高級餐廳或酒吧中。

2. 依材質分類

名稱	內容說明
金屬托盤(Metal Tray)	分為金、銀、不鏽鋼等三種材質。
塑膠托盤(Plastic Tray)	1. 具硬度高、質輕、不易傳熱、不易產生碰撞聲、易清洗等優點。 2. 餐飲業經常使用。
木質托盤(Wooden Tray)	用於早期的餐廳，因易藏汙納垢，且保養不易，目前幾乎不採用。

（七）海報架 (Poster Stand)

設置在餐廳門口，上面經常擺放菜單，以讓往來的顧客瀏覽之用。

二、各式推車(Trolley)

名　稱	圖　示	說　明
旁桌 (Guéridon Trolley / Service Trolley / Side Table) （亦稱服務車）		1. Guéridon**是法文**，等同於英文的Side Table。 2. 是用餐區域所內使用的推車(Trolley)，通常放在顧客的餐桌旁，用來擺放餐食、餐具、保溫器以便進行餐桌服務。 3. 與餐桌同高度，多附腳輪。
桌邊烹調車 (Flambé Trolley) （亦稱法式現場烹調推車）		1. Flambé**是法文**，原意為「用酒燒食物」或「引燃火焰」。 2. 是**提供現場烹調的法式餐廳必備的設備**。 3. 主要配備有：瓦斯爐、瓦斯桶、烹飪所使用的調味料品及伸縮的小桌面，桌面下備有櫃子，放置烹飪用具或餐具等物品。
烤肉切割車 (Roast Beef Wagon / Carving Trolley / Trancher Wagon) （亦稱燒烤推車）		1. 常用於自助式餐廳與宴會。 2. **用來保溫、切割燒烤食物。** 3. 推車上備有酒精或瓦斯爐，以保持食物的溫度及鮮度。 4. 此推車有車輪式的設計，以增加服務的便利性。 5. 再搭配玻璃罩或銀製半圓罩覆蓋食物。
酒車 (Liqueur Trolley / Cocktail Trolley / Wine Cart)		1. **屬於展示推車的一種**。常用於酒類推廣的活動，以達到展示與銷售的目的。 2. 分為兩層：上層是用來放置各類型的酒類飲品，下層則是準備相對應的酒杯及冰塊。
活動餐盤車 (Mobile Dish Trolley)		1. 存於乾淨之同尺寸餐盤用。 2. 多用於自助餐會或大型宴會，補充餐盤用，故出現於客人面前較少。

名　稱	圖　示	說　明
清潔手推車 (Cleaning Trolley)		1. 收拾餐具用。 2. 多出現於中餐廳。
餐椅推車 (Handcart)		1. 多用於宴會廳，移動、搬運大量餐椅用。 2. 又稱恐龍車。
點心車 (Dessert Trolley)		上層為透明遮罩，其功能： 1. 讓點心可以明顯地展示於顧客面前，藉此引起顧客的食慾，增加購買慾望。 2. 避免點心受到汙染。
保溫餐車(Menu Top Set)		主要功能是**保溫食物之用**。常見於港式飲茶餐廳。
客房餐飲服務車 (Room Service Wagon)		1. 用於服務客房顧客用餐，非餐廳用推車。 2. 可摺合，使用時可打開成為1個四方桌或圓桌。 3. 下方多具保溫箱，維持食物溫度。

三、其他設備(Other Facilities)

名　稱	說　明
空調設備	如冷暖氣,其功能在增進顧客用餐的舒適度。
音響設備	如音響組合,其功能在增進用餐的氣氛。
照明設備	燈具的使用,需考慮其功能、實用性。
水電設備	如蓄水池、插座、瓦斯管線、瓦斯偵測器等。
消防設備	如滅火器、自動灑水系統、消防栓、消防水帶、溫度感應器、逃生梯、緩降梯等。
洗滌設備	如洗碗機、洗滌槽。
電腦設備系統	包含硬體及軟體設備。

考題推演

(　　) 1. 假如餐椅的高度是44公分,則最理想的餐桌高度應為幾公分?　(A)64公分 (B)69公分　(C)74公分　(D)79公分。　　　　　　　　　　【98統測－餐服】

解答▶ C

解析▶ 根據人體之體形及人體工學運作自如之考量,餐桌高度設定一般約為73~78公分,國內大都採用75公分;西方餐桌高度也大都在71~78公分左右。

(　　) 2. 餐廳使用的guéridon trolley 是指什麼?　(A)牛肉燒烤用推車　(B)方便客人點選酒精飲料的推車　(C)甜點專用推車　(D)於外場作為桌邊服務的服勤推車。　　　　　　　　　　　　　　　　　　　　　　【99統測－餐服】

解答▶ D

解析▶ Guéridon Trolley稱為旁桌或服務車,多放於外場作為桌邊服務的服勤推車。

(　　) 3. 餐廳中下列哪些桌子,原則上不適合與椅子搭配使用?　(A)cocktail table、service table、side table　(B)cocktail table、folding leaf table、side table　(C) folding leaf table、round table、service table　(D)folding leaf table、service table、square table。　　　　　　　　　　　　　　　　　【109統測－餐服】

解答▶ A

解析▶ (A)cocktail table小圓桌、service table工作檯、side table旁桌;(B)folding leaf table摺葉桌;(C) round table圓桌;(D) square table方桌。

(   ) 4. 顧客最常使用的餐飲設備是餐桌及餐椅，下列相關之敘述，何者錯誤？(A)Drop Leaf Table展開後直徑約100公分 　(B)Cocktail Table常用於酒會，無設置座位，僅供顧客暫放杯盤 　(C)IBM國際標準會議桌常用於會議、宴會或宴會服務桌 　(D)適宜的餐椅用餐距離是椅面離地約45公分，椅面與桌面相距約30公分。 　　　　　　　　　　　　　　　　【105-1模擬專二】

解答 ▶ A

解析 ▶ (A)Drop Leaf Table：摺葉桌，展開後直徑約120~130公分、(B) Cocktail Table：小圓桌

(   ) 5. 常見於法式餐廳，專門用於提供現場烹調桌邊服務，並備有瓦斯爐、瓦斯桶，並可擺放平底鍋、餐具、調味料等備品，是指下列哪一項服務設備？ (A)Side Trolley　 (B)Trencher Wagon　 (C)Dessert Trolley　 (D)Flambé Trolley。 　　　　　　　　　　　　　　　　　　　【105-1模擬專二】

解答 ▶ D

解析 ▶ (A)Side Trolley：餐廳服務車、(B)Trencher Wagon：烤肉切割車、(C)Dessert Trolley：點心車、(D)Flambé Trolley：桌邊烹調車。

2-2 餐廳器具

　　餐廳的營業設備，依材質不同，可區分為陶瓷類、金屬類、玻璃類、布巾類，重點如下：

一、陶瓷器皿(Chinaware)

名　稱	說　明
西餐餐具	
① 服務盤 (Service Plate)／展示盤 (Show Plate)／定位盤 (Place Plate / Cover Plate)	1. 直徑約為30.5～33cm（12～13吋）。 2. 主要功能：**展示、擺設**、服務或是底盤使用。
② 主菜盤 (Dinner Plate / Main Course Plate / Entrée Plate / Meat Plate)	1. 直徑約為25～30cm（10～11吋）。 2. 用於盛裝各式主菜，但吃全魚時會以橢圓盤替代圓盤。
③ 襯盤 (Underliner / Under Plate / Lunchon Plate)	1. 多用於盛裝食物容器的下方底盤，以利服務。 2. 亦可用於定位用，似定位盤。
④ 沙拉　⑤ 點心盤 (Salad / Dessert Plate)	1. 直徑約20～23cm（8～9吋）。 2. 多用於盛裝沙拉、開胃菜及點心。
⑥ 麵包盤 (Bread & Butter Plate / B & B Plate / Side Plate)	1. 直徑約為15～17.5cm（6～7吋）。 2. 主要功能：盛裝麵包、奶油、果醬及其他調味料。
⑦ 湯盤 (Soup Plate)	1. 直徑約為21.5cm（8.5吋）之深盤。 2. 用於盛裝濃湯類與醬汁較多的菜餚。
⑧ 湯杯 (Clean Cup / Bouillion Cup / Consommé Cup)	1. 容量約為10oz(300 c.c.)。 2. 多用於盛裝清湯及粥類。
⑨ 湯底盤 (Soup Saucer)	為放置湯類器具的底盤。
⑩ 咖啡杯 (Coffee Cup)	1. 容量約為6oz(150 c.c.)。 2. 用於服務咖啡，常與紅茶杯共用。
⑪ **咖啡底盤** (Coffee Saucer)	為放置咖啡杯的底盤。
橢圓盤 (Oval Plate)	多用於盛裝海鮮、魚類或是展示開胃菜。
早餐杯(Breakfast Cup)又稱早晨杯(Morning Cup)	容量約300c.c.，常用於美式早餐中，裝盛咖啡之用，似馬克杯。
義式濃縮咖啡杯 (Demitasse)	容量約75c.c.，又稱小咖啡杯，飲用義式濃縮咖啡(Espresso)時使用。
湯碗 (Soup Bowl)	直徑約為15cm（6吋）。用於盛裝湯及粥類等食物，亦可與沙拉碗共用。
沙拉碗 (Salad Bowl)	直徑約為15cm（6吋）。用於盛裝沙拉。

名　稱		說　明
中餐餐具（個人用）	⑫ 骨盤 (Side Plate)	1. 直徑約為6、7、8吋，其中7吋較為實用。 2. 中餐擺設中，做定位之用。並用於擺放個人份菜餚。
	⑬ 飯碗 (Rice Bowl)	約12cm，用於盛裝米飯。
	⑭ 茶杯 (Tea Cup)	容量約150c.c.，多用於盛裝各式茶類。
	⑮ 味碟 (Sauce Dish / Relish Dish)	用於盛裝各式調味料。
	⑯ 筷子 (Chopsticks)	主要功能：夾取中式食物。
	⑰ 筷架 (Chopsticks Rest)	主要功能：擺放筷子，有時與湯匙座連在一起，稱筷匙架（左為湯匙，右為筷子）。
	⑱ 湯匙 (Soup Spoon)	長約為13cm，用於喝湯所用。
	⑲ 湯匙架 (Soup Spoon Rest)	主要功能為擺放湯匙。
	湯盅附蓋 (Casserole With Cover)	盛裝各式湯類。
中餐餐具（共用）	⑳ 圓盤 (Round Plate)	1. 直徑約為25.5～45.5cm（10～16吋）。 2. 主要功能：盛裝各式菜餚。依菜餚份量多寡，使用不同尺寸的圓盤。
	㉑ 橢圓形有邊盤 (Oval Plate With Rim)	長約為20.5～45.5cm（10～16吋）。用於盛裝海鮮、魚類等主食。
	㉒ 湯盅 (Soup Bowl)	用於盛裝羹湯、米飯等。
	大湯碗 (Soup Tureen)	用於盛裝各式湯類。

二、金屬器皿(Silverware)

（一）扁平器皿 (Flatware)：用來拿取食物之餐具

名　稱	圖　示	說　明
餐刀 (Dinner Knife / Table Knife)		1. 又稱大餐刀或大刀(Large Knife)，全長約23cm，和餐叉配合使用。 2. 用於食用魚類以外的肉類。
牛排刀 (Steak Knife)		1. 一種刀身細長、刀片較薄且有鋸齒的刀，約為22cm，刀刃較利。 2. 用於食用紅肉類主食，如牛排、羊排或鴨胸等，並搭配牛排叉一起使用。
沙拉刀 (Salad Knife)		1. 又叫小餐刀，全長約21cm。 2. 用於食用沙拉、開胃菜或早餐蛋類。

名　稱	圖　示	說　明
起司刀 (Cheese Knife)		1. 又稱乳酪刀，約為21cm。 2. 用於食用各種起司，可與沙拉及開胃菜共用。
切割刀 (Carving Knife / Joint Knife)		1. 一種較大型的開口刀，又稱切肉刀，長度約為30cm。 2. 用於切割各種燒、烤、滷、燻肉類菜餚，**此類刀具限於桌邊服務人員使用**，如燒烤牛排(Roast Beef)。
魚刀 (Fish Knife)		1. 一般配魚叉使用，約21cm。 2. 用於食用魚類主食，形如蛋糕鏟，主要目的為撥開魚類食物所用，故呈菱形狀且無鋸齒。
奶油抹刀 (Butter Spreader)		1. 又稱抹刀、奶油塗刀，約15cm。 2. 用於塗抹牛油或果醬於撕下之麵包片上的抹刀。 3. 非切割用刀。
餐叉 (Dinner Fork)		1. 又稱大餐叉，配合大餐刀使用，約為20cm。 2. 用於食用魚類以外的肉類。
沙拉叉 (Salad Fork)		1. 又叫小餐叉，約18.7cm。 2. 用於食用開胃菜、沙拉、麵食類或甜點。
起司叉 (Cheese Fork)		1. 約16cm，配合起司刀使用。 2. 用於食用各種起司，可與沙拉、開胃菜或點心叉等共用。
切割叉 (Carving Fork)		1. 一種兩齒長叉，約26～30cm。 2. 用於切熟肉時固定肉塊，此類叉具限於桌邊服務人員專用。
魚叉 (Fish Fork)		是一種三尖叉，約為19cm，用於食用魚類主食。
龍蝦鉗與龍蝦叉 (Lobster Cracker & Lobster Pick)		1. 一種特殊的鉗子（左側）和叉子（右側）的組合，約為21cm。 2. 用於食用硬殼的海鮮菜餚，以利於取出殼內的肉，例如龍蝦、螃蟹等。
田螺夾與田螺叉 (Escargot Tong & Escargot Fork)		1. 約15cm。 2. 兩者配合使用，多用於食用帶殼田螺。
服務叉 (Service Fork)		1. 一種大型的叉，全長約24cm。 2. 於服務或分裝菜餚時使用，須與服務匙(Service Spoon)共用。
服務匙 (Service Spoon)		1. 又可稱分勺、分匙，是一種大型匙，全長在24cm左右。 2. 用於桌邊服務分派各種菜餚，須與分叉並用。

名 稱	圖 示	說 明
橢圓湯匙 (Table spoon / Dinner Spoon) (Oval Soup Spoon)		1. 匙身成卵形，泛指主湯匙，尺寸約為19cm。 2. 喝清湯用，亦可與大餐叉使用於義大利麵。
圓湯匙 (Potage Soup Spoon)		1. 匙身近似圓形，尺寸約為18cm。 2. 濃湯(Cream Soup / Thick Soup)用。
點心匙 (Dessert Spoon)		1. 尺寸約為19cm。 2. 匙身成橢圓型，用於食用點心類，與點心叉合稱點心餐具(Cover of Dessert)。
咖啡匙 (Coffee Spoon)		1. 飲用咖啡時使用，尺寸約為8～10cm。 2. 供調和鮮奶與糖之用。
茶匙 (Tea Spoon)		1. 飲用西式茶所使用，尺寸約12～14cm，比咖啡匙長。 2. 供調和鮮奶或檸檬與糖等之用。
冰淇淋匙 (Ice Cream Spoon)		1. 是一種匙沿較方的匙，尺寸約為10～12cm。 2. 用於食用冰品與果凍類食品。
小杯咖啡匙 (Demitasse Spoon / Expresso Spoon)		1. 一種精巧的小號匙，尺寸約為6～8cm。 2. 用於飲用義大利濃縮咖啡。
甜瓜匙 (Melon Spoon)		1. 尺寸約19cm。 2. 主要功能：食用西瓜、香瓜或哈蜜瓜。
葡萄柚匙 (Grape Fruit Spoon)		1. 匙面邊緣呈三角，前端匙緣有鋸齒。 2. 主要功能：**食用葡萄柚**。

（二）凹型器皿 (Hollowware)：用來盛裝食物之容器

名 稱	說 明
冰水壺 (Water Pitcher)	約1800c.c.，用於盛裝冰水用。
咖啡壺 (Coffee Pot)	約850c.c.，較瘦長用於盛裝咖啡用。
茶壺 (Tea Pot)	約650c.c.，較矮胖，用於裝茶水用。
奶盅 (Creamer)	約180～150c.c.，用於盛裝鮮奶、奶水。
醬料盅 (Sauce Boat / Goose Neck / Gravy Boat)	1. 又稱為鵝頸、沙司船。約180c.c.、300c.c.、400c.c.。 2. 用於為盛裝各式佐料、醬汁。
長方形銀盤 (Oblong Platter)	1. 約50.5cm×37cm。 2. 用於裝盛各式甜點、水果。
橢圓形銀盤 (Oval Platter)	1. 約25.5cm×17.5cm～123cm×40cm。 2. 多用於桌邊服務、展示菜餚，或酒中盛裝點心。

名　稱	說　明
洗手盅 (Finger Bowl)	1. 又稱洗指盅，約為12cm×（高）4cm。 2. 提供顧客吃完蝦、蟹時清洗手指用。
田螺盤 (Snail Plate / Escargot Plate)	直徑約15cm，於服務田螺時用。 ＊帶殼田螺：淺盤、銀器。 ＊不帶殼田螺：深盤、瓷器。
麵包籃 (Bread Basket)	約28cm×19.5cm×（高）4.5cm，於服務麵包時用。
麵包屑斗 (Crumb Scoop)	1. 約30cm。 2. 主要功能：刮除餐桌上之麵包屑或殘渣用。
保溫鍋 (Chafing Dish)	用於自助餐或酒會時，裝盛熱菜保溫用。

三、玻璃類(Glassware)

（一）高腳杯 (Goblet)

名　稱	圖　示	說　明
水杯 (Water Goblet)		最常用的杯類，各餐廳的水杯容量不一，通常在8～10oz之間，用於供應飲用水。
白蘭地杯 (Brandy Snifter)		容量約為5～12oz，用於盛裝白蘭地（杯身大、杯口窄，飲用時用手掌托住杯身，利用手心的溫度溫熱酒液以散發其風味）。
寬口香檳杯 (Champagne Saucer)		1. 容量約為3.5～5.5oz。 2. 杯身為半圓形的淺身寬口，因此不易保存酒內的氣體，在飲用時應盡快將香檳飲盡，適用於一般酒會或慶功宴。一般使用此杯堆疊香檳塔。
笛型（細長型）香檳杯 (Champagne Flute)		1. 容量約為5.5～7.5oz。 2. 杯身為細長型，可觀賞氣泡上升，並使香檳內的氣泡不易揮發，是飲用高級香檳之指定用杯。
雞尾酒杯 (Cocktail)		其外形通常杯口大而淺，有些呈V字形，容量約3～4oz。
酸酒杯 (Sour Glass)		容量約為5～6oz，用於飲用以烈酒加檸檬汁、糖水之調酒，以威士忌酸酒(Whisky Sour)最具代表。

名　稱	圖　示	說　明
香甜酒杯 (Liqueur Glass)		容量約為1oz，適用於服務純飲的酒類。
紅葡萄酒杯 (Red Wine Glass)		1. 容量約為8oz。 2. 用於飲用紅葡萄酒，杯口向內彎，因需呼吸結合室內溫度故杯口較大。
白葡萄酒杯 (White Wine Glass)		1. 容量約為6oz。 2. 用於飲用白葡萄酒，杯型與紅葡萄酒杯相似，但小一號，因飲用白酒的溫度較低，每次供應的份量約為2～3oz左右。
波特酒杯 (Port Glass)		1. 杯口外張，容量約為4～6oz。 2. 用於飲用強化性的葡萄酒，如：波特酒。
愛爾蘭咖啡杯 (Irish Coffee Glass)		1. 專用於愛爾蘭咖啡。 2. 強化玻璃製、耐高溫。

（二）直立平底杯 (Tumbler)

名　稱	圖　示	說　明
可林杯 (Collin)		1. 容量為12oz。 2. 盛裝的飲品為兩種以上的基酒及其他飲品混合而成，適合長時間飲用，又稱為Long Drink Glass，例如：奇奇(Chi Chi)、藍色珊瑚礁(Blue Lagoon)。
高飛球杯 (Highball)		1. 容量比可林杯少，約為10oz。 2. 盛裝單一烈酒加軟性飲料或是果汁的飲品，在調酒的過程中應先加入冰塊，再加入烈酒，最後加入軟性飲料或是果汁，例如：琴湯尼(Gin Tonic)、螺絲起子(Screw Driver)。
古典杯 (Old Fashion Glass)		1. 又稱老式酒杯、威士忌杯(Whiskey Glass)，容量約7oz。 2. 為飲用任何烈酒加冰塊所使用的杯子，其專用於「On the Rocks」，因此被稱為岩石杯(Rocks Glass)。
純飲杯 (Straight / Shot Glass)		1. 容量為1.5～3oz。 2. 主要功能：飲用白蘭地之外的各式烈酒。

名　　稱	圖　示	說　　明
皮爾森啤酒杯 (Pilsner)		1. 又稱淡啤酒杯、熟啤酒杯，容量為10～14oz。 2. 使用這類杯子飲用啤酒時，應即時喝完，因其杯口較大，啤酒的泡沫與空氣接觸多，泡沫會快速消失。
馬克杯 (Beer Mug)		有手握把的杯子，容量約為10～32oz，用於主要功能為飲用生啤酒。

(　) 1. 下列哪一項器皿屬於Hollowware？　(A)carving knife　(B)finger bowl　(C) fish fork　(D)lobster cracker。　　　　　　　　　　　【98統測－餐服】

解答▶ B

解析▶ Hollowware（凹型器皿）
(A)carving knife（切割刀）
(B)finger bowl（洗手盅）
(C)fish fork（魚叉）
(D)Lobster cracker（龍蝦鉗）
(A)(C)(D)皆為Flatware（扁平器具）。

(　) 2. 下列關於餐飲服務器皿的描述，何者錯誤？　(A)B.B. plate 是用來盛裝麵包的器皿　(B)chafing dish 是指主廚盛裝主菜的器皿　(C)pepper mill 可用來研磨胡椒粒以供調味　(D)show plate 是指擺設使用的展示盤。

【99統測－餐服】

解答▶ B

解析▶ chafing dish（保溫鍋）：主要功能於自助餐或酒會時，盛裝熱菜保溫用。

(　) 3. 下列何種杯皿附有把手？　(A) beer mug　(B) champagne flute　(C) champagne tulip　(D) Pilsner glass。　　　　　　　　　　　【110統測－餐服】

解答▶ A

解析▶ (A)beer mug馬克杯、(B)champagne flute笛型（細長型）香檳杯、(C) champagne tulip鬱金香形杯、(D)Pilsner glass皮爾森碑酒杯。

（ ）4.小仲到餐廳點用Consommé，請問服務人員應為他準備下列哪一項餐具？
(A)Table Spoon　(B)Bouillon Spoon　(C)Demitasse Spoon　(D)Grapefruit
Spoon。　　　　　　　　　　　　　　　　　　　　　　【105-1模擬專二】

解答▶ B

解析▶ (A)Table Spoon：餐匙、(B)Bouillon Spoon：小圓湯匙，食用澄清湯
(Consommé)時使用、(C)Demitasse Spoon：濃縮咖啡匙、(D)Grapefruit
Spoon：葡萄柚匙。

（ ）5. 餐廳內的器具眾多，下列何者不屬於Hollowware？　(A)Water Pitcher (B)
Wine Cooler Stand　(C)Petit Fours Dish　(D)Lobster Pick。

【105-1模擬專二】

解答▶ D

解析▶ Hollowware：金屬凹形器具、(A)Water Pitcher：水壺、(B)Wine Cooler
Stand：冰酒桶架、(C)Petit Fours Dish：西點架、(D)Lobster Pick：龍蝦叉。

2-3 餐廳器具材質、特性及保養

一、餐廳器具材質與特性介紹

（一）陶瓷類 (Chinaware)

材質名稱	說　明
陶器 (Pottery / Earthenware)	1. 以黏土或陶土為原料，混合後再以800℃的溫度燒成。 2. 耐震度不佳，保存不易、質地粗糙，破損率高，一般餐飲業很少使用。
全瓷 (Porcelain) 又稱瓷器(China Ware)	1. 以高領土與長石為原料，並以1200℃的高溫燒製而成。 2. **質地細密，易清洗，具透光性。**
強化瓷 (Durable Porcelain / Ceramics)	1. 全瓷經過高溫強化處理製成。 2. 硬度與透光度高，不易破損。
骨瓷 (Bone China)	1. 製作過程中加了30～50%動物的骨粉，目的在增加器皿的硬度及透光度。 2. 保溫效果佳，製作成本高，高價位之餐廳或飯店為愛用者。 3. 骨粉含量愈高愈透亮，但含量太高會減低延展性。
美耐皿 (Melamine)	1. 樹脂經由高溫、高壓塑造而成。 2. 具有瓷器的質感，又稱為「美奈瓷」。 3. 可承受-20℃低溫至120℃高溫。 4. 價格便宜，不易破裂，受到一般餐飲業廣泛使用。

(二)金屬類 (Silverware)

材質名稱	說　明
不鏽鋼餐具 (Stainless Ware / Stainless Ware)	1. 主要成分為碳鋼、鉻、鎳。 2. 一般的不鏽鋼有18-8、18-10、18-12，其中以18-10最適合用於餐具。 ※所謂18-10：表示其材質除碳鋼外，含有18％的鉻，10％的鎳。 　　鉻：增加柔軟度及光澤。鎳、鋼：增加硬度。 3. 外型明亮、耐酸鹼且不易生鏽。 4. 缺點：經火燒熱後易呈焦黑色，降低熱的傳導性，忌諱使用鋼刷清洗， 　　以免產生刮痕影響外觀。
鍍銀餐具 (Silverware)	1. 銀的材質柔軟，因此餐具只是表層鍍銀。 2. 中式銀器多以銅材為底鍍銀，若以銅材為底鍍鎳後再鍍銀的餐具。光澤 　　好、抗腐性強。 3. 不鏽鋼為底鍍銀之餐具具亮麗光澤。 4. 鍍銀的厚度愈厚，價格愈高，抗腐蝕、抗磨損。

(三)玻璃類 (Glassware)

材質名稱	說　明
普通玻璃 (Glass)	1. 主要原料為矽砂，經過高溫融化及吹製或是利用壓模成型。 2. 成本較低，大量使用於餐飲業。
水晶玻璃 (Crystal)	1. 原料除了矽砂之外，亦添加了不同比例(8%，12%，16%，24%)的氧化鉛， 　　故又稱為「鉛玻璃」。最好的水晶玻璃是含有24％的鉛。 ※鉛量愈高，光澤度與透光性愈佳，硬度高，重量重。 2. 透明度佳、光線折射漂亮，一般價位較高的餐廳會選用水晶玻璃作為食品 　　盛裝用器皿。 3. 現今推「無鉛水晶玻璃」是以鋇、鈣取代鉛，避免慢性中毒之疑慮。
強化玻璃 (Fortified Glass)	1. 製程中加入化學物質，增加其玻璃強度。 2. 耐110～180℃高溫，不易破損。

二、器具的保養

(一)清洗

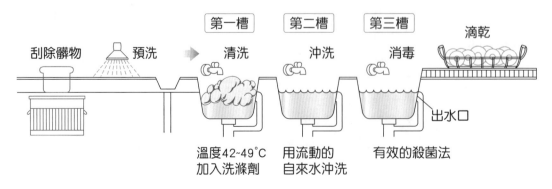

（二）消毒

餐具器皿的材質不同，所使用的消毒方法也有所差異：

方　法	條　件	所需時間	
		餐　具	抹　布
煮沸殺菌法	100℃以上之沸水	1分鐘↑	5分鐘↑
蒸氣殺菌法	100℃以上之蒸氣	2分鐘↑	10分鐘↑
熱水殺菌法 （高溫洗碗機使用）	80℃以上之熱水	2分鐘↑	×
氯液殺菌法 （低溫洗碗機使用）	不得低於200ppm（百萬分之兩百）之氯液浸泡	2分鐘↑	×
乾熱殺菌法	110℃以上之乾熱	30分鐘↑	×

（三）器具保養

材質名稱		說　明
陶瓷餐具		1. 勿將瓷器擺放在高溫或溫度驟變的地方。 2. **避免使用菜瓜布與粗糙之清洗用具洗滌，以免刮傷餐盤表面。** 3. 存放碗盤時，盤與盤之間用紙巾或布巾隔離，避免刮傷。 4. 可用次亞鹽素酸及水，以5：1的比例浸泡，可去除附著在器具上不均的色澤。
金屬餐具	不鏽鋼餐具	1. 使用後應盡快清洗，較易去除沾附在食物上的醬汁，亦可縮短與餐食接觸的時間。 2. **避免使用腐蝕性清潔劑及硬水洗滌，清洗完畢後宜採用風乾的方式，以減少水痕的產生。** 3. 可利用醋：水(1：3)去除餐具外表的薄霧面。
	鍍銀餐具	1. 浸泡(Soaking)：短時間浸在熱水皂液中，以去除汙物。 2. 打磨(Polishing)：擦亮銀器，應以專用銀油搭配適合之柔軟布巾擦拭之。 3. 拋光(Burnishing)：以專門處理銀器的布巾擦拭，如軟牛皮。 4. 每年須由餐務部進行大洗和拋光二～三次，以保護鍍銀餐具的價值和美觀。 5. **浸銀法：是一種擦亮餐具的方法**，屬於脫氧去汙的方式，是將鍍銀餐具浸泡在以碳酸鈉為基礎的化學溶液中加溫至80℃，置於塑膠容器內，約2～3秒鐘銀器表面就閃閃發亮。 6. 鍍銀餐具接觸到蛋白後會產生化學反應，表面會生成蛋白銀，因此蛋類食品儘可能不要用鍍銀餐具裝盛。
玻璃餐具		1. 避免碰撞及瞬間的熱漲冷縮，以減少玻璃破裂與降低意外的發生。 2. 採用「層疊倒置方式」存放杯類器皿，以專門存放玻璃杯的塑膠外皮金屬架—杯籃(Glass Rack)，減少破損的機率與儲放空間。 3. 在洗滌與存放時，避免手紋與水痕的產生，建議可在清潔劑中加入乾精，可有效減少水痕的產生。 4. 以空氣風乾方式擦乾器皿較有效率，若以棉質布巾擦拭，易殘留棉絮。

考題推演

( ) 1. 下列有關杯類器皿(Glassware)材質的敘述，何者錯誤？ (A)水晶玻璃較普通玻璃含鉛量高 (B)玻璃杯的材質主要是矽砂 (C)玻璃瓷的抗酸力較水晶玻璃弱 (D)水晶玻璃含鉛量為24%。 【96統測－餐飲】

解答 C

解析 (C)玻璃瓷的抗酸力比水晶玻璃強。

( ) 2. 不鏽鋼餐具材質中，18-10的合金比例，除了碳鋼材料之外，還有哪兩種材質混合製成？ (A)18%鎳及10%鉻 (B)18%鉻及10%鎳 (C)18%鋁及10%銅 (D)18%錫及10%鋁。 【97統測－餐飲】

解答 B

解析 不鏽鋼之主要原料為碳鋼、鉻、鎳，其中以18-10最適合用於餐具，除碳鋼外，尚有18%鉻及10%的鎳。

( ) 3. 浸銀法是一種擦亮銀製餐具的方法，下列何者敘述錯誤？ (A)是一種化學反應的處理方式 (B)最好放在金屬容器中處理 (C)專用於刀叉類的銀製餐具 (D)浸泡僅須2～3秒鐘。 【85春－餐飲】

解答 B

解析 浸銀法：是一種擦亮餐具的方法，屬於脫氧去汙的方式，是將鍍銀餐具浸泡在以碳酸鈉為基礎的化學溶液中加溫至80℃，置於塑膠容器內，約2～3秒鐘銀器表面就閃閃發亮。

( ) 4. 有關陶瓷器具材質與特性的敘述，下列何者正確？ (A)強化瓷餐具以黏土或陶土塑形而成，質地粗脆厚重，易吸水且不耐摔 (B)陶器餐具由長石、高嶺土混合製作，質地較細、色澤較白且易於清洗 (C)骨瓷餐具以高嶺土加入動物骨灰混合製造，質地輕薄光滑且色澤呈象牙白 (D)全瓷餐具加入氧化鋁混合製作，質地堅硬且可微波加熱。 【105-1模擬專二】

解答 C

解析 (A)陶器餐具以黏土或陶土塑形而成，質地粗脆厚重，易吸水且不耐摔、(B)全瓷餐具由長石、高嶺土混合製作，質地較細、色澤較白且易於清洗、(D)強化瓷餐具加入氧化鋁混合製作，質地堅硬且可微波加熱

(　　) 5. 近年來消費者食品安全意識抬頭，包含餐廳業者提供的餐具也需符合安全性，下列何種餐具材質表面易刮傷，較容易殘留大腸桿菌，有衛生安全上的疑慮？　(A)強化玻璃Fortified Glas s (B)美耐皿Melamine　(C)骨瓷Bone China　(D)強化瓷Durable Porcelain。　　　　　　　　【105-2模擬專二】

解答 ▶ B

2-4 布巾的種類

一、布巾類(Linen)的種類介紹

名　稱	說　明
檯布 (Table Cloth)	1. 又稱桌巾。 2. 尺寸以桌面為標準，再加上兩邊下垂之寬度(30cm×2)。
檯心布 (Top Cloth)	1. 又稱上檯布、頂檯布。 2. 主要功能：減少檯布的更換及裝飾之用。
寧靜墊 (Silence Pad / Silence Pad Cloth)	1. 又稱為靜音墊、安靜墊。 2. 主要功能：保護桌面，減少檯布的磨損，及減少放置餐具時，所產生的聲音。
口布 (Napkin)	1. 又稱餐巾、席巾或懷擋，尺寸有40×40cm，50×50cm不等。 2. 主要功能：提供顧客使用，鋪在膝蓋上，以防止食物掉落，可擦拭嘴及手上之油漬。 3. 一般西餐廳以白色為主，其顏色須與服務巾作區別。
服務巾 (Service Towel / Service Cloth)	1. 又稱為臂巾(Arm Towel)、尺寸與口布差不多，大多用顏色來區別。 2. 主要功能：提供服務員在服務時，防止餐盤太燙或弄髒衣袖。未用時，掛於服務員左手臂。
桌裙 (Table Skirt)	主要功能：多用於自助餐檯、服務展示檯等，以遮掩桌腳增進美觀之用。

二、布巾類(Linen)的材質介紹

材質名稱	說　明
棉布 (Cotton)	1. 屬於天然材質，觸感舒適，抗外力、吸水性能佳，價格較便宜。 2. 缺點：洗滌後易縮水。 3. 現今利用輕緩布料皺摺作定型處理，以**經緯紗各32支雙股為佳**。目前各式檯布、口布與檯心布以100%純棉布料為主。
亞麻 (Linen)	1. 原料屬於天然材質，主要取之於亞麻莖部內層纖維。 2. 韌性強、不容易產生棉絮、靜電及不易褪色。清洗後韌度會逐漸消失，缺乏彈性。
尼龍 (Nylon)	1. 由數種化學物質所合成的布料材質。 2. 強韌、耐用，但不易吸水，易產生靜電。
聚脂纖維 (Polyester)	1. 一種合成纖維，為一般餐飲業者使用頻率最高的布料。 2. **具光滑性、韌性強、易清洗且防皺，容易染色卻不易褪色。**
混紡 (Terry Cloth Cotton)	1. **通稱50/50混紡，由50%的棉與50%的合成纖維製成。** 2. 比棉織品強韌，不易縮水。 3. 缺點：易上色、吸油快。 4. 目前餐飲業者最常採用的布料。

三、布巾類的保養

1. 布巾類的使用次數約可清洗150次。

2. 洗淨之布巾須徹底乾燥後才可以收納存放，以免發霉。

3. 熨燙時須保持20%的溼度，熨燙溫度宜保持在155～170℃之間，布料要乾燥後才可以上漿。

4. 若有殘留水果或紅酒汙漬，可用加鹽的氣泡水或蘇打水洗淨。而鐵鏽或黴菌可用檸檬汁及鹽的混合物塗抹清洗。

5. 可用水和硼砂6：1的溶劑清理咖啡與茶的汙垢。

( ) 1. 下列何者具有減少檯布磨損、避免檯布滑動、減輕放置餐具時的聲響？
(A)Top Cloth　(B)Table Cloth　(C)Silent Pad Cloth　(D)Napkin。

【97統測模擬－餐服】

解答 C

解析 (A)Top Cloth（檯心布）：主要功能是當食物掉落時，可防止弄汙檯布，減少檯布的更換；(B)Table Cloth（檯布）：餐廳多採用白色檯布之理由是為了襯托餐具；(C)Silent Pad Cloth（寧靜墊）：用途是保護桌面及檯布、減少檯布磨損、避免檯布滑動、減輕放置餐具時的聲響；(D)Napkin（客用口布）：口布的功能可防止掉落的食物、油汙沾髒衣物，也可以用來擦拭嘴唇與手指的油漬，但不可將口布拿來擦臉或擦汗。

( ) 2. 下列何者非「服務巾」的功能？　(A)掃除餐桌上的麵包屑　(B)拿取熱盤時當墊布隔熱用　(C)摺疊成各式口布，定位於餐桌上供客人使用　(D)擦拭冰水壺身產生的水滴。　【97統測模擬－餐服】

解答 C

解析 摺疊成各式口布，定位於餐桌上，供客人使用為「客用口布」之功能。

( ) 3. 下列品項何者原則上不適合放置於餐廳外場的service station？甲、chafing dish；乙、condiments；丙、toothpaste；丁、toothpick holder　(A)甲、乙　(B)甲、丙　(C)乙、丙　(D)丙、丁。　【108統測－餐服】

解答 B

解析 service station（工作檯）
甲、chafing dish（保溫鍋）：不適合放置於餐廳外場。
乙、condiments（調味料）
丙、toothpaste（牙膏）：不適合放置於餐廳外場。
丁、toothpick holder（牙籤盅）

( ) 4. 布巾特性會影響工作成效，下列材質配對何者正確？　(A)口布(Napkin)為個人使用，材質應以吸水性強的聚脂纖維為主　(B)餐墊(PlaceMat)多使用亞麻材質，較不易產生靜電　(C)檯心布(Table Cloth)通常斜鋪於桌面，主要為美化與裝飾餐桌　(D)服務巾(Service Towel)專門用來擦拭餐具，亦可用報廢布巾染色後再作使用。　【106-3模擬專二】

解答 B

解析 (A)口布(Napkin)材質以棉布及混紡較為適合、(B)餐墊(PlaceMat)多為紙製、布巾及塑膠材質、(C)檯心布(Table Cloth)多以正鋪、斜鋪及完全覆蓋的方式鋪設於桌面、(D)服務巾(Service Towel)為服務用布巾。

( ) 5. 好國際西餐廳的一張桌子的餐桌擺設總共使用了下列四款布巾，請問哪一款布巾在客人用餐過後最容易且最有髒汙？ (A)Table Skirt (B)Overlay (C)Table Cloth (D)Silence Pad。 【108-1模擬專二】

解答 B

解析 (A)Table Skirt桌裙、(B)Overlay檯心布、(C)Table Cloth檯布、(D)Silence Pad寧靜墊。

2-1 餐廳設備

( ) 1. 關於 roast beef wagon 的敘述，下列何者正確？甲、法式餐廳通常備有該項設備，以提供大塊烤肉現場切割服務；乙、附有熱水槽與加溫器，使用瓦斯桶及爐具加溫，以保持烤肉的熱度；丙、會附設切肉平板、醬汁保溫槽及刀叉置架等；丁、附有輪子方便推動　(A)甲、乙、丙　(B)甲、乙、丁　(C)甲、丙、丁　(D)乙、丙、丁。　　　　　　　　　　　　　【105統測－餐服】

( ) 2. 轉檯(Lazy Susan)的直徑應比圓桌面直徑至少小多少公分？　(A)30公分　(B)60公分　(C)90公分　(D)120公分。　　　　　　　　【101統測－餐服】

( ) 3. 下列哪一種設備，最適合餐廳用來進行顧客現場的酒類服務？　(A)liqueur trolley　(B)menu top set　(C)pastry cart　(D)roast beef wagon。

【102統測－餐服】

( ) 4. 關於 tray stand 的敘述，下列何者正確？　(A)使用之前必須確定是否放穩　(B)可以承載高大且沉重的物品　(C)只能以木頭材質製作，使用時打開會呈現交叉X型　(D)可用於運送餐具及烹煮菜餚，兼具桌邊服務的功能。

【108統測－餐服】

( ) 5. 關於 tray 的相關敘述，下列何者正確？　(A)round tray 的尺寸大小，直徑約在 12 ～ 18 吋之間　(B)為講求服務效率，服勤時玻璃類器皿可以疊高置於其中　(C)使用肩托法操作時，是以站立的方式直接用雙手將其上肩　(D)使用手托法操作時，為保持重心平穩，較小或較輕的物品宜置於其中心或靠近身體內側。　　　　　　　　　　　　　【110統測－餐服】

( ) 6. 餐廳的推車功能各有不同，其中用來保溫菜餚，避免菜餚因溫度變化影響口感，適用於大型自助餐會或港式餐廳的推車是：　(A)Flambé Trolley　(B)Roast Beef Wagon　(C)Liqueur Trolley　(D)Food Warmer Cart。

【105-2模擬專二】

解析▶ (A)桌邊烹調車、(B)烤肉切割車、(C)酒類推車、(D)保溫餐車。

🎯 解答

| 2-1 | 1. C | 2. B | 3. A | 4. A | 5. A | 6. D |

( ) 7. 有關餐廳設備器具之敘述,下列何者正確? (A)宴席如以圓桌佈設,桌間適宜距離應保持100公分 (B)設置Sideboard可縮短服務人員內外場服勤行進時間 (C)Guéridon專用於Flambé餐點服勤 (D)Cover Plate常見於高級餐廳,專用於主菜盛裝。【105-3模擬專二】

解析 ▶ (A)桌間適宜距離應保持140~200公分、(C)Guéridon(旁桌)為輕便型工作桌,不具加溫、燃燒功能;專用於Flambé 餐點服勤之工作車以桌邊烹調車(Flambé Trolley)為主、(D)Cover Plate不用於主菜盛裝,僅為展示定位及提升價值感。

( ) 8. 有關餐桌佈設原則之敘述,下列何者錯誤? (A)中餐常以Waste Plate為定位依據,西餐則以Entrée Plate為主 (B)圓桌直徑小於150 cm 不需加設Lazy Susan (C)顧客座位宜保持60~70cm間隔距離 (D)顧客用餐桌面每側餐具不超過三件。【105-3模擬專二】

解析 ▶ (A)西餐多以展示盤(Show Plate/Place Plate/Cover Plate)或口布定位,Entrée Plate為主餐盤。

( ) 9. 川普先生慶祝結婚紀念日,攜夫人前往正式西餐廳用餐,川普二人點了現場製作凱薩沙拉(Caesar salad),請問現場應推下列何種服務車前來進行服務? (A)Beef Wagon (B)Flambé Trolley (C)Guéridon Service (D)Room Service Trolly。【105-5模擬專二】

解析 ▶ (A)Beef Wagon牛肉切割車、(B)Flambé Trolley桌邊烹調車、(C)Guéridon Service 服勤推車、(D)Room Service Trolly客房餐飲服務推車。

( )10. 有關餐廳營業設備的敘述,下列何者正確? (A)直徑180公分的圓桌,應採用直徑150公分的轉檯較為適宜 (B)Reception Desk通常用來放置服勤時需用到的餐具及備品 (C)Poster Stand通常擺設在門口,用來迎賓及安排座位之用 (D)Craving Trolley通常用來服務大塊肉菜餚,具有保溫功能,提供現場桌邊服務。【106-1模擬專二】

解析 ▶ (A)直徑180公分的圓桌,建議採用直徑180－30×2＝120公分以內的轉檯較為適宜、(B)Service Station 通常用來放置服勤時需用到的餐具及備品、(C)Poster Stand 通常擺設在門口,用來說明餐廳今日特餐、價格、營業時間或特別的活動預告。

🎯 解答

7. B   8. A   9. C   10.D

( )11. 餐廳各式推車中，適宜在旁桌服勤—凱撒沙拉，讓顧客欣賞服務員熟練的
服務技巧，建議使用下列何推車？　(A)Flambé Trolley　(B)Carving Trolley
(C)Service Trolley　(D)Liqueur Trolley。　　　　　　　【106-1模擬專二】

解析▶ (A)桌邊烹調車、(B)烤肉切割車、(C)服務推車、(D)酒類推車。

( )12. 有關餐廳服務設備使用之敘述，下列何者正確？　(A)Guéridon 服勤時
需配置瓦斯爐、煎鍋　(B)用餐場所空調設備宜設定為正壓，溫度介於
70°F~75°F　(C)Service Station 設置於餐廳入口處，放置座位配置圖、訂席
簿　(D)IBM桌直徑超過150公分，需加置Lazy Susan，方便顧客挾取食物。

【106-2模擬專二】

解析▶ (A)Guéridon旁桌：供旁桌服勤用，無烹調服務、(B)70~75°F＝21~24°C

$$華氏°F = 攝氏°C \times (\frac{9}{5}) + 32$$

$$攝氏°C = (華氏°F - 32) \times \frac{5}{9}$$

$$攝氏°C = (70 - 32) \times \frac{5}{9} \approx 21°C$$

$$(75 - 32) \times \frac{5}{9} \approx 24°C$$

即溫度介於 21~24°C。

(C)Service Station 服務檯：用以存放服勤時所需器具，縮短服務人員往返餐
廳、庫房與工作走道的時間、(D)IBM桌：即長檯桌。圓桌直徑超過150公分
才需加置Lazy Susan（轉檯）。

( )13. 有關餐廳支援設施用途的敘述，下列何者正確？　(A)酒會現場擺放
Cocktail Table方便客人坐著聊天　(B)木製Lazy Susan需裝上轉檯套較為
美觀大方　(C)Carving Trolley用於桌邊調製Caesar Salad使用　(D)Service
Station適合放在餐廳中央，方便服務員進行服勤工作。【106-3模擬專二】

解析▶ (A)小圓桌(Cocktail Table)為酒會提供放置殘杯、殘盤的桌子、(C)烤肉切割車
(Carving Trolley)、(D)工作檯(Service Station)應放在四周靠牆壁的位置。

( )14. 智業高商餐飲管理科辦理歲末感恩餐會，而在服務及供餐過程中，運用了
許多旁桌服務的服勤方式，請問下列餐飲服務項目與搭配的外場各式推
車，何者不正確？　(A)為客人在用餐現場調製及服務雞尾酒及紅白酒—

🎯 **解 答**

11.C　　12.B　　13.B　　14.B

Liqueur Trolley　(B)在客人用餐旁製作凱薩沙拉－Flambé Trolley　(C)供應客人牛肉時，在用餐現場進行切割服務－Trencher Wagon　(D)將蛋糕、布丁等甜點放置推車內，推至用餐現場，供客人挑選－Dessert Trolley。

【106-5模擬專二】

解析▶ (B)在客人用餐旁製作凱薩沙拉應使用旁桌服勤車Service Trolley，而Flambé Trolley是桌邊烹調車，適合桌邊烹調的菜餚，例如：酒汁薄餅。

(　)15. 有關餐桌種類的敘述，下列何者正確？甲、Square Table為75cm×75cm時，適用於咖啡廳；乙、Drop Leaf Table展開後直徑約90cm，適合5~6人入座；丙、Rectangle Table為45cm×180cm時，常用於會議或宴會服務桌；丁、Round Table直徑為100cm~130cm時，適用於宴會廳或中餐廳(A)甲乙　(B)甲丙　(C)丙丁　(D)乙丙。　　　【107-1模擬專二】

解析▶ 甲、Square Table：方桌；乙、Drop Leaf Table：摺葉桌，展開後直徑約120cm；丙、Rectangle Table：長方桌60cm×180cm，常用於會議或宴會服務桌；丁、Round Table：圓桌，直徑為100 cm~130 cm時，適用於西餐廳，中餐廳的圓桌直徑150cm以上。

(　)16. 下列哪一個設備常見於美式餐廳，使用時打開腳架可放置大托盤，具備轉接菜餚的功能？　(A)Poster Stand　(B)Sideboard　(C)Service Stand　(D)Reception Desk。　　　【107-1模擬專二】

解析▶ (A)Poster Stand：海報架、(B)Sideboard：工作檯、(C)Service Stand：服務架、托盤架、(D)Reception Desk：接待檯。

(　)17. 有關Trencher Wagon 的敘述，下列何者錯誤？　(A)常見於法式餐廳或歐式自助餐　(B)通常供應大塊的烤肉當做主菜　(C)附有熱水槽與加溫器　(D)為展示、促銷酒類及提供現場服務時使用。　　　【107-1模擬專二】

解析▶ Trencher Wagon：烤肉切割車。

(　)18. 下列各種餐廳服勤設備中，會在客人的面前或桌邊提供食物製備服務的設備共有幾種？(1)Reception Desk、(2)Flambé Trolley、(3)Trencher Wagon、(4)Service Station、(5)Food Warmer Cart、(6)Tray Stand　(A)2種　(B)3種　(C)4種　(D)5種。　　　【107-2模擬專二】

🎯 解答

15.B　　16.C　　17.D　　18.B

解析▶ (B)在客人桌邊服務用：(2)Flambé Trolley 桌邊烹調車、(3)Trencher Wagon烤肉切割車、(6)Tray Stand：托盤架。(1)Reception Desk接待檯：領檯員帶位區、(4)Service Station工作檯：服務員取用備品等器具區、(5)Food Warmer Cart 保溫餐車：保溫盤子及器具用。

(　)19. 餐廳的餐飲設備眾多，各有不同功能與用途，有關餐飲設備的介紹，下列說明何者不正確？　(A)若是100×100公分的方桌，而二邊檯布下垂共距離60公分，則方檯布的大小應為160×160公分　(B)摺疊桌(Collapsible Table)是指大小約為90cm×90cm方桌，需要時，可將四弧形邊打開，方桌即變圓桌　(C)IBM國際標準會議桌的尺寸有180cm×45cm、180cm×60cm以及180cm×90cm三種，分別適用於宴會廳的會議桌、西餐餐檯以及客用餐桌、接待桌等　(D)75cm×75cm的方桌，又稱為Deuce，通常設於咖啡廳或速食業，屬於小型方桌，可提高座位的使用率。　　【107-5模擬專二】

解析▶ (B)摺葉桌(Folding Leaves Table)，是指大小約為90cm×90cm方桌，需要時，可將四弧形邊打開，方桌即變圓桌。摺疊桌(Collapsible Table)桌腳可折合，以便搬運收納。

(　)20. 下列餐廳的設備中，何者不屬於服勤設備，亦即不是服務人員在使用的設備？　(A)Work Station　(B)Lazy Susan　(C)Tray Stand　(D)Menu Top Set。　　【108-1模擬專二】

解析▶ (A)Work Station服務檯、(B)Lazy Susan 轉檯：中式宴會時，提供顧客轉檯以方便挾取食物、(C)Tray Stand 托盤架、(D)Menu Top Set：保溫餐車

(　)21. 下列何者違反餐廳經營設備的選用原則？　(A)選用直徑超過5 呎的圓桌時，應規劃搭配小於圓桌桌面直徑60 公分以上的轉檯　(B)選擇相同規格的餐桌，通常桌面高度離地面約71~76公分　(C)依據餐廳經營的定位與特性，選擇兼顧美觀、舒適、安全及價格合理的設備　(D)選用符合人體工學的餐椅，通常是椅面離地高度約30公分，椅面與桌面間的距離約45公分。

【108-2模擬專二】

解析▶ (D)選用符合人體工學的餐椅，通常是椅面離地高度約45公分，椅面與桌面間的距離約30公分。

 解 答

19.B　　20.B　　21.D

( )22. 下列哪一個服勤設備的主要功能不是在顧客面前提供服務？ (A)Heated Trolley (B)Flambe Wagon (C)Service Trolley (D)Trencher Wagon。

【108-2模擬專二】

解析 (A)Heated Trolley保溫餐車、(B)Flambe Wagon桌邊烹調餐車、(C)Service Trolley餐廳服務車、(D)Trencher Wagon烤肉切割車。

( )23. 下列哪一項物品不是一般餐廳Service Station 的固定必備品？ (A)Pepper Shaker (B)Service Cloth (C)Dinner fork (D)Dish Warmer。

【108-3模擬專二】

解析 Room Service是屬於餐飲部門提供的服務。

( )24. 有關Guéridon service的敘述，下列何者正確？ (A)提供快速便捷的服務，講求效率 (B)源起於瑞典的服務方式，可展現食物的烹調過程及服務人員的專業技能 (C)服務流程快速，可使餐廳翻檯率提高 (D)Steak Tartar是Guéridon service的典型菜餚之一。 【108-3模擬專二】

解析 (A)提供快速便捷的服務，講求效率的為美式服務、(B)源起於瑞典的服務方式為自助餐服務、(C)服務流程繁雜，翻檯率低。

( )25. 腸腸準備開一家中式早餐店，想要選擇合適的圓桌，應該選用下列哪一種圓桌？ (A)直徑4呎的圓桌 (B)直徑120公分的圓桌 (C)直徑3呎的圓桌 (D)可坐六~八人的圓桌。 【108-5模擬專二】

解析 (B)鮪魚沙拉三明治Tuna Fish Salad Sandwich、(C)蔬菜絲清湯Clear Vegetable Soup With Julienne；蔬菜片湯Paysanne Soup、(D)牛尾清湯Oxtail Clear Soup。

( )26. 下列哪一種餐廳常見的桌型適用於國際會議的會議桌，也可以當中式包廂宴會服務的服務桌、接待桌或展示桌？ (A)Round Table (B)Square Table (C)Rectangle Table (D)Folding Leaf Table。 【109-1模擬專二】

解析 (A)Round Table圓桌、(B)Square Table方桌、(C)Rectangle Table長方桌、(D)Folding Leaf Table摺葉桌。

( )27. 下列何者不是一台桌邊烹調車展現的功能和附有的設備？ (A)通常是提供現場烹調的法式餐廳必備的設備之一 (B)主要設備是瓦斯爐、瓦斯桶、調

🎯 解答

22.A　　23.D　　24.D　　25.C　　26.C　　27.D

味瓶架及延伸桌面　(C)桌面下有層板，可放置餐具、煎鍋等　(D)主要材質為不鏽鋼，附有熱水槽與加溫器，以保持食物的溫度。

【109-1模擬專二】

解析▶ (D)烤肉切割車的材質為不鏽鋼，附有熱水槽與加溫器，以保持烤肉的溫度。槽上有切割的平板，平板上方有個半圓型旋轉蓋，具有保溫的功能。

(　　)28. 花園酒店西餐廳為聖誕節推出「2020繽紛聖誕禮讚」平安夜饗宴，NT$1,980×10%起就能品嚐美味佳餚，現場耶誕氛圍滿溢心頭，餐廳提供的聖誕節套餐菜單如右，請問享用此套餐時，不會出現下列何種手推車？　(A)Liqueur Cart　(B)Flambé Trolley　(C)Trancher Wagon　(D)Room Service Trolley。

【109-1模擬專二】

> 2020繽紛聖誕禮讚
>
> 沙拉【加州蜜桃燻雞沙拉、凱薩沙拉】
>
> 湯【多爾多涅大蒜濃湯、松露菌菇卡布奇諾】
>
> 主餐【香料厚切肋眼牛排、燒烤火雞、戰斧豬排】
>
> 甜點【巧克力熔岩蛋糕、火焰櫻桃薄餅、香榭奶酪】
>
> 現場特調【莓好時光、暖心香橙熱紅酒】
>
> 咖啡、茶、薑餅

解析▶ (A)Liqueur Cart 酒車、(B)Flambé Trolley 桌邊烹調車、(C)Trancher Wagon 烤肉切割車、(D)Room Service Trolley 客房餐飲推車。

2-2 餐廳器具

(　　) 1. 客人用完帶殼龍蝦主菜後，提供其清洗手指用之器皿稱為：　(A)finger ball　(B)finger boat　(C)finger bowl　(D)finger box。　【105統測－餐服】

(　　) 2. 下列何項玻璃器皿，不屬於 goblet？　(A)hurricane glass　(B)Irish coffee glass　(C)lipped glass　(D)Margarita glass。　【106統測－餐服】

(　　) 3. 最適合用來盛裝焗烤義大利海鮮麵、焦糖布丁的器皿組合，下列何者正確？　(A)casserole dish、ramekin　(B)casserole dish、dinner plate　(C)dinner plate、ramekin　(D)ramekin、dessert plate。　【107統測－餐服】

🎯 解答

28.D　　**2-2**　　1. C　　2. C　　3. A

( ) 4. 下列哪一種杯子最適合用來堆疊香檳塔？ (A)champagne flute (B)champagne saucer (C)champagne tulip (D)champagne trumpet。 【108統測－餐服】

( ) 5. 有關各式玻璃杯的描述，下列敘述何者正確？ (A)加冰塊的威士忌酒可以用古典酒杯(Old Fashioned Glass)盛裝 (B)白酒杯(White Wine Glass)無論是杯深或容量都大於紅酒杯(Red Wine Glass) (C)可林杯(Collins Glass)是喝烈酒所使用的小酒杯 (D)平底、寬口、直身是利口杯(Liqueur Glass)的外型特色。 【101統測－餐服】

( ) 6. 下列名稱何者正確？ (A)餐刀(Dinner Knife) (B)奶油刀(Fish Knife) (C)沙拉叉(Dinner Fork) (D)點心叉(Salad Fork)。 【102餐旅技競】

( ) 7. 下列哪一項是顧客用來盛裝個人菜餚的中餐器皿？ (A)味碟 (B)骨盤 (C)底盤 (D)深盤。

解析▶ 味碟是盛裝個人醬料，底盤、深盤皆不是用來盛裝個人菜餚的中餐器皿。

( ) 8. 某國際觀光旅館接了一行 50 人的旅行團，領隊向旅館預訂西式晚餐 50 份，餐廳提供 A、B 兩款套餐供團客事先勾選，A、B 兩套餐預訂的份數與菜單內容如下：A 套餐 30 份：Asparagus、Spaghetti、Soufflé，B 套餐 20 份： Ham and Melon、Sirloin Steak、Crêpes Suzette 該旅行團在入住前一天，有 10 位原本選擇A套餐的團員臨時更換為B套餐，關於餐廳供餐當日最終需要備齊的餐具數量，下列何者正確？ (A) dessert spoon＋dessert fork＝70支 (B) steak knife＋dinner fork＝70 支 (C) salad knife＋salad fork＝70支 (D)table spoon＋dinner fork＝70支。 【110統測－餐服】

( ) 9. 下列何者不是骨盤常見的功用？ (A)用於中餐定位 (B)盛裝菜餚 (C)擺放骨頭、廚餘 (D)作為展示用。 【105-2模擬專二】

( )10. 下列何者為美式早餐Eggs to Order中Boiled eggs 所使用的餐具器皿？ (A)10吋(Rim Plate)盤配餐刀(Table Knife)、餐叉(Table Fork)、茶匙(Tea Spoon) (B)10吋(Rim Plate)盤配點心匙(Dessert Spoon)、點心叉(Dessert Fork)、茶匙(Tea Spoon) (C)蛋盅(Egg Dish)配餐刀(Table Knife)、餐叉(Table Fork)、茶匙(Tea Spoon) (D)蛋盅(Egg Dish)配沙拉刀(Salad Plate)、沙拉叉(Salad Fork)、茶匙(Tea Spoon)。 【105-5模擬專二】

解答

4. B	5. A	6.A	7.B	8.D	9.D	10.C

(   )11. 下列各項餐廳器具中，何者非扁平餐具(Flatware)？　(A)Lobster Pick　(B)Chafing Dish　(C)Sauce Ladle　(D)Lemon Squeezer。　【106-1模擬專二】

解析▶ (A)龍蝦叉、(B)保溫鍋、(C)醬料杓、(D)檸檬夾。

(   )12. 下列何項餐具適合用來盛裝焗烤通心麵？　(A)Casserole Dish　(B)Ceramic Snail Plate　(C)Dinner Plate　(D)Ramekin。　【106-1模擬專二】

解析▶ (A)焗烤盤：盛裝焗烤麵、飯、海鮮…等、(B)田螺盤：盛裝不帶殼田螺、(C)主餐盤：盛裝主餐用、(D)焗烤杯：盛裝焗烤蛋類、布丁及舒芙里…等。

(   )13. 下列何者屬於服勤用器具？甲、Butter Knife；乙、Crumb Scoop；丙、Pepper Mill；丁、Goose Neck；戊、Hurricane Glass；己、Snifter；庚、Grapefruit Spoon　(A)甲乙丙　(B)乙丙丁　(C)丙丁戊　(D)甲己庚。
【106-1模擬專二】

解析▶ 服勤用器具：乙、Crumb Scoop：麵包屑斗；丙、Pepper Mill：胡椒研磨器；丁、Goose Neck：鵝頸。個人用器具：甲、Butter Knife：奶油刀；戊、Hurricane Glass：颶風杯；己、Snifter：白蘭地杯；庚、Grapefruit Spoon：葡萄柚匙。

(   )14. 請協助小樺完成以下餐具之歸類　(A)Round Platter屬於Flatware個人用餐具　(B)BeerMug屬於Stemware飲用生啤酒之用　(C)Decanter為Chinaware作為陳年紅酒醒酒用　(D)Toddy Glass為Glassware可盛裝熱拿鐵。
【106-3模擬專二】

解析▶ (A)圓形銀盤屬於凹型器皿(Hollowware)、(B)啤酒馬克杯為平底杯(Tumber)、(C)過酒器為玻璃器皿(Glassware)。

(   )15. 下列杯皿中，材質相同且具耐熱特性者為何？甲、Snifter；乙、Carafe；丙、Milk Jug；丁、Latté Glass；戊、Irish Coffee Glass　(A)丁戊　(B)甲丁戊　(C)甲丙丁戊　(D)甲乙丙丁戊。　【106-4模擬專二】

解析▶ 甲、Snifter 白蘭地杯；乙、Carafe 公杯；丙、Milk Jug奶盅；丁、Latté Glass 拿鐵杯；戊、Irish Coffee Glass愛爾蘭咖啡杯。五款杯皿除了丙、Milk Jug奶盅為瓷器材質，其餘皆為玻璃材質。唯丁、Latté Glass拿鐵杯與戊、Irish Coffee Glass 愛爾蘭咖啡杯經「加熱隨即冷卻」熱處理，硬度較堅硬，具耐磨、耐熱、耐摔特性。

(   )16. 中餐餐具可分為「個人用」或「共用」，請問下列何者為共用餐具？(A)Oval Plate　(B)Shark's Fin Soup Dish　(C)Chopsticks Rest　(D)Waste Plate。　【106-4模擬專二】

◎ 解答

11.B　　12.A　　13.B　　14.D　　15.A　　16.A

解析 (A)Oval Plate：橢圓盤、(B)Shark's Fin Soup Dish：魚翅盅、(C)Chopsticks Rest：筷架、(D)Waste Plate：骨盤。

( )17.金屬器皿可分為扁平器具及凹型器皿，請問下列屬於扁平器皿的有幾項？甲、Crab Cracker；乙、Snail Tongs；丙、Tea Pot；丁、Soup Tureen；戊、Cake Stand；己、Pastry Fork；庚、Cocktail Fork；辛、Butter Spreader (A)四項 (B)五項 (C)六項 (D)七項。 【106-4模擬專二】

解析 甲、Crab Cracker：蟹鉗；乙、Snail Tongs：田螺夾；丙、Tea Pot：茶壺；丁、Soup Tureen：湯鍋；戊、Cake Stand：點心架；己、Pastry Fork：點心叉；庚、Cocktail Fork：考克叉；辛、Butter Spreader：奶油刀。甲、乙、己、庚、辛為扁平器具。

( )18.在銀盤式服務為主的高級餐廳中，其下列各種餐廳餐具，共有幾種並非提供給客人用餐使用，而是屬於服務用的器具？(1)Spaghetti Tongs、(2)Carving Knife、(3)Lobster Pick、(4)Long Drink Spoon、(5)Grapefruit Spoon、(6)Salmon Knife (A)2種 (B)3種 (C)4種 (D)5種。

【107-2模擬專二】

解析 (1)Spaghetti Tongs：麵條夾—服務人員使用、(2)Carving Knife：切割刀—服務人員使用、(3)Lobster Pick：龍蝦叉、(4)Long Drink Spoon：長柄咖啡匙、(5)Grapefruit Spoon：葡萄柚匙、(6)Salmon Knife：鮭魚刀—服務人員使用。

( )19.下列何者屬於「Hollowware」？ (A)Esacrgot Fork (B)Squeezer (C)Platter (D)Sugar Tongs。 【107-4模擬專二】

解析 (C)Platter銀菜盤為「Hollowware中凹餐具」。(A)Esacrgot Fork田螺叉、(B)Squeezer擠壓器、(D)Sugar Tongs方糖夾為「Flatware扁平餐具」。

( )20.顧未易帶著女朋友司徒未到法式餐廳用餐，司徒未單點了一道菜餚是Burgundy snails，請問服務員將隨餐附上哪一個餐具？ (A)

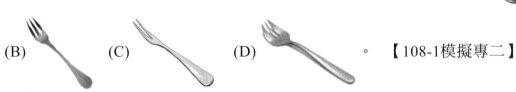

(B)　　　(C)　　　(D) 。 【108-1模擬專二】

解析 法式焗烤田螺Burgundy snails使用田螺叉。(A)龍蝦叉、(B)魚叉、(C)田螺叉、(D)生蠔叉。

解答

17.B	18.B	19.C	20.C

( )21.下列哪一種杯具的原始用途並非盛裝冰淇淋之用？ (A)

(B)  (C) (D)  。 【108-1模擬專二】

> 解析 ▶ (A)瑪格麗特杯，盛裝瑪格麗特雞尾酒、(B)香蕉船、(C)冰淇淋杯、(D)聖代杯。

( )22.智業出版社慶祝開幕24 週年，特別準備慶祝酒會，開場由董事長致詞，與會來賓手上皆有一杯香檳酒，待董事長致詞結束，在場來賓將會舉高酒杯祝賀後，再飲用，因此，等待飲用時手中這杯香檳酒的時間會稍長，下列哪一種香檳杯較不適合提供給客人，以免不易保持酒中之二氧化碳，而未能喝到最佳風味？ (A)Champagne Tulip (B)Champagne Flute (C)Champagne Trumpet (D)Champagne Saucer。 【108-1模擬專二】

> 解析 ▶ (A)Champagne Tulip 鬱金香型香檳杯、(B)Champagne Flute細長型香檳杯、(C)Champagne Trumpet長笛型香檳杯、(D)Champagne Saucer淺碟型香檳杯。

( )23.下列器具中屬於客用餐具的有幾項？甲、butter spreader；乙、cheese knife；丙、salmon knife；丁、fish knife；戊、pastry tongs (A)1項 (B)2項 (C)3項 (D)4項。 【108-2模擬專二】

> 解析 ▶ 甲、butter spreader奶油刀，客用餐具；乙、cheese knife 乳酪刀，服勤用餐具；丙、salmon knife 鮭魚刀，服勤用餐具；丁、fish knife 魚刀，客用餐具；戊、pastry tongs點心夾，服勤用餐具。

( )24.下列各式酒杯容量之大小，由多至少之順序為何？甲、White wine Glass；乙、Hurricane Glass；丙、Shot Glass；丁、Sour Glass；戊、Martini Glass (A)甲→乙→丁→戊→丙 (B)乙→丁→甲→戊→丙 (C)乙→甲→丁→戊→丙 (D)丙→戊→丁→甲→乙。 【108-3模擬專二】

> 解析 ▶ 甲、White wine Glass：白酒杯180ml；乙、Hurricane Glass：颶風杯420ml以上；丙、Shot Glass：烈酒杯只有30~60ml；丁、Sour Glass：酸酒杯約150ml；戊、Martini Glass：馬丁尼杯約90ml。因此答案為(C)乙→甲→丁→戊→丙。

🎯 解答

21.A 22.D 23.B 24.C

( )25. 下列敘述何者正確？ (A)1639 年後，由法國人將口布摺疊方式予以藝術化 (B)以服務叉匙挾取大塊圓型食物時，宜將服務匙在上，服務叉在下，且匙背和叉背皆朝下 (C)圍鋪桌裙時大頭針固定檯布與桌裙之間，且每一個大頭針別上的間隔距離以15~20公分為宜 (D)餐飲服務時，裝湯盤、醬料盅、鮮蝦盅的襯盤英文為Saucer。 【108-3模擬專二】

> 解析▶ (A)由義大利人將口布摺疊方式予以藝術化、(B)將服務叉翻面使叉齒向下、(D)裝湯盤、醬料盅、鮮蝦盅的襯盤英文為Underliner。

( )26. 下列器具名稱中，何者不屬於扁平器具(Flatware)？(1)Bread Basket、(2)Salad Knife、(3)Tea Pot、(4)Butter Spreader、(5)Pastry Fork、(6)Bouillon Spoon、(7)Wine Cooler、(8)Jigger (A)(1)(2)(7)(8) (B)(1)(3)(7)(8) (C)(3)(4)(5)(6) (D)(2)(3)(5)(6)。 【108-4模擬專二】

> 解析▶ (1)Bread Basket麵包籃；(2)Salad Knife 沙拉刀；(3)Tea Pot茶壺；(4)Butter Spreader奶油抹刀；(5)Pastry Fork糕點叉；(6)Bouillon Spoon 小圓湯匙；(7)Wine Cooler冰酒桶；(8)Jigger 量酒器。

( )27. 有關餐飲服務時所使用的器具，下列敘述錯誤的有幾項？甲、過酒器多為玻璃製；乙、冰桶酒服務白酒、玫瑰紅酒及雞尾酒；丙、燭台是過酒服務時使用；丁、煎鍋的材質以銀器為佳；戊、銀湯鍋的英文是Soup Platter (A)2項 (B)3項 (C)4項 (D)5項。 【108-5模擬專二】

> 解析▶ 乙、冰桶酒是服務白酒、玫瑰紅酒及氣泡酒；丁、煎鍋材質以不鏽鋼為佳；戊、銀湯鍋的英文是Soup Tureen。

( )28. 下列餐廳器具中，侍酒師在進行紅酒開瓶及過酒服務時會使用到的器具有幾種？ㄅ、Wine Bottle Stand；ㄆ、Wine Cooler Stand；ㄇ、Ice Bucket；ㄈ、Service Towel；ㄉ、Decanter；ㄊ、Corkscrew；ㄋ、Candlestick (A)4種 (B)5種 (C)6種 (D)7種。 【109-1模擬專二】

> 解析▶ Wine Bottle Stand：葡萄酒瓶架；Wine Cooler Stand：冰酒桶架；Ice Bucket：冰酒桶；Service Towel：服務巾；Decanter：過酒器；Corkscrew：葡萄酒開瓶器；Candlestick：燭台。紅酒一般無需冰鎮降溫，故不需要冰酒桶及冰酒桶架。

( )29. 小新想要做一份焗烤海鮮義大利麵，應該使用哪一個陶瓷器皿盛裝成品才適宜？ (A)Ramekin (B)Ceramic Snail Plate (C)Oval Plate (D)Casserole Dish。 【109-1模擬專二】

🎯 解答

25.C　　26.B　　27.B　　28.B　　29.D

解析 (A) Ramekin 焗烤杯：盛裝焗烤的蛋類、布丁及舒芙蕾等、(B) Ceramic Snail Plate：不帶殼田螺盤、(C)Oval Plate：橢圓盤、(D)Casserole Dish：焗烤盤。

(　)30. 下列餐具器皿中，服務時會附加底盤供給客人使用的有幾種？ㄅ、熱拿鐵玻璃杯；ㄆ、雙耳湯杯；ㄇ、愛爾蘭咖啡杯；ㄈ、奶盅；ㄉ、展示盤；ㄊ、焗烤盤　(A)3種　(B)4種　(C)5種　(D)6種。　【109-1模擬專二】

　　解析 服務時會附加底盤供給客人使用的有熱拿鐵玻璃杯、雙耳湯杯、愛爾蘭咖啡杯、焗烤盤。

(　)31. 下列各項餐具之中英文對照，正確者為何？(1)龍蝦鉗、(2)田螺叉、(3)蠔叉、(4)龍蝦叉、(5)蟹剪。甲、Escargot Fork；乙、Oyster Fork；丙、Lobster Cracker；丁、Lobster Pick；戊、Crab Scissors　(A)(1)—戊、(2)—丙、(3)—丁、(4)—乙、(5)—甲　(B)(1)—丙、(2)—乙、(3)—甲、(4)—丁、(5)—戊　(C)(1)—丙、(2)—甲、(3)—乙、(4)—丁、(5)—戊　(D)(1)—丁、(2)—甲、(3)—乙、(4)—丙、(5)—戊。　【109-2模擬專二】

2-3　餐廳器具材質、特性與保養

(　) 1. 下列關於餐廳器具或備品之安全、衛生與保養原則的敘述，何者錯誤？(A)陶瓷類搬運時，通常不宜一次運送過多　(B)布巾類洗滌時，應將深色與淺色分別洗滌　(C)玻璃杯存放時，應將杯口朝上置於杯籃架中　(D)不鏽鋼餐具清洗時，可用醋水浸泡以恢復光亮。　【100統測－餐服】

(　) 2. 關於餐廳布巾及器皿之敘述，下列何者錯誤？　(A)骨瓷製作過程會混入動物骨灰燒製，具有質輕及透光性佳之特性　(B)棉質布巾洗滌後，容易產生縮水及皺褶是其缺點，但具有吸水性佳之特性　(C)玻璃以矽砂為主要原料，加入氧化鉛後稱為水晶玻璃，具有透光性佳之特性　(D)不鏽鋼餐具材質中18-08型號，除了碳鋼之外還加入18%鎳與8%鉻之金屬，具有耐蝕及易清洗之特性。　【103統測－餐服】

(　) 3. 下列常見的餐廳器具中，何者較易氧化？　(A)Bouillon Spoon　(B)Flambé Pan　(C)Soup Tureen　(D)Goblet。　【106-2模擬專二】

🎯 解 答

30.B　　31.C　　2-3　　1. C　　2. D　　3. C

解析 ▶ (A)Bouillon Spoon小圓湯匙：不鏽鋼製餐具、(B)Flambé Pan煎鍋：銅製餐具、(C)Soup Tureen銀湯鍋：銀製餐具。銀製餐具與空氣接觸時間長了就會變黑，使用後也須盡早清洗，以免硫化（俗稱氧化）。需定期保養擦拭才能讓銀製器具保持最佳狀態、(D)Goblet 高腳水杯：玻璃製餐具。

( ) 4. 有關不鏽鋼餐具的說明，下列何者不正確？ (A)不鏽鋼是一種合金鋼，主要成份有碳鋼、鉻及鎳 (B)鎳能防止氧化生鏽，鉻能有高亮度，且抗腐蝕 (C)材質編號為304，相當於歐美的18/8 (D)18/8是指含有18%的鉻和8%的鎳。　　　　　　　　　　　　　　　　　　　　　　【109-1模擬專二】

解析 ▶ (B)鉻能防止氧化生鏽，鎳能有高亮度，且抗腐蝕。

( ) 5. 有關金屬餐具保養之敘述，下列何者正確？ (A)不鏽鋼材質的餐具可以使用醋：水(3：1)去除表面汙漬 (B)保養大量銀器時，可送工廠以機器磨平銀器並回復亮度 (C)使用銀器裝盛歐姆蛋後，其表面會產生氯化物，使用後須快點清洗 (D)餐具上有不易去除的汙漬時，應先以冷水浸泡洗滌，再用鋼刷刷洗。　　　　　　　　　　　　　　　　　　　　　【109-2模擬專二】

解析 ▶ (A)不鏽鋼材質的餐具可以使用水：醋(3：1)去除汙漬、(C)銀器裝盛歐姆蛋後，其表面會產生蛋白銀、(D)餐具汙漬應以熱水浸泡，並使用軟性清潔工具洗滌，以免刮傷表面。

2-4　布巾的種類

( ) 1. 下列何者為西式餐廳服務人員於用餐服勤時，所會使用到的品項？ (A) crumb scoop、pepper mill (B)finger bowl、table runner (C)glass cover、table cloth (D)water pitcher、top cloth。　　　　　　【108統測－餐服】

( ) 2. 與桌面大小相似，其目的可減少更換檯布，又可營造不同氣氛的布巾是 (A)Overlay (B)Lazy Susan Cover (C)Table Skirt (D)Service Cloth。　　　　　　　　　　　　　　　　　　　　　　　　　　　【100餐服技競】

解析 ▶ (A)檯心布、(B)轉檯套、(C)桌裙、(D)服務巾。

( ) 3. 為了防止檯布的滑動，且可以降低餐具擺設時所製造的聲音，餐廳會使用下列哪一類的布巾？ (A)place mat (B)service towel (C)silence pad (D) table cloth。　　　　　　　　　　　　　　　　　　　　　　【100統測－餐服】

🎯 解答

4. B　　5. B　　2-4　　1. A　　2. A　　3. C

( ) 4. 有關口布的主要用途下列途述何者正確？ (A)主要是避免湯汁或菜餚滴落時弄髒客人的衣褲，同時可以擦拭嘴上油光 (B)餐盤如果太燙時，可以墊在下方，具有隔熱作用 (C)保護桌面並減少磨損、器皿滑動或移位 (D)主要是裝飾桌面並方便餐後整理工作。 【102餐服技競】

( ) 5. 餐廳為減少檯布更換頻率，通常會在鋪設完成之檯布上，加鋪下列何種布巾？ (A)napkin (B)service towel (C)table skirt (D)top cloth。

【103統測－餐服】

( ) 6. 餐廳設備中直徑150cm的round table，最適宜搭配下列何種規格的lazy Susan？ (A)直徑90cm (B)長90cm、寬90cm (C)直徑120cm (D)長210cm、寬210cm。 【109四技統測專二】

解析▶ 直徑150cm的圓桌(round table)減直徑60cm，最適宜搭配直徑90cm的Lazy Susan。

( ) 7. 有關Napkin 的敘述，下列何者正確？ (A)依據用途可分為客用、觀賞及服勤用，客用口布講求特殊造型令客人驚豔，例如：星光燦爛 (B)主要可分為30×30公分、45×45公分及50~56×50~56公分等三種尺寸，晚餐的口布面積最大 (C)和服、平面西裝與靴子等三款口布均屬於客用口布 (D)蠟燭、金武士、鐵甲武士與揚帆等四款口布均屬於對角折法。

【108-2模擬專二】

解析▶ (A)依據用途可分為客用、觀賞及服勤用，客用口布講求造型簡單、容易拆用。星光燦爛為觀賞用口布、(C)和服與靴子為觀賞用口布、(D)揚帆（帆船）屬於正方形折法。

( ) 8. 好美味餐廳店長小美想要將餐廳的檯心布更換一款較文青的風格，於是選用了亞麻的材質，下列何者將是小美會面臨這款檯心布所帶來的問題？ (A)易產生靜電 (B)產生棉絮 (C)不耐多次清洗，會失去彈性，觸感變硬脆 (D)易縮水。 【109-1模擬專二】

解析▶ 亞麻材質的優點：不易產生棉絮、不易縮水及不易產生靜電，缺點是：不耐多次清洗，會失去彈性，觸感變硬脆，易皺。

🎯 解答

4. A   5. D   6. A   7. B   8. C

(　　) 9. 有關餐廳使用的布巾類之敘述，下列何者正確？甲：口布不宜使用易皺的純棉為質料、乙：開啟葡萄酒時，拔出瓶塞後要用服務巾擦拭瓶口內外、丙：口布可用來擦拭嘴角及手指，但不可用來擦臉頰及頭髮、丁：宋朝的口布稱懷擋，供當時的王公貴族使用　(A)甲、乙　(B)甲、丁　(C)乙、丙　(D)丙、丁。　　　　　　　　　　　　　　　　　　【109-2模擬專二】

解析▶ 甲：口布宜使用純棉為佳、丁：宋朝的口布稱飯單，清朝稱懷擋，供當時的王公貴族使用。

◎ 解答

9. C

03
CHAPTER
RESTAURANT

基本服務技巧

趨 · 勢 · 導 · 讀

本章之學習重點：

餐飲人員所需要的具備知識及技術，能熟練鋪設的技巧及服務技巧，能夠在餐飲的專業度上更加提升也是餐飲人必備的技能喔。

1. 了解桌面檯布的基本鋪設及更換方法。

2. 熟悉餐巾的折疊方式及用途介紹。

3. 正確服勤時托盤及服務叉匙的使用技巧。

3-1 餐桌架設、拆除與收納

一、圓桌架設與拆除

（一）圓桌的架設

1. 將圓桌腳架搬至定點，打開固定。

2. 將圓桌面滾至腳架旁，將腳頂住桌腳。

3. 手握桌緣後拉，扣入桌腳定位好。

4. 檢查桌子是否穩固。

（二）圓桌的拆除

1. 站在圓桌前，用腳踏住腳架、橫桿，兩手將桌面上擡，使桌面直立於對面。

2. 走到桌面旁，將桌面滾至集中放置處。

3. 收起腳架，送回。

二、方桌架設與拆除

（一）桌面與桌腳連結的方桌架設與拆除

1. 此方桌屬於摺疊式方桌，架設時僅需將方桌搬至定位後，再打開桌腳，確定桌面平穩即可。

2. 摺疊式方桌不需拆除，只需將桌面與桌腳併攏即可。

（二）桌面與桌腳分開的方桌架設與拆除

1. 將方桌腳架打開固定，確定平穩後，由服務生將方桌桌面搬至腳架上，將桌面與桌腳扣住、定位後即完成。

2. 拆除時，先將方桌桌面搬至收納處，再將腳架收起，放回收納處即可。

考題推演

( ) 1. 餐廳外場服務人員在使用服務車(Service Trolley)時，需注意事項眾多，試問其使用時應注意的安全事項，下列何者錯誤？ (A)使用完畢後應清潔乾淨 (B)裝載物品不超重 (C)推至定點後應啟動止煞裝置 (D)推動時速度適中。 【105-1模擬專二】

解答 A

( ) 2. 有關桌面與桌腳合一圓桌的架設，下列流程何者正確？ (A)桌腳張開→腳頂住桌腳中心→手握桌緣向後拉→扣入桌腳 (B)手握桌緣向後拉→桌腳張開→腳頂住桌腳中心→扣入桌腳 (C)腳頂住桌腳中心→桌腳張開→手握桌緣向後拉→扣入桌腳 (D)桌腳張開→手握桌緣向後拉→腳頂住桌腳中心→扣入桌腳。 【105-4模擬專二】

解答 A

( ) 3. 有關餐桌架設技巧之敘述，下列何者正確？甲、架設方桌、長方桌或圓桌時，桌面皆應朝外側；乙、桌面直徑155公分者，應架設Lazy Susan；丙、鋪設檯布前應確認餐椅是否定位；丁、圍鋪桌裙先以圖釘固定檯布與長檯，再以大頭針固定檯布與桌裙，頭尾針以固定針別製；戊、屬於Service Mise en Place工作內容 (A)甲乙丙 (B)甲乙丁 (C)丙丁戊 (D)甲乙丙戊。 【106-4模擬專二】

解答 B

解析 乙、Crazy Susan　Lazy Susan，指轉檯桌，亦稱懶惰蘇珊或瘋狂蘇珊；丙、鋪設檯布前應確認桌子是否平穩；戊、屬於Guest Mise en Place（用餐區準備）工作內容；Service Mise en Place指服務區準備。

( ) 4. 有關餐桌的架設方法，下列何者方式或步驟並不正確？ (A)圓桌架設（桌面與桌腳分開）：架開桌腳，檢查桌腳是否平穩／將桌面滾至定點／走至圓桌正面，用雙手往前推至桌腳上方／挪動桌面至正確位置，即完成架設 (B)圓桌架設（桌面與桌腳合一）：一手握住桌緣，另一手扶住桌面，利用滾桌技巧將圓桌滾至定點／走至圓桌背面，將左右兩端桌腳往外拉出／雙手握住桌緣往下拉，使圓桌站立；輕壓桌面，檢查是否平穩 (C)正方桌架設：搬運正方桌至適當位置／右腳踏住桌腳橫桿／雙手握住桌緣往下拉／

輕壓桌面，檢查是否平穩　(D)長桌架設：搬運長桌至定點側立／拉出左右兩端桌腳／將長桌站立，固定桌腳兩側卡榫（下壓扣緊），即完成架設。

【107-2模擬專二】

解答 ▶ A

解析 ▶ (A)圓桌架設（桌面與桌腳分開）：架開桌腳，檢查桌腳是否平穩／將桌面滾至定點／右腳踏住桌腳橫桿，一手握住桌緣、一手拉住扣角，往後拉至桌腳上方／挪動桌面至正確位置，即完成架設。

(　) 5. 摺疊式圓桌的架設步驟依序為何？甲、一手扶桌緣上方，另一手打開下方腳架；乙、取側立之圓桌面，站立於桌面後側，雙手上下握住桌緣向前滾動；丙、打開上方腳架；丁、將圓桌滾至定點，面向有腳架的一面；戊、檢視桌面是否平穩；己、雙手扶住桌緣，下方腳架朝地，下壓桌面以立起圓桌　(A)丁乙丙甲己戊　(B)乙丁丙甲己戊　(C)乙丁甲丙己戊　(D)丁乙甲丙己戊。

【108-2模擬專二】

解答 ▶ C

3-2　檯布鋪設及更換

一、檯布鋪設前的注意事項

1. 檢視桌面是否乾淨，桌腳是否穩固，再檢查檯布是否乾淨，尺寸是否正確。

2. 餐桌布巾鋪設的順序：寧靜墊(Silence Pad Cloth)→檯布（桌巾）(Table Cloth)→檯心布(Top Cloth)。

二、圓桌檯布的鋪設的方法

1. 方桌式：較不易操作，當檯布太長時，可將檯布反褶至檯布與桌面中間。

2. 抖鋪式：為兩段式的鋪設方式，服務員將檯布拋至對面後，再將檯布一側攤開，再走到對面將另一側攤開。亦可由兩位服務員一起鋪設。

3. 撒網式：服務員應站在主賓的位置，距離桌邊約40公分，將檯布大動作的拋出，適合顧客不在場時使用，工作效率較高。

三、方桌檯布的鋪設

（一）鋪設方桌檯布的方法

步驟說明	
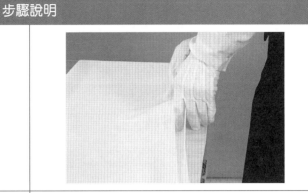	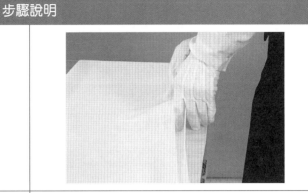
1. 將折好的檯布平置桌面上，檯布左右攤開，中央對摺線對正桌子中央（缺口朝自己，布緣在下層）。	2. 以雙手拇指及食指抓住最上層，食指及中指抓第二層。

3. 最下層朝對向桌緣攤開滑落。	4. 攤開同時調整桌面平整並對齊中心線，將最上層依序向自己方向逐步帶動滑落，使整塊檯布平整覆蓋整面桌面。

5. 以雙手拇指、食指及中指抓起兩端桌角下緣之檯布。	6. 檢視兩端長度是否一致並調整之，四邊之兩端均須檢視。

（二）更換方檯布的方法

圖　示	步驟說明
	1. 兩手同時拉起左右兩桌角之檯布、翻摺平放，不可有桌布下垂。
	2. 對邊亦同。
	3. 將新檯布平置桌面，左右攤開，中央對摺線對正中央，缺口朝自己，布緣在下層。
	4. 以雙手拇指及食指抓住最上層，食指及中指抓第二層，向對面桌緣攤開滑落。
	5. 以無名指及小指抓住下方摺起之舊檯布，待舊檯布完全脫離桌面，放開新檯布使其自然落下。
	6. 拉置桌緣時，順勢再以無名指及小指抓緊下方舊檯布，待舊檯布完全脫離桌面，放開新檯布使其自然落下，再順手將舊檯布左右向中間摺合。 ※注意舊檯布不可散開，否則麵包渣滓易掉落滿地。

四、檯心布的鋪設

（一）正鋪法

1. 鋪放時與桌面一致，可 全蓋住桌面，顧客用餐畢，僅需更換檯布即可。

2. 目前有許多餐廳用餐墊(Placemat)代替檯心布，用正鋪法鋪設。

（二）斜鋪法

1. 與桌面形成對角方式斜鋪，無法完全蓋住桌面，顧客弄髒檯心布與檯布時，需將兩者皆做更換。

2. 多數餐廳採用與檯布不同花色的檯心布，故使用斜鋪法。

五、長檯布的鋪設及更換

1. 長檯布在摺疊時，因檯布太大，最好由兩人一同完成摺疊，亦可由一人鋪設完成。

2. 長桌鋪設若採數條檯布組成時，鋪設完成後，開口處除不要朝餐廳門口外，亦要避免被顧客看到。

3. 長檯布更換時不可露出桌面。

六、 桌裙的鋪設

1. 圍桌裙的方式，早期用大頭針別製法，現在多用魔鬼粘或鈕扣夾。

2. 使用大頭針別製時，桌裙的頭、尾及四個桌角兩側輻用固定針（死針），其餘使用活動針（活針），針與針之間應保持15～20cm的距離，而桌角兩端則距離約5cm。

考題推演

(　　) 1. 餐桌上若要鋪放桌布、寧靜墊（布）與檯心布，下列鋪設的先後順序，何者正確？ 　(A)先鋪放桌布，再鋪上寧靜墊，最後鋪上檯心布 　(B)先鋪放檯心布，再鋪上寧靜墊，最後鋪上桌布 　(C)先鋪放檯心布，再鋪上桌布，最後鋪上寧靜墊 　(D)先鋪放寧靜墊，再鋪上桌布，最後鋪上檯心布。

【98統測－餐服】

解答▶ D

解析▶ 鋪設順序：寧靜墊(Silence Pad)→桌布(Table Cloth)→檯心布(Top Cloth)。

( ) 2. 有關檯布鋪換方式之敘述，下列何者錯誤？ (A)檯布甩得動作愈大愈好操作 (B)更換時宜站在桌邊中央 (C)更換時勿使桌面露出為原則 (D)動作要乾淨俐落。 【96餐服技競模擬】

解答 ▶ A

( ) 3. 關於正式餐廳檯布鋪設及更換的敘述，下列何者正確？甲：更換檯布時須選擇正確尺寸，更換時動作務必緩慢，以不影響顧客用餐為原則、乙：鋪設完成的檯布必須平整，且其十字摺線中心點應置中，檯布四周下垂的長度應相同、丙：更換檯布時不宜將桌面露出，更換完成需檢視週遭地面的清潔度，以保持餐廳的用餐環境、丁：顧客離開時，服務人員宜迅速整理桌面，直接將檯布掀開並鋪上新檯布，以避免影響其他用餐中的顧客並提高翻桌率 (A)甲、乙 (B)甲、丁 (C)乙、丙 (D)丙、丁。 【110統測－餐服】

解答 ▶ C

( ) 4. 餐桌布巾的鋪設與收拾，是屬於外場服務人員的基本服務技巧，試問檯心布採用「斜鋪」的鋪設順序，下列何者較適宜？甲、將檯心布輕往後拉；乙、將檯心布左右撐開；丙、將最下方檯布拋出；丁、雙手手指夾取第一、二層檯布；戊、檯心布開口摺邊朝自己，多摺向上；己、檢視四周下擺是否等齊 (A)乙→丁→戊→丙→甲→己 (B)戊→乙→丙→丁→甲→己 (C)戊→乙→丁→丙→甲→己 (D)丁→丙→甲→戊→乙→己。 【105-1模擬專二】

解答 ▶ C

( ) 5. 有關餐廳各式布巾的使用，下列何者正確？ (A)推拉式更換檯布講求效率，看到桌面也沒關係 (B)鋪設4人份的檯布(Table Cloth)時，各邊下垂的布以60公分為佳 (C)檯心布(Top Cloth)的鋪法分為正鋪及斜鋪，主要功能為保護檯布並減少檯布送洗次數 (D)墊布(Silence Cloth)的用途是為了提升餐桌的美觀。 【105-2模擬專二】

解答 ▶ C

解析 ▶ (A)更換檯布雖講求效率，但客人在場時，不可露出桌面、(B)鋪設4人份的檯布(Table Cloth)時，各邊下垂的布以30公分為佳、(D)墊布(Silence Cloth)的用途是為了保護桌面，避免檯布滑動及降低餐具擺放的聲響。

3-3 餐巾摺疊技巧與應用

一、餐巾的來源

1. 餐巾又稱為口布(Napkin)。

2. 古羅馬時期，人們在作客時，會自己攜帶餐巾，用餐時為避免衣物弄髒，會將餐巾圍在脖子上；西元1639年義大利人將口布摺疊給予多樣的變化，進而發展成藝術。

3. 在中國的宋朝時期，也出現人們在進餐時，掛在胸前的「飯單」；清朝時，將其改良，使用一角帶有釦盤，用餐時可套在衣釦上的方巾，又稱為「懷擋」。

二、餐巾的用途與功能

1. 提供顧客在用餐時擦拭嘴角或手指的油汙，以避免菜汁、酒水弄髒衣服。

2. 口布大多放置在顧客正前方，離桌緣2～3cm處，做為定位之用。

三、餐巾的種類

（一）依造型分

分　類	說　明	範　例	圖　示
盤花	將摺好的口布，放在顧客的餐盤或直接放置於桌面上。	主教帽、雨後春筍、野玫瑰、帳篷、星光燦爛	
杯花	摺好的口布，須一部分放在杯中，展現出特殊的造型。	金魚、天堂鳥、杯扇、燭光、花蝴蝶、蘭花	

（二）依用途分

分　類	說　明	圖示範例
客用	1. 服務人員與餐巾接觸時間、次數和面積最小為原則。 2. 造型以簡單大方、摺疊成型容易為佳。	三面小屋　　帳篷　　濟公帽
服勤用	是服務顧客時所使用的餐巾，可放置刀叉、墊碟盤、裝麵包等。	餐具袋　　有蓋麵包籃
觀賞用	1. 營造及美化用餐氣氛 2. 以造型特殊、花俏與講究為主。	女靴　　帆船

（三）其他區分法

1. 顏色：

　　(1) 西餐廳多以白色的口布為主。

　　(2) 中餐廳的變化多，有時喜宴更使用紅色、金黃色口布。

2. 尺寸：

　　一般以50公分×50公分或55公分×55公分為主。

3. 材質：

　　(1) 以純棉為主。

　　(2) 洗後需上漿整燙。

四、摺疊餐巾的原則與注意事項

1. 以清潔衛生、美觀大方及造型簡單易拆除為原則。

2. 摺疊口布前，需將雙手清洗乾淨、戴上手套摺疊口布。

3. 檢視口布之清潔以及形狀方正平整、有無破損。

4. 餐巾的基本技巧：摺、疊、捲、穿、翻、拉、捏等七大動作的運用與變化。

5. 餐巾摺疊的方法

方法	內容說明	範例
對角法	先將口布對摺成三角形，再繼續操作。	土地公、雨後春筍
二摺法	先將口布對摺成長方形，再繼續操作。	濟公帽、金字塔
三摺法	先將口布摺成三等份的長方形，再繼續操作。	法國摺
四摺法	先將口布對摺再對摺成1/4等份的的長（正）方形，再繼續操作。	帆船、星光燦爛

考題推演

( ) 1. 下列何者屬於口布摺疊的杯花造型？　　　　　　　【93統測－餐飲】

(A)　　　　　　(B)　　　　　　(C)　　　　　　(D)

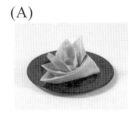  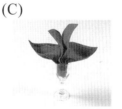 

解答 ▶ C

解析 ▶ (A)(B)(D)皆為盤花造型。

( ) 2. 下列口布摺疊方式與其主要功能的配對，何者最適當？摺疊方式：甲、花蝴蝶，乙、濟公帽，丙、大蓮花；主要功能：ㄅ、服勤用，ㄆ、顧客用，ㄇ、觀賞用　(A)甲ㄅ、乙ㄆ、丙ㄇ　(B)甲ㄆ、乙ㄅ、丙ㄇ　(C)甲ㄇ、乙ㄅ、丙ㄆ　(D)甲ㄇ、乙ㄆ、丙ㄅ。　　　　　　　　【97統測－餐飲】

解答 ▶ D

解析 ▶ 服務口布：多用於放置餐具刀叉（餐具袋）、墊碟盤（大蓮花）、裝麵包（麵包籃），並以之提供給客人使用的口布，大多是簡單包裝款式。

客用口布：以摺疊方式愈簡單愈好，以減少與口布接觸的次數，較符合衛生要求，例如濟公帽。

觀賞口布：造型特殊、花俏，且富變化為主，以營造美化餐廳的用餐氣氛，例如花蝴蝶。

( ) 3. 下列口布摺疊，何者為觀賞用？ (A)蓮花 (B)三明治 (C)花蝴蝶 (D)步步高升。 【102餐服技競】

解答 ▶ C

( ) 4. 口布摺疊依造型可區分為杯花及盤花，為使成品符合美觀的需求，各款口布摺疊均有其注意事項，下列何者正確？ (A)摺疊「皇冠」時，需注意口布對摺等份時，摺寬需平均 (B)摺疊「天堂鳥」時，需注意摺疊時兩邊的對角需呈尖角 (C)摺疊「包葡萄酒瓶」時，需注意在摺成任何三角形時，四層布的角需對齊 (D)摺疊「法國摺」時，需注意保持口布有弧度的立體感。 【105-1模擬專二】

解答 ▶ D

解答 ▶ (A)摺疊「包葡萄酒瓶」時，需注意將口布對摺等份時，摺寬需平均、(B)摺疊「皇冠」（濟公帽）時，需注意摺疊時兩邊的對角需呈尖角、(C)摺疊「天堂鳥」時，需注意在摺成任何三角形時，四層布的角需對齊。

( ) 5. 服務人員在戴手套後進行摺疊「海盜船（牛角）」時，其正確步驟應為下列何者？ (A)口布攤開呈菱形狀，鋪錫箔紙→將左右兩側對角摺至中間線，連續兩次→開口朝下，以尖端處向內捲至 處→將左右兩側對摺→口布翻開再整形 (B)口布攤開呈菱形狀，鋪錫箔紙→將左右兩側對角摺至中間線，連續兩次→將左右兩側對摺→開口朝下，以尖端處向內捲至 處→口布翻開再整形 (C)口布攤開呈菱形狀，鋪錫箔紙→將左右兩側對摺→將左右兩側對角摺至中間線，連續兩次→口布翻開再整形→開口朝下，以尖端處向內捲至 處 (D)口布攤開呈菱形狀，鋪錫箔紙→開口朝下，以尖端處向內捲至 處→將左右兩側對角摺至中間線，連續兩次→將左右兩側對摺→口布翻開再整形。 【105-1模擬專二】

解答 ▶ B

3-4 托盤使用技巧

一、操持各式托盤

(一) 托盤的用途

1. 運送餐食、飲料或餐具。

2. 將使用後的餐具送回工作檯或洗滌區。

(二) 托盤的種類

分類	種類	說　明
形狀	圓形	1. 直徑10～18吋，最常見為12吋。 2. 主要是用來端送餐食、飲料或餐具及小物品（例如調味料、菜單等）。 3. **可直接端至顧客旁服務顧客。**
	橢圓形	1. 18吋（直徑約為45.7公分）的橢圓形托盤。 2. 適用於較高級餐廳。 3. 主要是用來運送餐具或較多的餐食，或將廚房的餐食送至餐廳及收拾餐後用具。
	長方形	1. 尺寸以16×22吋較多。 2. **橢圓形及長方形托盤適用於端送餐盤、收拾盤碟及客房服務等，所以只能端送至工作檯或服務檯上，不可以直接至餐桌邊服務。**
材質	木（竹）製	因容易潮濕、發霉，清潔保養不易，目前業界較少使用。
	金屬	1. 分為不鏽鋼與銀托盤兩種。 2. 因容易產生碰撞聲，故必須搭配墊布使用。
	塑膠	1. 為一般餐廳最常使用的材質。 2. 質輕，不會產生尖銳的碰撞聲，清洗保養方便。 3. 具止滑設計。

（三）托盤的操持方式

分　類	說　明
手托法	1. 低托／抵握法。 　(1) 用單手（左手）托持，手臂成90°角，掌心向上，五指張開。 　(2) 手掌心需托住托盤底中心位置。 2. 中托：介於胸與肩之間，常用於酒會。 3. 高托：高於肩膀、常用於人潮擁擠之場合。
肩托法	1. 靠肩托法：靠在肩上，多用在放置較重的物品時。 2. 懸空托法：托於肩上3公分，多用在較不重的物品。
雙手托法	1. 低搬法。 2. 較適用在左右兩側已有把手的長托盤。

（四）使用托盤的注意事項

1. 使用托盤時，需墊一塊服務巾或專用的止滑墊布，以防止餐具滑動，減少碰撞磨擦的聲響。

2. 使用圓托盤時：

   (1) 依物品的形狀大小與使用的先後順序來擺放。

   (2) 較高、重的物品放置靠自己的一邊，較矮、輕的餐具可放較外圍的部分。

   (3) 先使用到的餐具或物品放置外圍，後使用的餐具則放在內側。

   (4) 擺放時須注意重量均衡，以達安全、穩定及平衡的原則。

   (5) 在送遞餐食、飲料或餐具時，**宜站在顧客右後方，以左手拿穩托盤，右手則拿取托盤上的物品送遞至餐桌上**，須隨時調整托盤的重心以保持平穩。

   (6) 在服務時，不可碰觸顧客的身體。

3. 使用大型托盤時：

   (1) **大型托盤都採上肩法，主要功能是為了保護工作人員在搬運的過程中避免職業傷害。**

   (2) 在擺放餐具或物品時，較高、重的物品放置托盤的中央或內側（靠近身體處），以保持平衡。

   (3) 重量不要超過個人的負荷、餐盤物品**切忌堆疊太高**。

   (4) 下托盤時應注意身體的平穩，將左手手掌往下向內轉動，用右手協助扶著托盤，直到托盤置於桌面或托盤架上。

二、服務架的操作

服務架又稱X型服務架或托盤架(Tray Stand)，功能為設置桌邊以加快服務的速度，使用方法如下：

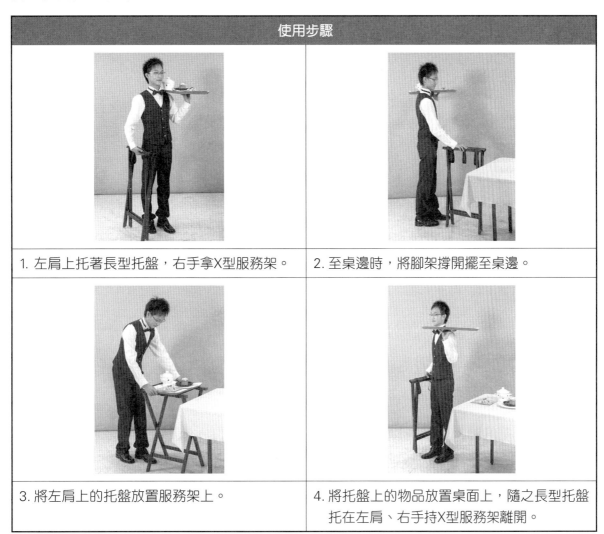

使用步驟	
1. 左肩上托著長型托盤，右手拿X型服務架。	2. 至桌邊時，將腳架撐開擺至桌邊。
3. 將左肩上的托盤放置服務架上。	4. 將托盤上的物品放置桌面上，隨之長型托盤托在左肩、右手持X型服務架離開。

三、服務車的操作

1. 功能為運送菜餚、餐具或現場服勤用。

2. 服務車附有輪子可四處移動，因此將服務車推至定點後，應踩止煞裝置。

3. 推車時，速度不宜太快。

4. 使用後，要擦拭乾淨，以延長其壽命。

( ) 1. 一般圓托盤的使用原則，下列敘述何者<u>錯誤</u>？　(A)服務時以右手持托盤為原則　(B)將較輕、較矮的杯子擺放於外側　(C)將較高、較重的器皿擺放在中間或內側　(D)將先上桌的器皿擺放在外側，後上桌的置於內側。

【98統測－餐服】

解答▶ A

解析▶ 持圓托盤服務時，多以左手持托盤為原則。

( ) 2. 托盤的使用，下列敘述何者正確？　(A)以雙手托拿　(B)比較高、重的，要放在中間或靠內側　(C)較矮的杯子宜放在內側　(D)先上桌的要放在中間或靠內側。

【餐飲服務丙檢】

解答▶ B

( ) 3. 拿著空托盤的正確方法是　(A)雙手抱在胸前　(B)依正常送餐點的方式托著　(C)夾在腋下　(D)頂在頭上。

【餐飲服務丙檢】

解答▶ B

( ) 4. 以托盤運送器具可以達衛生安全及效率的目的，有關圓托盤(Round Tray)操持的注意事項之敘述，下列何者<u>錯誤</u>？　(A)左手呈90度直角，以右手隨時保護托盤之物品　(B)較高的物品應放置於托盤中間或靠近自己　(C)較先上桌的物品可放置托盤外圍　(D)搬運大量餐具時，以肩膀及手臂共同承受重量。

【105-1模擬專二】

解答▶ D

解析▶ (D)搬運大量餐具時，以肩膀及手臂共同承受重量為大托盤操持方法。

( ) 5. 有關托盤使用方式之敘述，下列何者<u>錯誤</u>？　(A)進行Room Service 時，可用長方形托盤上肩服勤　(B)最常用於餐桌服勤的是圓形托盤，分別有14、16、18吋　(C)橢圓形托盤可搭配托盤架使用，適用於高級餐廳或宴會　(D)圓形托盤無方向性且使用方便，擺放物品時，先上桌的先擺上托盤，符合擺放原則。

【105-2模擬專二】

解答▶ D

解析▶ (D)圓形托盤無方向性，攜帶方便，擺設餐具時，後上桌的先擺上托盤，符合安全擺放原則。

3-5 上餐與撤餐的持盤技巧

一、端盤的方法

方　法	圖　示	說　明
單手持單盤		以大拇指輕扣盤緣（大拇指不可壓在盤面上，以免留下指紋），配合食指、中指、無名指及小指來托住盤碟底部，使盤皿保持平穩。
單手持雙盤		1. 手腕式： (1) 左手虎口處微開，以拇指於盤上輕壓盤緣，食指及中指微張，托於盤底，而無名指與小指併立朝上，緊置於盤緣。 (2) 第二個盤皿置放於拇指，無名指、小指與手腕形成三角鼎立支撐，再作適時的調整使其平穩。 2. 手心式： (1) 僅拇指於盤緣，其他4指於盤底。 (2) 此法最多拿二個盤子，但較穩。
單手持三盤（挾盤式）		1. 左手拇指與食指微開，拇指於上、食指托住下方，利用虎口處夾住盤緣。 2. 第二個餐盤以其盤緣抵靠於食指處，再以中指、無名指及小指，三指來托住盤底。 3. 確定拿穩第二個餐盤後，將第三個盤皿置放於手臂上，並適時的調整使之平穩。
徒手持盤法		1. 視個人的能力來決定盤子的數量，在移動乾淨的餐盤時使用服務巾或口布包覆，雙手不碰觸盤子，也不宜將盤子靠在身體上。 2. 首先將口布褶成長條狀，量少時，由上方用服務巾包住所有餐盤，以兩手虎口處端拿；量多時，則是將服務巾從餐盤底部托住，以雙手捧著，以維護餐盤安全運送無虞。

二、收盤的方法

1. 收拾殘盤的原則

   (1) Scrape－刮除（將殘留的菜渣刮到同一盤）。

   (2) Stack－推疊（將同類型的餐具推疊起來）。

   (3) Separate－分類（將不同的餐具，分類放置）。

2. 收拾殘盤的方法

   (1) 拇指壓住餐叉，餐刀垂直放在餐叉下。

   (2) 第二盤放置在手腕上，拿餐刀將殘渣刮到第一盤中，再將餐刀置於餐叉下。

   (3) 第三盤放在第二盤上，用餐刀刮除殘渣。

考題推演

(　　) 1. 餐廳服務人員應用三S原則，徒手為客人收拾主餐盤時，其正確的操作順序為何？　(A)scrape→stack→separate　(B)scrape→separate→stack　(C)separate→stack→scrape　(D)stack→scrape→separate.　【98四技統測專二】

解答▶ A

(　　) 2. 餐廳服務人員以服務叉匙為顧客進行服務時，下列注意事項何者不正確？(A)每分完一道菜，下一道菜應更換新的服務叉匙　(B)為顧客分魚排時，應使用指夾法　(C)以指握法舀取食物湯汁時，可稍微提高服務叉，並將服務匙由外往內轉動　(D)服務煙燻鮭魚時，可直接以一支服務叉分菜。

【105-1模擬專二】

解答▶ B

解析▶ (B)為顧客分魚排時，應使用左叉右匙法。

(　　) 3. 有關外場服務人員為顧客提供上菜服務時，下列哪種服務動作正確？　(A)最佳服務地帶為顧客的人中與胸部之間的位置　(B)最佳上菜地帶為顧客的肩膀與桌角之間的位置　(C)優先服務年長者　(D)於顧客右後方上菜時，應左腳向前跨一小步，上身向前微傾上菜。　【105-1模擬專二】

解答▶ D

解析▶ (D)於顧客右後方上菜時，應右腳向前跨一小步。

( ) 4. 餐飲服務技巧中，下列何者不恰當？ (A)收拾殘盤時，最合適的持盤技巧為挾盤式 (B)主餐盤配菜擺置由左至右為：白色 綠色 紅色的配菜 (C)服務時，需等客人用完一道菜，再上另一道菜 (D)服務帶殼類的海鮮，需上菜前準備洗手盅。 【105-2模擬專二】

解答 A

解析 (A)收拾殘盤時，最合適的持盤技巧為最穩固的手心式。

( ) 5. 有關餐飲服務人員服勤技巧之敘述，下列何者正確？ (A)手心式持盤服務最具效率，可同時拿取四盤量 (B)酒瓶類物品運送，應擺放於托盤中央位置 (C)上菜區域以顧客肩膀與桌角間為最適空間 (D)皇冠造型口布摺疊適作觀賞用口布。 【105-3模擬專二】

解答 B

解析 (A)挾盤式持盤最多可拿取四盤量，左3右1、(C)上菜區域為顧客人中與胸部之間、(D)皇冠造型口布摺疊亦稱土地公帽，為客用口布款式。

3-6 服務叉匙的運用

一、服務叉匙使用時機

1. 英式服務（單手）－服務叉匙使用，最早起源於此，由服務員為客人從銀菜盤夾取於客人的餐盤中。

2. 旁桌服務（雙手）－於餐桌旁約30cm處置旁桌(Side Table)為顧客現場Fambe和分菜。

3. 派送麵包（單手）：由服務員為顧客於左側派夾麵包。

4. 中餐分菜服務：

   (1) 單手（手握／指夾式）－轉檯分菜

   (2) 雙手（左叉右匙）－旁桌分菜

二、服務叉匙的操作（匙下叉上）

方　法		圖　示	說　明
單手	指夾法		1. 無名指在湯匙握柄上，小指及中指置於湯匙握柄下方，並握住湯匙。
			2. 右手拿起叉匙握柄，以大拇指將叉匙握柄推開分離，叉匙前端仍維持密合。
			3. 食指握住叉子握柄下方，大拇指在叉子握柄上方並握住叉子，轉動叉子測試叉子靈活度。
			4. 湯匙在下，叉子在上，平置桌面（湯汁較不易滴漏）。 5. 此法較穩，不易掉落。
	指握法		1. 以中指、無名指、小指握住匙的後端，大拇指與食指夾住叉子的後端。 2. 此法較專業。
雙手	左叉右匙法		左手持叉，右手拿匙，握住叉匙後端。

三、杯子的操作

（一）單杯拿法

杯子種類	內容說明
高腳杯	1. 應握住杯腳部分，不得接觸到杯身。 2. 端送高腳杯時，先將杯子置於顧客面前，再以手指拼攏方式壓住杯子底部，再挪至正確的位置。 3. 使用杯墊時，將杯墊放置正確位置後，再將高腳杯放在杯墊上。

杯子種類	內容說明
平底杯	1. 應握住杯底部分，也就是杯身下方的位置（不可握到杯口）。 2. 放置杯子時，應以小指先接觸桌面，再輕輕將杯子放下，避免發出聲響。
有耳瓷杯	用大拇指、食指及中指握住把手部分。
中式茶杯	小圓筒的高杯握住杯底；而矮杯則是五指張開從杯口上方杯緣外側拿起（儘量使手指與杯口接觸的面積越小越好）。

（二）多杯拿法

方法	內容說明
徒手拿法	1. 將高腳杯的杯口朝下，杯腳分別間隔放入指縫中，最多可拿5～6個。 2. 不可將手直接插入杯口內拿起。 3. 此法因為會使杯子產生碰撞，易造成杯子破損，較不建議使用。
托盤拿法	1. 玻璃杯的擺放應有間距，以免產生碰撞。 2. 湯杯與咖啡杯雖可堆疊，但不可堆疊太高，以免滑落。

考題推演

( ) 1. 關於服務叉匙握法的敘述，下列何者正確？甲、雙手持法：左叉右匙；乙、雙手持法：右叉左匙；丙、單手持法：上叉下匙；丁、單手持法：下叉上匙 (A)甲、丙 (B)甲、丁 (C)乙、丙 (D)乙、丁。

【98統測－餐服】

解答▶ A

解析▶ 單手持法：上叉下匙，其下方服務匙除可舀取湯汁外，還可防止在夾取時易碎物掉落。

( ) 2. 關於服務叉匙的使用，下列何者正確？甲、旁桌式服務時，宜採雙手方式服務；乙、單手操作時，以食指及拇指將服務叉柄握在中間；丙、派夾麵包時，以雙手持服務叉匙由顧客左側服務 (A)甲、乙 (B)甲、丙 (C)乙、丙 (D)甲、乙、丙。

【105四技統測專二】

解答▶ A

( ) 3. 關於服務叉匙的使用敘述，下列何者正確？ (A)American service是使用雙手操持服務叉匙 (B)English service是使用單手操持服務叉匙 (C)若要挾取體積較大的圓形食物，須將服務叉匙的齒面與服務匙的匙面朝上 (D)指夾法的使用是以中指在上，無名指與小指在下的方法來固定服務叉匙。

【109四技統測專二】

解答▶ B

解析▶ (A)American service美式服務，服務員直接持盤上桌，不需操持服務叉匙；(C)若要挾取體積較大的圓形食物，須將服務叉的齒面朝下，服務匙的匙面朝上；(D)指夾法的使用是以無名指在上，中指與小指在下的方法來固定服務叉匙。

( ) 4. 有關使用服務叉匙的方式，下列何者錯誤？ (A)可分為單手操持及雙手操持 (B)旁桌服務時，應以單手操持服務叉匙，進行旁桌分菜服務 (C)服務叉叉齒向上時，適合挾取體積較小的食物 (D)服務柔軟易碎的食物時，適合雙手操持服務叉匙。 【105-2模擬專二】

解答▶ B

解析▶ (B)旁桌服務時，以雙手操持服務叉匙，以左叉右匙進行分菜服務。

( ) 5. 有關西餐服務叉匙操作方法之敘述，下列何者正確？ (A)Flambé Service以右叉左匙雙手併行操持為宜 (B)Family-style Service 由顧客自行以叉上匙下方式操持挾取菜餚 (C)分菜以主菜→配菜→醬汁順序分派 (D)派送爆漿餐包宜使用指挾法挾取，並從顧客右側服務。 【105-3模擬專二】

解答▶ C

解析▶ (A)以左叉右匙雙手並行操持為宜、(B)Family-style Service 為英式服務，由服務員以叉上匙下方式操持服務叉匙派送菜餚給客人、(D)從顧客左側服務。

3-1 餐桌架設、拆除與收納

( ) 1. 關於口布摺疊的款式及其主要功能之組合，下列何者正確？ (A)靴子：服勤 (B)蓮花座：客用 (C)雨後春筍：客用 (D)步步高升：服勤。

【105統測－餐服】

( ) 2. 有關「長桌架設之順序」，下列選項何者正確？甲、搬運長桌到定點側立；乙、將長桌站立，固定桌腳兩側卡榫，下壓扣緊；丙、拉出左右兩端桌腳；丁、輕壓桌面，檢查架設是否平穩 (A)甲乙丁丙 (B)丁甲丙乙 (C)甲丙乙丁 (D)丙甲乙丁。 【108-4模擬專二】

> 解析 甲、搬運長桌到定點側立→丙、拉出左右兩端桌腳→乙、將長桌站立，固定桌腳兩側卡榫，下壓扣緊→丁、輕壓桌面，檢查架設是否平穩。

( ) 3. 有關中式宴席轉檯擺設之敘述，下列何者錯誤？ (A)宴席餐桌桌面直徑大於150公分，無須擺放轉檯 (B)轉檯擺設完成後，應測試轉動是否平穩滑順 (C)轉檯使用玻璃材質，需擦拭乾淨，保持明亮 (D)轉檯應置放於餐桌正中央位置。 【108-4模擬專二】

> 解析 (A)宴席餐桌桌面直徑大於150公分，需須擺放轉檯，便於顧客夾取較遠的菜餚。

3-2 檯布鋪設及更換

( ) 1. 關於檯布鋪設及更換之敘述，下列何者錯誤？ (A)鋪換檯布時勿高舉手臂，以免動作太大影響到鄰座顧客用餐 (B)鋪設檯布時，原則上檯布尺寸長寬應比桌面的長寬多出60公分 (C)不論何時更換檯布，皆需將檯布掀起並仔細擦拭桌面後再鋪上新檯布 (D)檯布鋪設完成，需確認餐椅的椅面前緣與桌緣、下垂檯布在同一垂直面。 【106統測－餐服】

( ) 2. 關於餐桌架設與檯布鋪設的敘述，下列何者正確？ (A)正方形檯布可使用在圓桌的鋪設 (B)檯布鋪設完成後的下垂長度宜碰觸到地面 (C)架設餐

🎯 解答
....

3-1 　1. C 　 2. C 　 3. A 　 3-2 　1. C 　 2. A

桌時，若後方有服務檯，與服務檯保持約50～60公分的距離為最佳　(D)餐桌桌面離地面的距離以60公分、座椅椅面離地面的距離以30公分為最佳。

【107統測－餐服】

（　）3. 當長方桌的尺寸為120 cm × 90 cm時，鋪設檯布的最適宜尺寸應為：(A)140 cm × 110 cm　(B)150 cm × 120 cm　(C)180 cm × 150 cm　(D)210 cm × 180 cm。　　　　　　　　　　　　　　　　【100統測－餐服】

（　）4. 有關餐桌檯布鋪設方式之敘述，下列何者正確？甲、撒網式鋪設法適用於非營業時間；乙、鋪設Silence Pad可降低檯布送洗次數；丙、Overlay可保護桌面及減少檯布磨損，降低餐具擺置碰撞聲；丁、檯布摺線應對齊主賓與主人，即12 點、6點鐘方向；戊、鋪設前應先檢視餐桌清潔與平穩性(A)甲丁戊　(B)乙丙丁　(C)甲乙丙戊 (D)乙丙丁戊。　　　　【106-2模擬專二】

解析 乙、Silence Pad（寧靜墊）用以保護桌面，減少檯布滑動，及降低餐具擺放時音量；丙、Overlay（檯心布、頂檯布）用以防止檯布污穢，減少檯布更換次數。

（　）5. 有關檯心布鋪設的順序，下列何者正確？甲、檯心布開口摺邊朝自己，多摺向上；乙、將最下方檯布拋出；丙、雙手手指夾取第一、二層檯布；丁、將檯心布左右撐開；戊、將檯心布輕往後拉；己、檢視四周下擺是否等齊　(A)甲→乙→丙→丁→戊→己　(B)甲→丁→丙→乙→戊→己　(C)甲→乙→丁→丙→戊→己　(D)甲→丁→乙→丙→戊→己。

【107-1模擬專二】

（　）6. 餐廳在佈置方型餐桌時，從完整鋪設檯布到定位口布，從桌面由下而上的順序分別是哪些布巾？　(A)Napkin/Overlay/Table Cloth/Silence Pad Cloth (B)Napkin/Table Cloth/Overlay/Silence Pad Cloth　(C)Silence Pad Cloth/Overlay/Table Cloth/Napkin　(D)Silence Pad Cloth/Table Cloth/Overlay/Napkin。　　　　　　　　　　　　　　　　【107-2模擬專二】

解析 (D)Silence Pad Cloth寧靜墊／Table Cloth 檯布／Overlay 頂檯布／Napkin口布。

 解 答

3. C　　4. A　　5. B　　6. D

( ) 7. 檯布於桌面上置放之順序，下列敘述何者正確？甲、口布；乙、白色檯布；丙、紅色檯心布；丁、寧靜墊　(A)丁乙丙甲　(B)乙丁丙甲　(C)丁甲乙丙　(D)甲乙丙丁。　　【107-4模擬專二】

( ) 8. 有關鋪設方檯布的方法，下列敘述何者不正確？　(A)推拉式鋪設時的速度與效率比撒網式快　(B)推拉式更換檯布時不會露出桌面　(C)撒網式適用於鋪設較大的桌面　(D)顧客在場時，宜使用推拉式鋪換檯布。　　【108-1模擬專二】

解析▶ (A)撒網式鋪設時的速度與效率比推拉式快。

( ) 9. 有關圓桌鋪設圓檯布的方法，下列敘述何者不正確？　(A)抖鋪式適合較小的桌面　(B)推拉式的鋪法和方檯布推拉式鋪設方桌一樣　(C)為求工作效率，可採用撒網式鋪設　(D)抖鋪式為兩段式的鋪設方法，若圓桌面過大時，可由兩位服務員一起操作。　　【108-1模擬專二】

解析▶ (A)推拉式適合較小的圓桌面。

( ) 10.有關各種餐桌檯布的鋪設，下列何者不正確？　(A)方檯布鋪設方桌時，若有顧客在場，適合使用手推式，動作小而輕，更換檯布時不會露出桌面　(B)檯心布以正鋪方式鋪設於方檯布上時，檯心布會完全覆蓋於桌面　(C)鋪設圓檯布的中間摺線不應對齊主人與主賓之間　(D)鋪設圓桌時，可使用大方檯布或圓檯布，若檯布太長落地時，可將較長的四個角的檯布向內反摺入檯布。　　【109-1模擬專二】

解析▶ (C)鋪設圓檯布的中間摺線應對齊主人與主賓之間。

( ) 11.隨著餐廳的風格及時代潮流的改變，並不是每間餐廳都會鋪設檯布或檯心布，下列何種作法較不可能是目前餐廳其餐桌呈現的方式？　(A)以黑色或深色檯布取代白色檯布　(B)增加桌飾巾的鋪設以增添美觀　(C)未鋪設檯布，直接擺餐墊　(D)未鋪設檯布，直接在餐具下面墊上服務巾。　　【109-1模擬專二】

解析▶ (D)服務巾還是服務員在服勤過程使用，並不會取代餐墊或檯布的功能。

 解答

7. A　　8. A　　9. A　　10.C　　11.D

3-3 餐巾摺疊技巧與應用

( ) 1. 下列哪些口布摺法的第一個摺疊動作,皆為將正方形的口布對摺成三角形狀? (A)和服、帆船 (B)靴子、三明治 (C)西裝、雨後春筍 (D)濟公帽、鐵甲武士。 【107統測－餐服】

( ) 2. 關於口布摺疊的款式,下列何者最不適合直接放置於 show plate 之上? (A)西裝 (B)法國摺 (C)花蝴蝶 (D)星光燦爛。 【108統測－餐服】

( ) 3. 口布若放置在盤面上,則下列何種摺疊造型不適合? (A)揚帆 (B)濟公帽 (C)西裝 (D)蝴蝶。 【100餐服技競模擬】

( ) 4. 下列哪一種口布摺法可做為觀賞用,且最適合將其置於杯內? (A)(雨後)春筍 (B)僧帽(濟公帽) (C)天堂鳥 (D)法國摺。 【102統測－餐服】

( ) 5. 關於口布摺疊的款式及其主要功能之組合,下列何者正確? (A)靴子:服勤 (B)蓮花座:客用 (C)雨後春筍:客用 (D)步步高升:服勤。 【105統測－餐服】

( ) 6. 有關Napkin 之敘述,下列何者錯誤? (A)由義大利人發展出摺疊藝術 (B)可避免顧客用餐時,因湯汁滴落沾污衣服,也可用以擦拭嘴角或臉部油污 (C)西餐廳偏好使用白色款,中餐廳則變化較多,色彩也較豐富,喜宴更以紅色款為主 (D)當主人攤開時,代表宣布餐會開始。 【105-3模擬專二】

( ) 7. 有關各式口布的折疊注意事項,下列何者錯誤? (A)摺疊時,服務人員須戴上手套 (B)摺疊完,需檢視成品外觀須對稱且立體 (C)雨後春筍最後步驟,需將二角葉片塞入 (D)西裝需注意領子兩邊的寬度、高度應平均。 【105-4模擬專二】

( ) 8. 有關口布摺疊方式及其功能的配對,下列何者正確?甲、客用;乙、觀賞用;丙、服勤用。ㄅ、燭光;ㄆ、法國摺;ㄇ、蓮花座;ㄈ、酒扇;ㄉ、土地公 (A)甲ㄅ、乙ㄈ、丙ㄉ (B)甲ㄆ、乙ㄇ、丙ㄈ (C)甲ㄉ、乙ㄅ、丙ㄈ (D)甲ㄉ、乙ㄆ、丙ㄈ。 【106-1模擬專二】

解析▶ 客用:法國摺、土地公;觀賞用:燭光;服勤用:蓮花座、酒扇。

3-3　　1. C　　2. C　　3. D　　4. C　　5. C　　6. B　　7. C　　8. C

( ) 9. 有關口布 雨後春筍的摺疊過程，下列何者正確？甲、將四方形下方一角，上摺至距離頂點1/4~1/5處；乙、將三角形左右兩底角分別摺至頂點；丙、餐巾反面朝上，由下向上對摺成三角形；丁、尖端向下反摺；戊、翻面後，將右側的角摺入左側夾縫中；己、將餐巾立起；庚、兩側翻開即可 (A)丙乙甲丁戊己庚　(B)甲丙乙丁己庚戊　(C)乙丙甲丁己戊庚　(D)丙乙戊己甲丁庚。　　　　　　　　　　　　　　　　　　【106-1模擬專二】

( )10. 餐廳提供香檳侍酒服務時，為避免冰酒桶凝結的水滴滲流，可於下方擺置何種造型服務巾？　(A)牛角　(B)小蓮花　(C)大蓮花　(D)酒扇。　　　　　　　　　　　　　　　　　　　　　　　　　　【106-2模擬專二】

( )11. 有關Napkin 使用之注意事項，下列何者正確？　(A)摺疊好的餐巾(Napkin)會收在Service Trolley供現場備用　(B)客用餐巾(Napkin)若有破損，可以直接淘汰作為擦拭用餐巾　(C)中式喜宴較常以粉紅色餐巾(Napkin)作為宴席用途　(D)客用口布(Napkin)講求特殊造型，以凸顯宴會主題。　　　　　　　　　　　　　　　　　　　　　　　　【106-3模擬專二】

解析▶ (A)應放在Service Station、(B)淘汰餐巾需報廢並以車縫線註記用途、(D)觀賞用口布為營造氣氛多以特殊造型供應。

( )12. 有關餐巾摺疊時，服務員應注意的事項，下列何者正確？　(A)餐巾需上漿整燙，摺疊口布之外型較為美觀　(B)若手刀效果不佳，可用手心加強力道　(C)若要減少手的接觸面積，可用Napkin Ring作為杯花使用　(D)尼龍比棉布更有質感且易吸水，深受餐廳業者喜愛。　　　　　　【106-3模擬專二】

解析▶ (B)使用手心較不衛生、(C)適用盤花、(D)尼龍不易吸水，較適合作為桌裙使用。

( )13. 適宜的選用口布(Napkin)，不僅可美化餐廳席面，更可增添用餐氣氛。下列相關敘述，何者正確？甲、口布服勤時的第一個項目為摺口布；乙、皇冠、步步高升同屬客用款造型；丙、放置主賓位者亦稱主花；丁、混紡材質成本低，易摺疊造型，餐飲業使用率最高；戊、僧服、雨後春筍同屬對角摺法造型　(A)甲乙丙丁　(B)乙丙戊　(C)甲丁戊　(D)甲乙丙丁戊。　　　　　　　　　　　　　　　　　　　　　　　　　　【106-4模擬專二】

解析▶ 甲、口布的第一個服務項目為攤口布；丁、混紡材質不易摺疊造型，以純棉材質為佳，最受歡迎。

🎯 **解答**

9. A　　　10.C　　　11.C　　　12.A　　　13.B

( )14.有關口布的用途說明之敘述，下列何者不正確？ (A)早餐客房餐飲服務 (Room Service)時，其麵包籃應摺放有蓋的麵包籃口布較佳 (B)蓮花座可以放置水壺或冰桶等容器 (C)法國摺、步步高昇及樓梯的口布摺法相同 (D)包酒瓶的口布適合使用在溫熱過的酒，取用時可以防燙及保溫。

【106-5模擬專二】

解析▶ 包酒瓶的口布適合使用在調整酒溫後的氣泡酒或白酒，因為酒瓶冰鎮降溫後在室溫狀態時，瓶身會冒水滴，包覆口布再服務可避免直接接觸潮濕的酒瓶。

( )15.摺疊餐巾時，餐廳從業人員為求成品的外觀對稱、立體，對於每款餐巾都有不同的細節要求，試問，下列細節要求何者正確？ (A)包葡萄酒瓶：口布推摺等份時，摺寬不一定要平均 (B)蓮花座：成型的口布需保持弧度的立體感 (C)步步高升：需將成型的口布壓平 (D)天堂鳥：摺成任何三角形時，四層布的角需對齊。

【107-1模擬專二】

解析▶ (A)包葡萄酒瓶：口布推摺等份時，摺寬一定要平均、(B)蓮花座：口布規格需方正、(C)步步高升：成型的口布需保持弧度的立體感。

( )16.有關口布的介紹，下列敘述何者不正確？ (A)口布又稱為餐巾，古羅馬時期，人們常使用一條布巾，圍在脖子上，為避免弄髒衣物，現今，已改為平鋪於顧客雙腿上 (B)用餐時，口布可用來擦拭嘴角或避免餐屑、湯汁等食物沾污衣物 (C)早餐或早茶使用的口布規格通常是55cm×55cm (D)混紡材質的口布，清洗後不易產生皺摺，但吸水及去污性較弱。

【107-2模擬專二】

解析▶ (C)早餐或早茶使用的口布規格通常是30cm×30 cm（55cm×55cm適合晚餐使用）。

( )17.口布的用途可分為觀賞、客用及服勤三大用途，下列各種不同口布款式，適合做為客用口布的共有幾款？(1)金字塔、(2)和服、(3)立西、(4)法國摺、(5)帳篷、(6)靴子 (A)2款 (B)3款 (C)4款 (D)5款。

【107-2模擬專二】

解析▶ (1)金字塔：客用。(2)和服：觀賞。(3)立西：觀賞。(4)法國摺：客用。(5)帳篷：客用。(6)靴子：觀賞。

 解答

14.D   15.D   16.C   17.B

( )18.依據口布的摺疊技巧，下列口布款式中，以對角法為開始第一摺的共有幾款？(1)雨後春筍(2)帳篷(3)土地公(4)法國摺(5)西裝(6)濟公帽　(A)2款 (B)3款　(C)4款　(D)5款。　　　　　　　　　　　　【107-2模擬專二】

解析▶ (C)對角摺：雨後春筍、帳篷、土地公、西裝；二摺法：濟公帽；三摺法：法國摺。

( )19.口布摺疊有分對角、三摺法、四摺法及正方形四摺法，請從下列選項中挑選出「對角摺法」的口布款式？　(A)三明治、濟公帽　(B)靴子、雨後春筍　(C)和服、鐵甲武士　(D)蝴蝶、西裝。　　　　　　【107-3模擬專二】

解析▶ 第一個摺疊動作如下，三角形（對角摺法）：三明治、雨後春筍、和服、鐵甲武士、西裝；長方形：濟公帽、靴子、蝴蝶。

( )20.下列哪一種口布款式，較不適合做為客用？　(A)西裝　(B)法國折　(C)立扇　(D)牛角。　　　　　　　　　　　　　　　　　【107-4模擬專二】

解析▶ (D)牛角在餐檯上可將牛角墊置於餐盤或展示盤下方，為服勤使用。

( )21.下列餐巾款式何者較適合放在玻璃杯內？　(A)燭光　(B)刀叉袋　(C)蓮花座　(D)立扇。　　　　　　　　　　　　　　　　【107-4模擬專二】

解析▶ (A)燭光又稱為公蝴蝶為杯花、(B)(C)刀叉袋與蓮花座為服勤用、(D)立扇又稱蝸牛為盤花，三者不適合放在玻璃杯內。

( )22.下列哪一個選項的口布，不是「不同名稱但同一個摺法」之組合？　(A)法國摺、步步高升、樓梯　(B)火花、燦爛火花、花蕊　(C)土地公帽、濟公帽、教宗帽　(D)女鞋、靴子、精靈鞋。　　　　　【108-1模擬專二】

解析▶ 土地公帽和濟公帽、教宗帽是不同款口布。

( )23.有關口布的種類依用途區分，下列何者的對應不正確？　(A)帳篷：客用口布　(B)芭蕉扇：觀賞用　(C)牛角：觀賞用　(D)小蓮花：服勤用。　　　　　　　　　　　　　　　　　　　　　　　　【108-1模擬專二】

解析▶ (C) 牛角：服勤用。

( )24.燦爛火花、野玫瑰、花苞及花蝴蝶等四個口布樣式，屬於杯花及盤花的各有幾個？　(A)杯花4個，盤花0個　(B)杯花3個，盤花1個　(C)杯花2個，盤花2個　(D)杯花1個，盤花3個。　　　　　　【108-1模擬專二】

解析▶ 杯花：燦爛火花、花蝴蝶盤花：野玫瑰、花苞。

🎯 解答

18.C　　19.C　　20.D　　21.A　　22.C　　23.C　　24.C

( )25. 下列哪些口布摺疊法的第一個動作，皆是將正方形的口布對摺成三角形狀？ (A)雨後春筍、和服 (B)濟公帽、靴子 (C)西裝、帆船 (D)三明治、圓錐帽。 【108-3模擬專二】

> **解析** 第一個摺疊動作如下：雨後春筍（三角形）、和服（三角形）、濟公帽（長方型）、靴子（長方形）、西裝（三角形）、帆船（長方形）、三明治（三角形）、圓錐帽（長方形）。

( )26. 有關「餐巾的功能」的敘述，下列何者錯誤？ (A)用來擦拭嘴角或避免餐屑等玷汙衣物 (B)賓客的餐巾可擦拭桌面清潔 (C)摺疊美觀的餐巾可以美化席面，凸顯用餐主題 (D)凸顯賓客的尊貴，主賓座位上的餐巾可稱為主花。 【108-4模擬專二】

> **解析** (B)賓客的餐巾不可擦拭桌面清潔，須由服務巾或專門擦拭桌面的布巾來使用。

( )27. 有關口布的摺法，下列敘述何者錯誤？ (A)帆船是二摺法，並且會使用到「拉」的動作 (B)雨後春筍是對角摺法，並且會使用到「翻」的動作 (C)野玫瑰是四摺法，並且會使用到「拉摺」的動作 (D)土地公帽是二摺法，並且會使用到「翻」的動作。 【108-5模擬專二】

> **解析** (D)土地公帽是對角摺法。

( )28. 下列的口布款式中以用途和摺法歸類，何者正確？ (A)星光燦爛：觀賞用、三摺法 (B)無蓋麵包籃：服勤用、對角摺法 (C)主教帽：客用、二摺法 (D)土地公帽：觀賞用、對角摺。 【109-1模擬專二】

> **解析** (A)星光燦爛：觀賞用、四摺法、(B)無蓋麵包籃：服勤用、六角摺法、(D)土地公帽：客用、對角摺。

3-4 托盤使用技巧

( ) 1. 關於肩托法之敘述，下列何者錯誤？ (A)以手與肩膀支撐托盤 (B)常應用於宴會或客房餐飲服務 (C)可一次運送較多或較重的物品 (D)以站立方式直接將托盤放置於肩膀。 【106統測－餐服】

🎯 解答

25.A 26.B 27.D 28.C 3-4 1.D

( ) 2. 關於 tray stand 的敘述，下列何者正確？ (A)使用之前必須確定是否放穩 (B)可以承載高大且沉重的物品 (C)只能以木頭材質製作，使用時打開會呈現交叉 X 型 (D)可用於運送餐具及烹煮菜餚，兼具桌邊服務的功能。 【108統測－餐服】

( ) 3. 下列關於小型圓托盤的操作敘述，何者錯誤？ (A)掌心應完全貼住托盤，並使托盤緊靠於腰際間 (B)人多的酒會場合，可採上肩托法，方便穿梭於人群之中 (C)托盤過重時，可以右手協助握持托盤邊緣，以增加其穩定性 (D)以單手托持、手掌朝上、五指打開並留些空隙，支撐於托盤底部中央位置。 【100統測－餐服】

( ) 4. 有關托盤操作的方式，下列敘述何者正確？ (A)方型托盤常見於較高級的餐廳，多用以運送較多的餐具與餐食、飲料 (B)持托盤遞送飲料時，應站立於客人的左側，再以左手遞送給客人 (C)手托小型托盤時，手臂與手肘應呈90度直角 (D)操作小型托盤時，應以手指指尖承受托盤。 【101統測－餐服】

( ) 5. 關於小圓托盤的使用，下列敘述何者正確？甲、可使用於直接端送餐點與飲料給顧客；乙、操持方法可分為單手托法與雙手托法；丙、以單手持托盤時，宜將較重物品置於中間或近身處；丁、常與服務架(service stand)搭配使用，以增加服務的安全性 (A)甲、乙 (B)甲、丙 (C)乙、丙 (D)丙、丁。 【102統測－餐服】

( ) 6. 關於service tray使用的注意事項，下列敘述何者正確？甲、服務時宜靠在桌邊或直接置於顧客桌面上，方便顧客拿取；乙、較重及較高的物品，宜靠內側或中間擺放，較矮及較輕的靠外側擺放；丙、使用前應檢查是否乾淨、平穩，必要時鋪上專用墊布或塑膠襯墊以防滑；丁、餐具要分類整齊疊放，原則上壺或杯的把手應朝左方擺放，以方便拿取 (A)甲、乙 (B)甲、丁 (C)乙、丙 (D)丙、丁。 【109統測－餐服】

( ) 7. 關基本服務中托盤上肩操作之敘述，下列何者錯誤？ (A)托盤上肩時，可以將整桌使用過的器皿物品一併送回，為節省運送次數，不用加以分類 (B)托盤上肩時，確認所有物品擺放妥當，考量安全再行運送 (C)托盤上

🎯 **解答**

---

2. A　　3. A　　4. C　　5. B　　6. C　　7. A

肩時，可以使用托盤架當做臨時服務台，將運送物品放於托盤架上再行服務　(D)以平穩的肩托方式托住底部，體積較高之器皿應將靠近於肩膀處。

【105-5模擬專二】

(　　) 8. 有關托盤操持原則之敘述，下列何者錯誤？　(A)重量輕的物品放置托盤外側　(B)壺類器具把手宜朝左側，方便服務員取用　(C)重量重、重心高的物品宜擺置托盤中央或近身體處　(D)需先上桌的餐點擺置於托盤外側。

【106-2模擬專二】

解析▶ (B)壺類器具宜將手把朝右側（內側）、壺嘴朝左側（外側）擺置，方便服務員取用。

(　　) 9. 有關餐盤端送收拾之敘述，下列何者錯誤？　(A)挾盤式端盤法徒手可端取四個餐盤　(B)手心式端盤法單手最多只能端取二個餐盤　(C)徒手收拾殘盤的操作順序為Scrape→Stack→Separate　(D)賓客肩膀與桌角間距離為最佳上菜地帶。　　　　　　　　　　　　　　　　　　【106-2模擬專二】

解析▶ (C)Scrape刮除→Stack堆疊→Separate分類、(D)賓客肩膀與桌角間距離為最佳服務地帶。

(　　)10. 有關各式托盤的使用原則與注意事項，下列敘述何者不正確？　(A)圓托盤直徑以12~14吋規格較為普遍，在餐廳的使用率較高　(B)長方形托盤尺寸約為5吋到10吋之間，適合運送較多量的餐具或菜餚　(C)橢圓形托盤尺寸約為8吋到12吋，適用於高級餐廳、宴會或酒吧，主要用於端送飲料和食物　(D)金屬托盤有亮麗的光澤，且表面不易留下指痕及刮痕。

【107-1模擬專二】

解析▶ (D)金屬托盤表面易留下指痕及刮痕。

(　　)11. 英俊挺拔又帥氣的服務生以單手持托服務全場，有關「單手托法」之敘述，下列何者錯誤？　(A)左手手臂成90度角，掌心向上、五指張開，手掌放在托盤底部的正中央　(B)托盤靠近腰際之間，再以右手拇指握住托盤邊緣幫助穩固　(C)運送雞尾酒，多將托盤放於胸前　(D)在人多或動線狹窄的地方，可將托盤放於人中與胸前之間。　　　　　　　　　【107-3模擬專二】

解析▶ (D)在人多或動線狹窄的地方，可將托盤放於肩部與頭部之間。

 解答

8. B　　9. D　　10.D　　11.D

( )12. 下列哪一種托盤的操作方式可能出現於宴會、西餐、客房餐飲服務等服勤的過程中，而且有時會搭配服務架使用？ (A)上肩托高搬法 (B)單手高姿勢懸空托法 (C)單手低姿勢 (D)雙手托法。 【107-3模擬專二】

解析▶ (B)單手高姿勢懸空托法：多用於人多、動線狹長場合或酒會、(C)單手低姿勢：適合拿重心低、較輕及量少之物品、(D)雙手托法：適合有把手的長托盤，盛裝量多、質重器具。

( )13. 有關托盤的種類與操作，下列何者最不正確？ (A)托盤的材質主要可分為木製、金屬及塑膠等三種，其中塑膠托盤最常被業界選用 (B)托盤的形狀主要可分為圓形、橢圓形及長方形等三種，其中長方形托盤主要是用來將飲料或餐具直接端持到餐桌旁服務顧客 (C)操持托盤時，較高或較重的物品應靠內側或中間擺放，較矮或較輕的物品則靠外側擺放 (D)在賓客較多或動線狹窄的宴會中端送高腳酒杯，應採用高手托的操持方式將托盤提高至胸前或高舉於肩膀上方。 【108-2模擬專二】

解析▶ (B)托盤的形狀主要可分為圓形、橢圓形及長方形等三種，其中圓形托盤主要是用來將飲料或餐具直接端持到餐桌旁服務顧客，長方形托盤只能端到服務桌或托盤架上，不可直接服務上桌。

( )14. 進行早餐客房餐飲服務時，通常使用何種托盤及托盤的操作方式？ (A)圓型托盤：單手低手托運 (B)大型銀托盤：雙手托法行走 (C)長托盤：懸空托法 (D)長托盤：靠肩托法。 【109-1模擬專二】

解析▶ (A)圓型托盤：單手低手托運，通常用送酒、水、飲料等，或是端送餐具及小件物品、(B)大型銀托盤：雙手托法行走，通常因為托盤重又大，所以托盤有把手，以提拿方便，用兩手端拿，不適合長距離行走、(C)長托盤：懸空托法，適合托盤上的物品不重時採用，左手的五指張開，托住盤底中央位置、(D)長托盤：靠肩托法，適合托盤上的重量較重時採用，靠於左肩上，左手掌心向前，手掌托住托盤，保持重心平穩，早餐客房餐飲服務通常適合此種托盤及運送方式。

( ) 15. 有關托盤的操作原則，下列敘述何者正確？ (A)橢圓型托盤適用較高級的餐廳，可搭配托盤架一起使用 (B)服務人員持托盤經過人群或狹長走道時，可以左手持托盤於腰際高度，快步疾走，以免碰撞客人 (C)服務咖啡時，糖盅和奶盅置於托盤中央位置，咖啡（已倒好）置於托盤外側，服務

🎯 解答

12.A   13.B   14.D   15.A

時應站立於客人的左側，再以左手遞送給客人　(D)為維持托盤平衡，手臂與手肘應呈90度，手掌要托住托盤底部正中央位置，掌心和托盤一定要完全貼住，不可有空隙。　　　　　　　　　　　　　【109-2模擬專二】

解析▶ (B)經過人群或狹長走道時，可以左手持托盤於肩部與頭部高度，以利穿梭、(C)服務咖啡時，咖啡（已倒好）置於托盤中央位置，糖盅和奶盅置於托盤外側，服務時應站立於客人的右側，先上糖盅和奶盅再服務咖啡、(D)為維持托盤平衡，手臂與手肘應呈90度，手掌要托住托盤底部正中央位置，掌心和托盤要留有空隙。

3-5　上餐與撤餐的持盤技巧

(　　) 1. 關於餐廳服務人員的基本服務技巧，下列敘述何者錯誤？　(A)托盤上方若沒有防滑處理，必須襯以服務巾或專用墊布　(B)摺疊客用口布時，宜採用少接觸、少摺痕的樣式為原則　(C)收拾殘盤的3S處理原則依序為stack、scrape、separate　(D)穿梭於賓客眾多的酒會中，手持放有杯皿的小圓托盤可提高至胸前。　　　　　　　　　　　　　　　　　　　　　【104四技統測專二】

解析▶ 收拾殘盤的3S處理原則，依序應為刮除(Scrape)→堆疊(Stack)→分類(Separate)。

(　　) 2. 有關餐飲服務基本原則之敘述，下列何者正確？　(A)若從顧客左側派送餐點，應以順時針方向服務下一位顧客　(B)餐桌服務切忌與顧客有肢體碰觸，若從顧客左側服勤，應以右手服務　(C)應對已用完餐者，優先完成上菜與殘盤收善服務　(D)服勤倒水應從顧客右側進行，不得跨越顧客面前。

【105-3模擬專二】

解析▶ (A)以逆時針方向服務下一位顧客、(B)若從顧客左側服勤，應以左手服務（遠手原則）、(C)除非顧客有特殊要求，服務員應對同桌顧客同步完成上菜與殘盤收善服務。

(　　) 3. 臺灣目前的餐桌服務種類繁多，然而服務人員在學習基本的餐飲服務方式之前，須了解服務地帶及上菜地帶之正確位置，下列敘述何者正確？　(A)服務地帶是指顧客人中與胸部之間，左邊上菜右腳在前，腳部寬度因人而

🎯 解答

3-5　　1. C　　2. D　　3. B

異　(B)服務地帶是指顧客肩膀與桌角之間，右邊上菜右腳在前，腳步寬度因人而異　(C)上菜地帶是指顧客肩膀與桌角之間，右邊上菜右腳在前，腳步寬度因人而異　(D)上菜地帶是指顧客人中與胸部之間，左邊上菜右腳在前，腳部寬度因人而異。　　　　　　　　　　　　　　【105-5模擬專二】

解析 ▶ 服務地帶（指顧客肩膀與桌角之間）及上菜地帶（指顧客人中與胸部之間）主要是在進行服務中，以免打擾客人及服務動作時或示意讓客人知道我們將進行此項服務之意。

(　　) 4. 有關持盤服務技巧說明，下列何者正確？　(A)上菜可使用手心式可端拿四盤　(B)挾盤式主要以大姆指、食指夾住第一盤，並以中指、無名指及小指托住第二盤　(C)端拿四盤時，可使用左右手各拿兩盤方式，最為安全　(D)收拾餐盤時，使用手腕式第二盤會最為穩固。　　　　【106-1模擬專二】

解析 ▶ (A)上菜使用挾盤式，可端拿四盤、(C)端拿四盤時，可使用左手三盤，右手一盤，最為安全、(D)收拾餐盤時，使用手心式第二盤會最為穩固。

(　　) 5. 下列操持各式托盤的方式，何者正確？　(A)單手低搬法適用於大型托盤的操持，例如：客房餐飲服務時使用　(B)單手高搬法適用於酒會人多時，使用小型托盤進行服務　(C)手持托盤為保穩固，應緊靠腰間，掌心平貼，以維持托盤的平衡　(D)雙手手托法適用於搬運長距離較重、較多的物品時使用。　　　　　　　　　　　　　　　　　　　　　　　　【106-1模擬專二】

解析 ▶ (A)雙手手托及肩托法適用於大型托盤的操持，例如：客房餐飲服務時使用、(C)手持托盤為保穩固，手肘靠近腰間，手指微彎，掌心不可平貼托盤，以維持托盤的平衡、(D)肩托法適用於搬運長距離較重、較多的物品時使用。

(　　) 6. 有關各項基本服務技巧，下列何者錯誤？　(A)進行托盤服務時，先上桌者應放置托盤外側，才能方便拿取　(B)分派清蒸鱈魚時，可使用兩支魚刀代替服務叉匙　(C)摺疊口布時應以簡單乾淨、方便拆摺為要　(D)收拾盤碟的操作順序為Scrape→Separate→Stack。　　　　【106-1模擬專二】

解析 ▶ (D)收拾盤碟的操作順序為Scrape（刮除）→Stack（堆疊）→Separate（分類）。

🎯 **解答**

---

4. B　　　5. B　　　6. D

( ) 7. 有關徒手收拾殘盤的服務技巧，下列敘述何者錯誤？　(A)收拾殘盤應站於客人右後側，順時針操作　(B)拿取第一盤時，左手姆指壓住叉柄，並將餐刀置於餐叉下方，呈打叉狀　(C)第二盤置於手腕上，使用餐刀將殘渣刮到第一盤上　(D)徒手收拾殘盤時，僅能使用手腕式服勤。

【106-1模擬專二】

解析 (D)徒手收拾殘盤時，可使用手腕式及手心式服勤。

( ) 8. 當餐廳外場服務人員需要一次端送四個餐盤菜餚，送至顧客面前時，最有技巧性的端送方法為下列何者？　(A)手腕式　(B)手心式　(C)挾盤式　(D)以托盤運送。　　　　　　　　　　　　　　【107-1模擬專二】

( ) 9. 為顧客收拾殘盤時，服務人員應遵守「三S原則」，請問其操作步驟依序為下列何者？　(A)Scrape→Stack→Separate　(B)Scrape→Separate→Stack　(C)Stack→Scrape→Separate　(D)Stack→Separate→Scrape。

【107-1模擬專二】

解析 刮除(Scrape)→堆疊(Stack)→分類(Separate)。

( )10. 餐廳服務人員上菜時應注意的事項，下列何者錯誤？　(A)最佳上菜地帶為顧客的人中與胸部之間的位置　(B)最佳服務地帶為顧客的肩膀與桌角之間的位置　(C)優先服務女士，再服務男士　(D)賓客中若有年長者與年輕者，優先服務年輕者。　　　　　　　【107-1模擬專二】

3-6　服務叉匙的運用

( ) 1. 使用服務叉、匙派送食物，下列敘述何者正確？　(A)以單手握服務叉、匙時，服務叉應握於下方，服務匙握於上方　(B)用雙手派送較重的食物時，必須以右手握服務叉，左手握服務匙　(C)以單手握服務叉、匙時，不可以叉、匙 面同時朝上的操作方式派送麵包　(D)以單手握服務叉、匙時，無名指的位置是在叉、匙之間。　　　　　　　【101四技統測專二】

解答

7. D	8. C	9. A	10.D	3-6	1. D

( ) 2. 關於服務叉匙的操作，下列敘述何者錯誤？ (A)單手操作時，原則上匙在下方、叉在上方 (B)雙手操作時，以右手持匙、左手持叉為主 (C)分派軟嫩食持時，可以兩支魚刀代替叉匙，分開平握以利鏟取食物。

【104四技統測專二】

( ) 3. 有關服務叉匙操作方式之敘述，下列何者正確？ (A)右叉左匙為雙手操持法，匙下叉上為單手操持法 (B)指挾法是將服務匙夾在中指、無名指及小指間，為中餐廳常用的分菜方法 (C)挾派麵包應從賓客左側以左手操持為之，以符合遠手原則 (D)服務軟嫩餐點（如法式蛋捲），可以兩支餐叉取代服務匙，分開平握鏟取食物。 【106-2模擬專二】

解析 (A)左叉右匙為雙手操持法、(C)以右手操持為之、(D)以兩支魚刀或服務叉分開平握鏟取食物。

( ) 4. 服務叉匙源自英式服務，有關服務叉匙握法的敘述，下列何者正確？甲、雙手持法：右叉左匙；乙、雙手持法：左叉右匙；丙、指夾法：上叉下匙；丁、指握法：下叉上匙 (A)甲、丙 (B)甲、丁 (C)乙、丙 (D)乙、丁。 【107-3模擬專二】

解析 雙手持法：左叉右匙；單手持法（指握法、指夾法）：上叉下匙。

( ) 5.有關服務叉匙的運用，下列何者不正確？ (A)夾取體積較小，例如青豆仁、玉米粒等時，先將服務匙將菜餚鏟起，然後叉齒朝下，壓住菜餚 (B)體積較大，圓形且硬的食物，例如紅蘿蔔、馬鈴薯等，叉齒朝下，服務匙朝上 (C)旁桌服務多以雙手操作分叉匙，左叉右匙 (D)體積較大且柔軟易碎的魚排、恩利蛋，可使用兩支服務叉。 【107-5模擬專二】

解析 (A)夾取體積較小，例如青豆仁、玉米粒等時，叉齒朝上。

( ) 6.有關服務叉匙運用的技巧和原則，下列敘述何者不正確？ (A)青豆仁或玉米這種食材，挾取時服務匙的匙腹從外向內鏟起，再以叉背輕輕壓住菜餚 (B)挾取滷蛋或圓形麵包，服務叉翻轉朝下，利用服務叉匙自然形成的圓形空間，便於挾取 (C)拌合沙拉時，可以左匙右叉的方式雙手操作 (D)挾取魚菲力或恩利蛋時，可使用兩支服務叉或兩支魚叉挾取或鏟取。

【108-2模擬專二】

解析 (C)拌合沙拉時，可以左叉右匙的方式雙手操作。

解答

2. C	3. B	4. C	5. A	6. C

( ) 7. 有關服務叉匙的敘述，下列何者錯誤？ (A)手握式是以匙上叉下的方式將服務叉匙的握柄握於右手掌心來夾取食物，是西餐服務標準的握法 (B)指夾式的操作是將無名指在上，中指及小指在下握住服務匙柄的後段，再將拇指和食指握住服務叉柄的中段來操作，操作的穩定性較手握式高 (C)進行桌邊服務時，不論是烹調、拌合還是夾取菜餚，都應盡量以左叉右匙的方式雙手操作服務叉匙 (D)夾取菜餚時應視食物大小及軟硬變化操作方式，例如夾取大塊圓形食物時，應將服務叉翻面，使叉齒向下。

【108-2模擬專二】

解析 (A)手握式是以叉上匙下的方式將服務叉匙的握柄握於右手掌心來夾取食物，是西餐服務標準的握法。

( ) 8. 有關服務「松露蘑菇起司歐姆蛋」時，下列何種餐具及操作方式不建議服務人員拿來夾取？ (A)單手或雙手皆可操作，兩支魚刀分開平握 (B)單手或雙手皆可操作，兩支服務叉分開平握 (C)單手操作，服務叉在下，服務匙在上 (D)雙手操作，左手拿服務叉、右手拿服務匙。

【109-2模擬專二】

解析 服務叉匙標準握法皆為叉上匙下，且分派歐姆蛋時，因食物柔軟易碎，不建議使用指夾法或指握法來服勤。

🎯 解答

7. A   8. C

04

CHAPTER

RESTAURANT

營業前的準備
作業與營業後
的收善工作

◆━━ 趨 · 勢 · 導 · 讀 ━━◆

本章之學習重點：

餐廳的器具及工作檯的清潔與整理，餐務整理與換場的準備，攸關於下一場餐會是否能順利的進行。能夠有正確的整理流程及順序能夠讓服務場地整潔又乾淨，減少職業的傷害及食品中毒的風險。近年來政府重視環保議題，如何做分類及回收再利用都是目前很重要的課題，所以在統測方面仍然要留意相關的規定。

1. 了解餐廳的器具及工作檯的清潔與整理。

2. 了解餐務整理包含了器具的消毒及保養。

3. 熟悉資源回收的標誌代表不同的意義。

4. 培養正確的環保觀念。

4-1 餐廳環境清潔與整理

一、服務前的準備工作

1. 服務前準備（法文為Mise en Place），英文為「Put in Place / Everything is Ready」，即準備之意(Preparation)。

2. 服務前的準備工作項目包含：

項　目	說　明
餐廳清潔維護 (House Work)	(1) 撢淨天花板和牆壁的灰塵。 (2) 整理裝飾或掛飾物。 (3) 擦亮門窗、玻璃及手柄。 (4) 清潔桌椅，使之光亮、無塵，並擺放整齊。 (5) 清潔地面為營業前準備工作的結束。 (6) 營業開門前由現場主管再次詳細檢查，使之符合衛生、清潔又專業的標準狀態。
用餐區準備 (Service Mise en Place) 餐具設備的檢查	(1) 完成營業場地布置。 (2) 準備餐椅。 (3) 鋪設檯布。 (4) 布設餐具。
服務區準備 (Guest Mise en Place) 服務工作檯的整理	(1) 擦拭工作檯。 (2) 將適量的餐具、杯皿放置於工作檯中。 (3) 摺疊口布。 (4) 擦拭餐具、杯皿，並進行分類。 (5) 檢查餐具、器皿。例如：調味料瓶是否足夠。
服務前會議 (Briefing)	(1) 亦為「餐前會報」。 (2) 由領班於服務前30分鐘召開會議，傳菜員、服務員都須參加會議。 (3) 檢查服裝儀容。 (4) 服勤區域與權責的劃分。 (5) 說明當日菜餚、飲料及服勤注意事項。

二、餐廳的清潔與整理

1. 清潔工作程序：從上到下，由裡到外。

2. 餐廳各區域的清潔與整理

區　域	說　　明
場地	(1) 餐廳地面需每日清掃。 (2) 餐廳應徹底清除灰塵或穢物，尤其注意桌、椅底座下之囤積物。清掃、吸塵時之方向，應依照由裡向外之順序；若地面黏有口香糖時，宜先小心刮除後再開始清掃。
設備	(1) 擦拭家具（例如：餐桌、椅），並檢查是否換裝。 (2) 其他設備的清理。 　① 公共電話的擦拭。 　② 空調的定期清洗。 　③ 內外盆景定期澆水。 　④ 依規定張貼與懸掛警示標示，例如：「禁止吸菸」、「逃生口」之指示燈。

三、餐具之清潔與整理

　　餐廳在營業前，須將所需的各種餐具進行清潔與整理，其說明如下：

清潔整理項目	圖　示	說　　明
刀、叉、匙		1. 將洗淨的刀、叉、匙放在墊有乾淨布巾的大托盤上備用，並在爐火上備妥煮沸的熱水及一條淨布。
		2. 攤開淨布，正面朝上，拿起同類之餐刀（餐叉或湯匙）放於其上，握緊刀柄（刀刃朝左、叉齒朝上、匙面朝上為原則），移至熱水壺口，以蒸氣薰蒸。
		3. 左手透過淨布握住餐具把柄，右手拿起淨布的另一角擦拭叉齒、匙面、或刀面。右手順勢下滑把柄，來回擦拭把柄，並隨時檢查擦拭之乾淨度。
		4. 擦拭後，乾淨的刀、叉、匙，應分類放置在墊有乾淨布巾的檯面上或抽屜櫃內。

清潔整理項目	圖　示	說　明
碗、盤		1. 淨布攤開，正面朝上，左手拿起淨布的一角；右手拿淨布之另一對角，透過淨布拿起盤子。
		2. 雙手透過淨布以虎口夾穩盤子，轉動餐盤，擦拭盤邊。
		3. 左手透過淨布持穩盤子，右手透過淨布擦拭盤面底。
		4. 延續3.的動作，右手以淨布擦拭盤子背面，同時注意盤底柱及盤邊外緣凹處。
		5. 將擦拭乾淨的餐盤，分類疊放於鋪有乾淨服務巾的檯面上。
杯皿		1. 爐火上備妥煮沸的熱水及一條淨布。將欲擦拭之玻璃杯皿取出，放置於熱水上方，讓蒸氣充滿玻璃杯具。
		2. 以手抓取淨布的左右對角，左手透過淨布拿取杯皿底部，右手透過淨布對角端，將淨布放滿玻璃杯皿內擦拭乾淨。

清潔整理項目	圖　示	說　明
杯皿		3. 以右手大拇指置於杯內,其他四指包覆淨布貼於外杯壁,左右手各以內外不同方向轉動擦拭。
		4. 如擦拭的杯具為高腳杯,要用左手透過淨布將杯皿外壁、杯腳及杯底擦拭乾淨。 5. 對著燈光檢視是否已將杯皿上汙漬去除。

考題推演

(C) 1. 下列何者**不是**服務前會議(Briefing)的內容事項? 　(A)檢查服裝儀容　(B)VIP名單及注意事項　(C)明日食物材料的採購　(D)今日促銷活動。

【93統測－餐飲】

解答 C

解析 說明當日菜餚、飲料及服勤注意事項。

(A) 2. 關於營業前的準備工作,其作業流程順序為何　(A)House Work→Mise en Place→Briefing　(B)Mise en Place→House Work→Briefing　(C)Briefing→Mise en Place→House Work　(D)Briefing→House Work→Mise en Place。

【97統測－餐服】

解答 A

解析 打掃工作(House Work)→餐前準備工作(Mise en Place)→服務前會議(Briefing)。

(C) 3. 有關如何擦拭玻璃杯的方法,下列敘述何者**有誤**? 　(A)準備一桶熱水及專用的布巾　(B)檢視杯子是否有破損　(C)擦拭時左手宜握杯身　(D)擦拭後將杯子舉起向著光源檢查是否乾淨。

【92餐服技競】

解答 C

解析 擦拭玻璃杯時,左手握住杯腳底部分,右手大姆指置於杯內,左右手各以內外不同方向轉動擦拭。

(   ) 4. 下列何工作項目非餐廳營業前之準備工作內容？ (A)餐巾摺疊 (B)場地清潔 (C)檯布鋪設 (D)服務叉匙使用。 【105-2模擬專二】

(解答) D

(   ) 5. 餐廳各工作項目中，下列何者不會直接服務客人？甲、House Work；乙、Room Service；丙、Turn Over；丁、Mise en Place；戊、Reception (A)甲、丙、戊 (B)乙、丙、丁 (C)甲、乙、丙 (D)甲、丙、丁。

【105-2模擬專二】

(解答) D

(解析) 甲、House Work餐廳場地及設備清潔（客人未在場）；乙、Room Service客房餐飲服務；丙、Turn Over 換場（客人未在場）；丁、Mise en Place服務前準備工作（客人未在場）；戊、Reception接待服務。

4-2 工作檯清潔與整理

一、工作檯的介紹

1. 工作檯又稱服務櫃、服務檯(Work Station / Service Station / Service Table / Side Board)。

2. 工作檯具儲存櫃功能，方便服務顧客。

3. 能縮短餐具室與顧客餐桌間的距離，使服務更加快速與順暢。

二、工作檯的清潔與整理

1. 服務櫃擦拭乾淨，再鋪上乾淨的墊布。

2. 將服務櫃上的餐具、用品進行清潔及擦拭的工作，整理於固定的位置。

3. 各種不同大小的盤碟應分類放置，通常置於下層。

4. 水杯及各式酒杯皆分類倒置於杯籃架中。

5. 瓷器類茶杯、咖啡杯及湯杯等則放置在有乾淨墊布的檯面上。

6. 調味料罐，包括了鹽罐、胡椒罐、糖罐、芥末醬、番茄醬、沙拉醬、牛排醬、糖醋醬、檸檬、牛奶等，將容器清洗乾淨後，添補所有的調味料，放置於工作檯上。

7. 準備足夠的菜單、酒單及點心單,同時必須保持乾淨,放在固定的位置上。

8. 餐廳內必須備有不同大小、數量足夠的托盤待用,且托盤須隨時保持清潔。

三、工作檯的擺設

檯面	水壺、奶油、菜單、帳夾、托盤(使用中)	
抽屜	餐刀、叉、匙、筷子、服務叉匙	
上層	玻璃杯類	糖盅、奶盅、佐料瓶(其他)
中層	盤類	瓷杯
下層	檯布、檯心布、口布(布巾類)	服務巾、拖盤(備用)

考題推演

( ) 1. 下列哪一項物品,<u>不是</u>一般餐廳「工作檯」(service station) 的固定必備品? (A)保溫鍋(chafing dish) (B)服務巾(service cloth) (C)辣椒醬(tabasco) (D)餐刀(dinner knife)。 【94統測-餐飲】

解答 ▶ A

解析 ▶ 保溫鍋非工作檯上之固定必備品。

( ) 2. 有關工作檯(Service Station)之清潔及佈置的敘述中,下列正確的有:甲、檯面可放置托盤、水壺及菜單,方便服務客人;乙、抽屜可正面擺放餐叉及餐匙,以節省空間;丙、上層層架分類擺設各式玻璃杯皿,杯口朝下;丁、下層層架上擺放布巾類備品,褶邊朝外,以利清點 (A)甲乙丙 (B)甲乙丁 (C)甲丙丁 (D)乙丙丁。 【105-2模擬專二】

解答 ▶ C

解析 ▶ 乙、抽屜可側立擺放餐叉及餐匙,以節省空間。

( ) 3. 餐廳的服務檯是用來放置經常使用的餐具備品,以方便服務員立即有效率的取用,以提供客人快速的服務,下列選項中的餐具所列出的餐具放置於下圖服務檯相對應的位置上,何者較不適宜? (A)菜單、麵包籃、花瓶及水壺 (B)刀、叉、匙 (C)餐盤、咖啡杯及底盤 (D)布巾、托盤。

【107-2模擬專二】

解答▶ B

解析▶ (B)刀、叉、匙等餐具應放置於抽屜較為適宜，上層櫃應放置玻璃杯類、各式調味罐料等。

( ) 4.下列哪一項物品，不是一般餐廳Service Station 中的固定必備品？(A)Table Knife (B)Dinner Fork (C)Soup Spoon (D)Chafing Dish。

【107-3模擬專二】

解答▶ D

解析▶ (A)Table Knife 餐刀、(B)Dinner Fork餐叉、(C)Soup Spoon圓湯匙、(D)Chafing Dish保溫鍋。

( ) 5. 下列哪項餐具物品通常放在服務員取用備品的工作檯之檯面上方？ (A)水壺 (B)味碟 (C)檯布 (D)骨盤。 【109-1模擬專二】

解答▶ A

解析▶ (B)味碟放在抽屜、(C)檯布放在下層層架、(D)骨盤放在上層層架。

4-3 布巾類整理與準備

　　營業前的布巾類，包含檯布（含檯心布、桌墊及轉檯套）、口布、服務巾三大類，其各類布巾的整理與準備如下：

分 類	說 明
檯布	1. 檯布分為方檯布、長檯布與圓檯布三種。 2. 檢查布巾數量，是否足夠（三條法則：一條使用中、一條送洗、一條備用）。 3. 將不同尺寸檯布摺疊好並分類。
口布	1. 檢查口布數量。 2. 檢視是否有破損及汙垢未清除。 3. 將摺疊好的口布，放置於服務檯內。
服務巾	1. 服務巾不可與口布混用，應以顏色做區分。 2. 服務巾大多為白色。

(　) 1. 檢查檯布之布巾數量時，至少應多少才是足夠的？　(A)1條　(B)2條　(C)3條　(D)10條。

解答▶ C

解析▶ 檢查布巾數量之三條法則：
1條使用中，1條送洗，1條庫存。

(　) 2. 下列客用布巾類別中，每次使用後皆需送洗者為何？　甲、Bed Skirt；乙、Foot Mat；丙、Bed Sheet；丁、Blanket；戊、Down Comforter Cover　(A)甲、丙、丁　(B)乙、丙、丁　(C)乙、丙、戊　(D)丙、丁、戊。

【105-3模擬專二】

解答▶ C

(　) 3. 桌布(Table Cloth)是餐廳桌面不可或缺的裝飾，可襯托餐具、食物精緻性，增添環境美感，更可減少桌面污損。下列敘述何者正確？　(A)色澤款示多樣，業界多採用淡粉色為主　(B)布邊最適宜的下垂長度以切齊椅面為宜，約60公分　(C)應於Service Mise en Place工作階段完成鋪設　(D)耐洗次數受材質含棉成分與纖維磅數影響，且每桌應有3 套以上備用量。

【106-2模擬專二】

解答▶ D

解析▶ (A)白色為主、(B)布邊最適宜的下垂長度為30公分、(C)檯布鋪設應於Guest Mise en Place（用餐區準備）工作階段完成鋪設。Service Mise en Place：服務區的準備。

4-4 餐務整理與換場工作

一、餐具的清潔與分類

（一）用餐區之清潔及維護

項　目	注意事項
場地設備	1. 餐桌椅的保養與擦拭。 2. 服務櫃的整理。 3. 服務推車的保養。 4. 地板的清潔。 5. 空調系統的定期檢視。 6. 餐廳外圍的清潔維護。 7. 廁所的清潔。
餐具器皿	1. 顧客使用過之餐具器皿應分類、洗淨，並定期保養。 2. 應清點餐具器皿，遇有不足應隨時補充。 3. 髒的布巾應立即送洗。

（二）餐具的分類

1. 清洗前，工作人員應將餐具分類好。

2. 清洗後，餐具應於30分鐘內，送至清潔區，分類放置，以免受到汙染，置物架應標示物品名稱。

＊ 依衛生標準規定，清潔後之餐具，若超過72小時未送至用餐場所，需重新洗滌。

（三）餐具之清理

1. 清洗作業場所應分為三區：

   (1) 汙染區：餐具未清洗的區域。

   (2) 洗滌區：餐具洗滌的區域。

   (3) 清潔區：餐具經洗滌、乾燥後的貯存場所。

（四）餐具洗滌流程

洗滌餐具時，必須符合三槽洗滌法：

洗滌流程	說　明
預洗 (Pre-rinse)	以清水沖洗髒盤，以節省清潔劑與水的用量，縮短清洗的時間。
洗滌（Wash） 第一槽	水溫約 43 ～ 49℃之間，利用洗滌用具將油脂與汙垢清理乾淨。
沖洗（Rinse） 第二槽	以流動的溫水將清潔劑沖洗掉，且出水口應高於水槽滿水位，避免水槽滿水的時候有逆流的現象，造成汙染。
消毒（Sanitize） 第三槽	以熱水（80℃以上）加熱約 2 分鐘，或是以其他**有效消毒方式**消毒餐具器皿。
滴乾水滴 (Let The Air Dry)	最好以烘乾的方式瀝除水滴，勿再使用抹布擦乾，以免再次汙染。

（五）餐具的消毒

消毒法	條　件	餐　具	毛巾、抹布
煮沸殺菌法	100℃之沸水	煮沸1分鐘以上	煮沸5分鐘以上
蒸氣殺菌法	100℃之蒸氣	加熱2分鐘以上	加熱10分鐘以上
熱水殺菌法	80℃以上之熱水	加熱2分鐘以上	－
氯液殺菌法	氯液之餘氯量不得低於百萬分之兩百(200ppm)	浸入溶液2分鐘以上	－
乾熱殺菌法	110℃以上之乾熱	加熱30分鐘以上	－

（六）殘留檢測法

殘留物質	檢驗試劑	殘留物反應
澱粉	碘試劑	呈現藍紫色
油脂	蘇丹試劑	呈現紅色斑點
蛋白質	寧海準試劑	呈現藍紫色
大腸桿菌	歐普氏劑	呈現粉紅色斑點
餘氯測驗	鄰妥立定(OTD)比色法	呈現紅色
除離子界面活性劑ABS	1％花紺(azure A)試液 10％鹽酸溶液、氯仿	呈現藍色

二、廚餘之處理

（一）廚餘的定義

依據我國一般廢棄物回收清除處理辦法(96.5.28)指出：「廚餘：指丟棄之生、熟食物及其殘渣或有機性廢棄物，並經主管機關公告之一般廢棄物。」

（二）廚餘的處理方式

1. 廚餘類廢棄物將以分類回收再利用為最佳處理方式。
2. 為避免廚餘產生臭味，大型旅館的廚餘堆放處多設有走入式冷藏室專門存放廚餘，待廚餘處理單位清運。
3. 廚房廚餘處理的程序為：磨碎→脫水→密封貯存→清運。

（三）廚餘的分類

分　類	說　明
養豬廚餘 （熟廚餘）	1. 水果類：例如未食用的水果及食用後之果核。 2. 蔬菜類：例如葉菜、花菜、地瓜、蘿蔔等根莖類蔬菜。 3. 果仁類：例如核桃仁、瓜子仁等。 4. 米食類：例如各類米糧、白飯、麥片等。
養豬廚餘 （熟廚餘）	5. 麵食類：例如麵條、麵包及各式麵粉製品。 6. 豆食類：例如豆乾、豆腐、豆花、豆渣等各類豆製品等。 7. 肉類：未食用或未烹煮之雞、鴨、魚、肉、內臟、肉乾及動物骨頭等。 8. 零食類：例如餅乾、糖果、巧克力等。 9. 罐頭類：各式罐頭食品內容物。 10. 粉狀類：例如奶粉等各式粉末狀可食用品。 11. 調味類：例如果醬、煉乳等調味料。 12. 其他類：各式過期食品、已酸臭廚餘及動物食品等。
堆肥廚餘 （生廚餘）	1. 果殼類：例如果皮、瓜子殼、花生殼、菱角殼等。（椰子殼、榴槤殼除外） 2. 園藝類：例如花材、樹葉、草本植物之根、莖、葉。 3. 殘渣類：例如蔗渣、茶渣、咖啡渣、中藥渣。 4. 硬殼類：例如蛋殼、貝殼、蟹殼、蝦殼。 5. 其他類：其他無法供人類及動物食用的有機物。

資料來源：臺北市政府環境保護局www.dep.taipei.gov.tw。

（四）廚餘回收的優點

1. 廚餘回收可使垃圾減量，降低垃圾處理成本。
2. 廚餘不混入垃圾中，可減少垃圾中的水分及含氯量，有益於焚化爐的燃燒特性（提高熱值、減少毒性）。

3. 廚餘轉為有機培養土，可做為肥料，施用於綠地，做為養豬飼料，也是一種資源再利用。

三、垃圾之分類

（一）分類垃圾的依據

依據《廢棄物清理法》第12條規定，民眾排出垃圾時，應將垃圾分類為資源垃圾、廚餘及一般垃圾，分別送至資源回收車、垃圾車加掛之廚餘回收桶及垃圾車，如有違反，處理新臺幣1,200～6,000元之罰鍰。

（二）垃圾分類的目標

目　標	說　　明
減量化	垃圾處理需從排出源抑制排出量，或是將其壓扁、絞碎、綑綁等。
資源化	將排出的垃圾中，有利用價值的部分回收再利用。
無害化	垃圾在處理的過程中，要防止產生第二次公害。
安定化	經過焚化或掩埋的垃圾，要能夠達到安定狀態。

三、垃圾分類

垃圾分類	細　分	說　　明
不可回收垃圾	一般垃圾	指無法回收再利用之垃圾，可直接丟入垃圾車。
可回收垃圾	資源垃圾	指可回收加工再度使用之廢棄物，如紙類、鐵類、塑膠類等廢棄物。
	有害垃圾	指特殊環境衛生用藥容器、農藥容器、電池類、日光燈管或其他符合有害事業廢棄物認定標準，並經中央主管機關公告之一般廢棄物。
	大型垃圾	1. 指體積龐大之廢棄家具、修剪庭院之樹枝或經主管機關公告之一般廢棄物。 2. 可利用資源回收專線「0800-085717」－您幫我，清一清。

四、餐廳資源回收之處理

（一）資源回收標誌 代表的意義

1. 資源回收標誌所代表的意義，是基於資源循環再利用、萬物生生不息的精神。

2. 資源回收標誌之式樣跟中文字之「回」字之意，當商品或容器上標示回收標誌，表示民眾須做回收之意。

3. 回收標誌中四個逆向箭頭中，每一個箭頭分別代表，為社區民眾、地方政府清潔隊、回收商品及回收基金四者共同參與資源回收工作。

（二）行政院環保署之垃圾分類政策

1. 行政院環保署推動「全分類、零廢棄」的垃圾分類政策、「垃圾零廢棄」之總體垃圾減量及資源回收等政策，提倡以綠色生產、綠色消費、源頭減量、資源回收、再使用及再生利用等方式，將資源有效循環利用，逐步達成垃圾全回收、零廢棄之目標。

2. 環保5R原則：

5R英文	中　文	說　　明
Reduce	垃圾減量	減少丟棄的垃圾量。
Reuse	再利用、重複使用	重複使用容器或產品。
Repair	再修復	重視維護修理延長原廠物品的使用壽命。
Refuse	拒用非環保產品	拒絕使用無環保觀念的產品。
Recycle	再循環、回收再生	回收使用再生產品。

（三）資源回收分類

類　別	項　目	回收撇步
廢紙	1. 紙類（如報紙、雜誌、書籍、包裝紙、宣傳紙、信封、衛生紙滾筒、月曆、瓦楞紙等）。 2. 紙盒、紙箱（如紙製茶葉罐、紙箱、紙製禮盒等）。 3. 鋁箔包（利樂包）。 4. 紙盒包（如牛奶盒）。 5. 紙餐具。 6. 購物用紙袋。	＊紙類回收前，要先除去塑膠封面、膠帶、線圈、釘書針等非紙類物品。 ＊紙箱或紙盒要先去除塑膠、拆開、壓平後回收。 ＊鋁箔包（利樂包）要先將吸管去除、壓扁後回收。 ＊廢紙餐具要先用水略為清洗後回收。
廢鐵、廢鋁	1. 鐵容器、鐵製品（如食品罐頭、油漆罐奶粉罐、鐵盒、鐵箱、鐵鍋等）。 2. 鋁容器、鋁製品（如飲料鋁罐、鋁盆、鋁門窗外框等）。	＊先倒空容器內之殘餘物，用水略為清洗後回收。

類　別	項　目	回收撇步
廢塑膠	1. 塑膠容器（如寶特瓶、洗髮精瓶、清潔劑瓶、沙拉油瓶、養樂多瓶等）。 2. 塑膠類（含保麗龍）免洗餐具。 3. 保麗龍緩衝材。 4. 塑膠製品（如牙膏軟管、壓克力、塑膠資料夾、保鮮盒、塑膠花盆、塑膠管、塑膠籃架等）。	＊塑膠容器先去除瓶蓋、吸管、倒空內容物、洗淨瀝乾後回收。 ＊塑膠類（含保麗龍）免洗餐具先去除食物殘渣，略加沖洗後再回收。
廢玻璃	1. 玻璃容器（如酒瓶、化妝品瓶罐、牛奶瓶、飲料瓶等）。 2. 玻璃製品（如玻璃杯、玻璃碗、玻璃盤等）。	＊玻璃容器先去除瓶蓋、吸管、倒出內容物、洗淨瀝乾後回收。 ＊玻璃製品先用報紙包好後回收。
廢乾電池	鹼性電池、鋰電池、鎳鎘電池、水銀電池、鎳氫電池、充電電池等（包括手機電池、鈕釦型電池等）。	＊乾電池體積小，且含有害物質，可先收集在回收筒，集中回收。
日光燈管	日光燈管	＊日光燈管易破碎，且含有害物質，可先收集在回收筒，集中回收

資料來源：行政院環境保護署http://www.epa.gov.tw。

＊塑膠材質回收辨識碼圖樣

材　質	產　品	圖　樣	材　質	產　品	圖　樣
聚乙烯對苯二甲酸酯(PET)	俗稱寶特瓶	△1 PET	聚丙烯(PP)	飲料瓶、免洗餐具、微波食品塑膠盒	△5 PP
高密度聚乙烯(HDPE)	塑膠袋（不透明）	△2 HDPE	聚苯乙烯(PS)	養樂多瓶、保麗龍、免洗餐具	△6 PS
聚氯乙烯(PVC)	包裝飲水、塑膠盒、保鮮膜	△3 PVC	其他(OTHER)	奶瓶、水壺、微波食品容器	△7 OTHER
低密度聚乙烯(LDPE)	透明塑膠袋、塑膠膜	△4 LDPE			

（四）資源回收物的回收再利用方法

1. 廢鐵、鋁類及其容器交由鋼鐵廠、熔鋁廠重新冶鍊，再製成鐵製品、鋁錠。

2. 塑膠類及其容器經由塑膠再生廠，製成再生塑膠粒重新使用。

3. 廢玻璃類及其容器交由玻璃廠重新製造玻璃容器再利用。

4. 廢紙及廢紙容器交由紙廠，重新打漿製成再生紙漿。

（　　）1. 關於餐廳廚餘分類與處理的敘述，下列何者正確？　(A)可分成生廚餘與熟廚餘　(B)咖啡沖泡後所產生的咖啡渣是廚餘　(C)餐桌上未食畢的餅乾、巧克力等屬於生廚餘　(D)當天若無法及時清理可常溫妥善儲存，隔天再請業者處理。　　　　　　　　　　　　　　　【110統測－餐旅】

解答▶ B

（　　）2. 下列關於收善餐務的描述，何者錯誤？　(A)廚餘可分為養豬廚餘及堆肥廚餘兩大類　(B)廚餘類廢棄物的最佳處理方法為分類回收再利用　(C)清洗餐具的先後順序為：預洗、沖洗、清洗、烘乾、消毒　(D)收拾餐具器皿時，要掌握「盤在下、碗在上；大盤盛小盤、大碗裝小碗」的原則。

【99統測－餐服】

解答▶ C

（　　）3. 有關餐廳清理廚餘的說明，下列敘述何者錯誤？　(A)廚餘桶應加蓋，以避免孳生蚊蠅　(B)回收廚餘前應先將水分瀝乾，減少其腐敗發臭　(C)丟棄過期食物時，應先將外包裝撕去，再段入廚餘桶中　(D)廚餘收集好後，應立即焚化處理。　　　　　　　　　　　　　　　　　　　【101四技統測專二】

解答▶ C

（　　）4. 在餐廳設備的整理與清潔工作中，下列敘述何者正確？甲、每天檢查熱水瓶及保溫櫃；乙、定期擦拭清洗空調設備的冷氣濾網；丙、定期修剪並擦拭盆栽葉片上的灰塵；丁、每週擦拭公用電話，並準備紙筆；戊、

木質傢俱需每天保養，保持外表光澤　(A)乙丁戊　(B)甲乙丙　(C)甲乙戊　(D)丙丁戊。　　　　　　　　　　　　　　　　　　　【105-1模擬專二】

解答 B

(　　) 5. 餐具的清潔維護如採人工方式洗滌，其正確的清潔步驟依序為何？

甲、Pre-Rinse；乙、Wash；丙、Rinse；丁、Sanitize；戊、Let the Air Dry　(A)甲→乙→丙→丁→戊　(B)甲→乙→丁→丙→戊　(C)乙→甲→丙→丁→戊　(D)乙→甲→丁→丙→戊。　　　　　　　　　　　　　　【105-1模擬專二】

解答 A

解析 甲、Pre-Rinse：預洗；乙、Wash：清洗；丙、Rinse：沖洗；丁、Sanitize：消毒；戊、Let the Air Dry：滴乾。

4-1 餐廳環境清潔與整理

(　　) 1. 關於餐廳在營業前所召開的「服務前會議」之敘述，下列何者正確？　(A)英文稱之為 belifing　(B)向已訂位的顧客做電話確認　(C)主要說明當日餐廳訂席狀況及特殊顧客需求　(D)通常由主廚召開並對服務人員解說今日菜單特色。　　　　　　　　　　　　　　　　【105統測－餐服】

(　　) 2. 下列哪一項代表的意思迥異於其他三者？　(A)daily special　(B)everything is ready　(C)mise en place　(D)put in place。　　【106統測－餐服】

(　　) 3. 餐廳服務人員以左手持餐具，右手持擦拭布擦拭刀、叉、匙時，則刀刃宜朝「　」、叉齒宜朝「　」、匙面宜朝「　」。「　」內依序為：　(A)右、上、下　(B)右、上、上　(C)左、上、下　(D)左、上、上。　　【107統測－餐服】

(　　) 4. 關於餐飲業專業術語的解釋，下列何者正確？甲、Point of Sale：個人銷售技巧；乙、standard operation procedure：標準食譜；丙、mise en place：餐前服務準備工作；丁、briefing：餐前工作會議　(A)甲、乙　(B)甲、丙　(C)乙、丙　(D)丙、丁。　　　　　　　　　　　【100統測－餐管】

(　　) 5. 下列何者不是餐廳briefing的主要作用？　(A)分配工作及責任區域　(B)檢討前一日營業狀況　(C)說明當日促銷菜單與注意事項　(D)於餐廳前列隊迎接第一位顧客光臨。　　　　　　　　　　　　　【100統測－餐服】

(　　) 6. 下列關於餐廳器具或備品之安全、衛生與保養原則的敘述，何者錯誤？　(A)陶瓷類搬運時，通常不宜一次運送過多　(B)布巾類洗滌時，應將深色與淺色分別洗滌　(C)玻璃杯存放時，應將杯口朝上置於杯籃架中　(D)不鏽鋼餐具清洗時，可用醋水浸泡以恢復光亮。　　　　　【100統測－餐服】

(　　) 7. 嘉怡被經理指派擦拭刀、叉、匙，下列注意事項何者正確？　(A)擦拭時需以叉齒、匙面朝上為原則　(B)將待擦拭之刀、叉、匙先行浸泡於冷開水中　(C)需擦拭的餐刀持於左手，以右手持布巾擦拭，擦拭時刀刃必須朝右　(D)選擇使用口布擦拭。　　　　　　　　　　　　　　　　　　【101統測－餐服】

🎯 解答

| 4-1 | 1. C | 2. A | 3. D | 4. D | 5. D | 6. C | 7. A |

( ) 8. 有關餐廳營業前準備工作(Mise en Place)之敘述，下列何者正確？甲、營業前30分鐘由Duty Manager召開Briefing傳達當日注意事項；乙、每張餐桌至少應有三套以上的餐具備品供替換使用；丙、餐具清潔擦拭首要步驟為檢視；丁、Service Station 放置使用頻率高之物品，如菜單、水壺與托盤 (A)甲乙丙　(B)甲丙丁　(C)乙丙丁　(D)甲乙丁。　　　【105-3模擬專二】

解析▶ 甲、由領班(Captain)召開Briefing（營業前會議）。

( ) 9. 關於餐廳器皿的清潔，下列敘述何者正確？　(A)銀器保養的順序應為Soaking→Polishing→Burnishing　(B)擦拭刀、叉、匙，需使用口布擦拭 (C)擦拭玻璃杯之流程為杯身→杯內→杯腳→杯底　(D)餐具擦拭的第一步驟為蒸燻。　　　【105-4模擬專二】

解析▶ (B)需使用服務中擦拭、(C)杯內→杯身→杯腳→杯底、(D)應為「預檢」。

( )10. 關於Mise en Place的工作內容，下列何者不包含？　(A)清潔、維護　(B)服務區準備　(C)垃圾分類及處理　(D)餐前會報。　　　【105-4模擬專二】

解析▶ 垃圾分類及處理為用餐後才做的。

( )11. 餐廳營業前的準備工作(Mise en Place)，有兩種類型，一是服務區內，另一種是用餐區；下列哪一項工作屬於服務區內營業前準備工作(Mise en Place)？　(A)領檯區(Hostess)：清潔整理　(B)備餐區(Pantry)：清潔整理 (C)外場服務櫃(Station)：清潔整理　(D)餐桌擺設(Table Setting)：清潔整理。　　　【105-5模擬專二】

( )12. 佼佼為餐廳主任，在開店迎接顧客前會進行訂席狀況的了解、分配工作區域任務、服儀檢查、傳達公司政令、特殊事件宣導及教育訓練等工作，請問以上工作內容是指哪一項？　(A)Clean Work　(B)Mise en Place　(C) House Work　(D)Briefing。　　　【105-5模擬專二】

解析▶ (A)Clean Work清潔工作、(B)Mise en Place 營業前準備工作、(C)House Work餐中服務工作、(D)Briefing營業前會議簡報。

( )13. 有關營業前準備工作的敘述，下列哪些正確？甲、House Work 包含掃地、拖地、擦玻璃…等清潔工作；乙、擦拭盤子順序：盤底→盤面→盤緣；

🎯 解答
<hr>

8.C　　　9.A　　　10.C　　　11.B　　　12.D　　　13.D

丙、工作檯(Service Station)層板，中層物品擺放各式玻璃杯，杯口需朝下放置；丁、擦拭餐刀應使用口布擦拭，且刀刃朝右；戊、工作檯(Service Station)層板，下層物品擺放各式布巾，擺放時應布邊朝內，方便拿取 (A)甲乙　(B)丙丁　(C)丁戊　(D)甲戊。　　　　【106-1模擬專二】

> **解析**▶ 乙、擦拭盤子順序：盤面→盤緣→盤底；丙、工作檯(Service Station)上層物品擺放各式玻璃杯，杯口需朝下放置；丁、擦拭餐刀應使用服務巾擦拭，且刀刃朝左。

( )14. 下列何者非餐廳外場營業前會議(Bridfing)的工作內容？　(A)檢查服裝儀容及工作分配　(B)傳達促銷活動及今日特餐　(C)訂席狀況及VIP名單　(D)檢討營業狀況及食材成本。　　　　【106-1模擬專二】

( )15. 有關杯具擦拭順序，下列何者正確？甲、雙手拿取擦拭布對角線兩端；乙、左手握杯底，右手擦拭杯子內外；丙、杯口倒置上蒸氣；丁、舉杯向光源處確認是否乾淨；戊、準備熱水及擦拭布；己、拿取杯子，檢視是否破損或髒污　(A)戊甲己丙乙丁　(B)己戊甲丙乙丁　(C)戊甲丁丙乙己　(D)丁戊甲丙乙己。　　　　【106-1模擬專二】

> **解析**▶ 杯具擦拭順序：準備熱水及擦拭布→雙手拿取擦拭布對角線兩端→拿取杯子，檢視是否破損或髒污→杯口倒置上蒸氣→左手握杯底，右手擦拭杯子內外→舉杯向光源處確認是否乾淨。

( )16. 下列有關餐具清潔擦拭技巧之敘述，試依正確先後順序排列之：甲、污漬蒸熏；乙、以右手布巾擦拭盤底；丙、檢視餐具是否破損；丁、左手夾穩盤緣，以右手取布巾正面另一端來回擦拭盤緣；戊、將布巾攤開，以左手抓取布巾正面一角拿取餐盤；己、以右手布巾擦拭盤面　(A)丁丙戊甲乙己(B)丁戊己乙甲丙　(C)丙丁戊己甲乙　(D)丙戊甲丁己乙。　　　　【106-2模擬專二】

( )17. 下列何者是餐廳Mise en Place的工作內容？甲、公共電話應每周消毒乙次；乙、玻璃杯上的口紅印可用熱水浸泡後擦拭乾淨；丙、盤碟擦拭順序：盤緣à盤面à盤底；丁、Cutlery應分類擦拭乾淨，並側立擺放　(A)丙、丁　(B)乙、丙　(C)乙、丁　(D)甲、丙。　　　　【106-3模擬專二】

> **解析**▶ 甲、應每日消毒；乙、需用清潔劑清洗。

🎯 解答

14.D　　15.A　　16.D　　17.A

(ㅤ)18. 有關餐廳營業前準備工作要項之敘述，下列何者正確？甲、日常清潔維護工作，每日至少執行三次；乙、營業前30 分鐘宜由Head Waiter召集相關人員進行Briefing；丙、遵循三P 原則進行賓客帶位服務；丁、檢視布巾有無破損，如有污漬殘留，以水氣蒸濕再行擦拭；戊、確認食材物料採購品項 (A)甲乙丙丁　(B)丙丁戊　(C)甲乙　(D)甲乙丙丁戊。

【106-4模擬專二】

解析▶ 乙、Head Waiter指領班，Briefing指服務前準備會議。

(ㅤ)19. 下列何者不是營業前的準備工作？ (A)House Work　(B)Mise en Place (C)Briefing　(D)Tear down。　　　　　　　　　　　【106-5模擬專二】

解析▶ (A)House Work：餐廳清潔與整理、(B)Mise en Place：服務準備、(C)Briefing：召開營業前的會議、(D)Tear down：收拾工作。

(ㅤ)20. 下列何者不是餐桌佈置的衛生安全原則？ (A)確保餐桌與餐椅的穩固與安全　(B)餐桌上宜擺放鮮花以增加用餐氣氛　(C)餐具應持光亮與潔淨　(D)檯布與口布應保持乾淨並經常換洗。　　　　　　　【107-1模擬專二】

解析▶ (B)屬於整齊美觀的原則。

(ㅤ)21. 有關營業前的準備工作項目與工作內容之說明，下列何者錯誤？ (A)House work：指餐廳的清潔工作，包括場地與設備的清潔　(B)Service Mise en Place是指服務區的準備，例如：餐具、布巾整理及餐桌擺設　(C)Guest Mise en Place 是指用餐區的準備，例如：檯布舖設及口布摺疊　(D)Briefing：是指餐前會報，包括工作檢核、服務前會議、訂位確認。

【107-5模擬專二】

解析▶ (B)Service Mise en Place是指服務區的準備，例如：餐具、布巾整理及工作檯的清潔與整理，而餐桌擺設是屬於Guest Mise en Place，是指用餐區的準備。

(ㅤ)22. 下列何者不屬於House Work 的工作項目？ (A)餐具擦拭　(B)廁所清潔 (C)地面、家具的清潔　(D)員工休息室清潔。　　　【108-1模擬專二】

解析▶ House Work是指餐廳的清潔工作，包含餐具擦拭、布巾清潔整理、家具清潔、地面清潔、廁所清潔等。

🎯 解答

18.C　　19.D　　20.B　　21.B　　22.D

(　　)23. 下列何者不屬於Guest Mise en Place的工作項目？　(A)服務檯備品補充
(B)鋪設檯布　(C)準備酒水　(D)檢查訂席紀錄，調整桌椅形式等。

【108-1模擬專二】

解析 ▶ Guest Mise en Place 是指用餐區準備，而服務檯備品補充是屬於服務區準備
(Service Mise en Place)的工作項目。

(　　)24. 小華是新進的餐廳服務員，正在學習正確擦拭盤碟的步驟，下列何者為正
確的順序？甲、擦拭盤碟背面；乙、雙手轉動盤碟，先擦盤，再擦盤子的
外緣；丙、右手拿取布巾的另一角，握住盤緣；丁、準備一桶熱水及擦拭
盤碟的專用布巾　(A)丁→丙→乙→甲　(B)丁→乙→丙→甲　(C)丁→甲→
丙→乙　(D)丁→丙→甲→乙。　　　　　　　　　　　【108-5模擬專二】

4-2　工作檯清潔與整理

(　　) 1. 下列品項何者原則上不適合放置於餐廳外場的 service station？甲、chafing
dish；乙、condiments；丙、toothpaste；丁、toothpick holder　(A)甲、乙
(B)甲、丙　(C)乙、丙　(D)丙、丁。　　　　　　　　　　【108統測－餐服】

(　　) 2. 關於餐廳營業前準備工作之敘述，下列何者正確？甲、餐廳洗手間、桌椅
及牆面之清潔，都屬於營業前的準備工作；乙、briefing 是餐廳營業前會
議，目的為說明當天注意事項及工作分配等；丙、餐具在擦拭前應先行分
類，若留有水漬可取熱水浸泡或以水氣蒸濕後擦拭之；丁、餐廳工作檯物
品放置，最上層可放置菜單、水壺與檯布；下層櫃子放置刀、叉等餐具
(A)甲、乙、丙　(B)甲、乙、丁　(C)甲、丙、丁　(D)乙、丙、丁。

【102統測－餐服】

(　　) 3. 下列何項物品最不適合放置於餐廳service station的抽屜內？　(A)味碟
(B)水杯　(C)刀、叉　(D)筷子。　　　　　　　　　　【104統測－餐服】

(　　) 4. 餐廳服務人員進行服勤前準備時，下列何者不會擺放於service station？
(A)blanket　(B)bread basket　(C)menu　(D)napkin。　【110統測－餐服】

🎯 **解答**

23.A　　24.A　　4-2　　1. B　　2. A　　3. B　　4. A

4-3 布巾類整理與準備

(　) 1. 下列有關布巾管理的敘述，何者<u>錯誤</u>？　(A)布巾的含棉成分與磅數會影響其耐洗次數　(B)布巾屬於消耗品，須確實盤點以了解使用狀況　(C)管衣間的收發原則是後進先出，以免庫存過量　(D)布巾送洗前須清點、分類以及檢查是否破損，並填寫送洗單。　　　　【98統測－餐服】

(　) 2. 檯布在使用過後要　(A)翻面後可繼續使用　(B)等顧客抱怨後再換洗　(C)拆下送洗，以期有乾淨的桌面提供給顧客　(D)不知道，看老板怎麼說。

(　) 3. 有關服務巾之敘述，下列何者錯誤？　(A)服務太燙的餐盤時，可供運用　(B)服務員平時可掛在左手腕上，待命之　(C)服務員如流汗時亦可使用　(D)服務酒水時，可加以使用防止滴落桌面上。　　　　【92餐服技競】

(　) 4. 服務人員在為客人服務添加冰水時，常用下列何種布巾？　(A)客用口布　(B)擦拭布巾　(C)服勤口布　(D)觀賞口布。　　　　【96統測－餐服】

4-4 餐務整理與換場工作

(　) 1. 如發現餐具出現小破損時，服務員的態度應該是：　(A)小缺口沒關係　(B)為避免藏污納垢或傷害客人，應立即停止使用　(C)愛物惜物，還是會繼續使用　(D)等它出現大缺口時才停用。　　　　【餐飲服務丙檢】

(　) 2. 手洗餐具時，應選用何種清潔劑？　(A)弱酸　(B)中性　(C)酸性　(D)鹼性清潔劑。　　　　【餐飲服務丙檢】

(　) 3. 有關消毒餐具的有效殺菌法說明，下列敘述何者錯誤？　(A)100°C之熱水，加熱1分鐘以上　(B)110°C以上之乾熱，加熱30分鐘以上　(C)80°C以上之熱水，加熱2分鐘以上　(D)100°C之蒸氣，加熱1分鐘以上。

【101四技統測專二】

(　) 4. 關於人工清洗餐具之洗滌方式與流程，下列敘述何者正確？　(A)消毒的方式有煮沸殺菌法、熱水殺菌法、乾熱殺菌法及氯氣殺菌法等共四種　(B)洗滌流程依序為刮除髒物→預洗→沖洗槽→洗滌槽→消毒槽→烘乾　(C)消毒

| 4-3 | 1. C | 2. C | 3. C | 4. C | 4-4 | 1. B | 2. B | 3. D | 4. D |

過的餐具經烘乾後，可用抹布加以擦拭，以確保餐具完全乾燥　(D)清潔後的餐具若未在72小時內送抵用餐場所，應予重新洗滌。

【105四技統測專二】

(　　) 5. 關於餐具之清潔，下列敘述何者錯誤？　(A)中性洗潔劑可用於餐具之清潔　(B)弱鹼性洗潔劑可用於餐具之清潔　(C)洗碗機中加入乾精有助於碗盤之乾燥　(D)三槽式的人工洗滌設備以沖洗槽的水溫度最高。　【106四技統

(　　) 6. 關於餐具清潔後的殘留物質檢驗配對，下列何者錯誤？　(A)澱粉：碘試液　(B)油脂：蘇丹四號試液　(C)清潔劑ABS：寧海俊試液　(D)大腸桿菌：大腸桿菌檢查試。　【107四技統測專二】

解析 (C)清潔劑ABS：氯仿。

(　　) 7. 關於廚餘的敘述，何者正確？　(A)生廚餘，供作養豬；熟廚餘，供作堆肥　(B)廚餘含水分鹽分均高，不適合焚化處理　(C)餐廳的廚餘回收前應先以磨碎機處理過　(D)國內各縣市對廚餘的分類有統一的認定標準。

【100餐服技競】

(　　) 8. 下列何者不是回收廚餘的處理方式？　(A)掩埋　(B)施肥　(C)餵豬　(D)丟棄。　【100餐服技競模擬】

(　　) 9. 下列關於餐廳廚餘處理的敘述，何者錯誤？　(A)可分為堆肥廚餘（生）及養豬廚餘（熟）　(B)收集時須先將水分瀝乾，減少其腐敗發臭　(C)指丟棄之生、熟食物及其殘渣或有機性廢棄物　(D)不適於以分類回收再利用方式處理，較適於焚化處理。　【100四技統測專二】

(　　)10. 下列何項設備能有效分離污水中之油脂，避免污水直接排入下水道？　(A)鐵胃槽　(B)截油槽　(C)垃圾壓縮機　(D)廚餘處理器。　【103四技統測專二】

解析 截油槽能有效分離污水中之油脂，避免污水直接排入下水道。

(　　)11. 關於資源垃圾分類及回收方式，下列敘述何者錯誤？　(A)回收紙箱時不拆開，也不除去膠帶、訂書針　(B)回收玻璃容器先用報紙包好，以免清潔人員受傷　(C)廢鐵鋁類應倒空容器內的殘餘物，用水清洗後再回收　(D)塑膠容器除去瓶蓋和外包裝後，洗淨瀝乾再回收。　【100餐服技競模擬】

🎯 解答

5. D	6. C	7. B	8. B	9. D	10.B	11.A

（　）12. 垃圾減量5R原則中，「refuse」代表何意？　(A)廢棄物減量　(B)重複使用 (C)拒絕使用　(D)回收再生。　　　　　　　　　　　【102四技統測專二】

解析 (A)廢棄物減量reduce、(B)重複使用reuse、(D)回收再生recycle。

（　）13. 下列何者不是垃圾處理之環保5R原則之一？　(A)Recycle　(B) Reduce (C)Repairl　(D)Replace。　　　　　　　　　　　　【104四技統測專二）

解析 環保5R：Reduce（減量）、Reuse（再利用）、Recycle（循環使用）、 Refuse（拒用）、Repair（修復）。

（　）14. 有關資源回收的4R，下列何者不是？　(A)Reduction　(B)Released　(C) Recyclel　(D)RegenerationTreatment。　　　　　　　　【105餐服技競】

解析 (B)Released發布。資源回收的4R：減量(Reduction)、再利用(Reuse/ Regeneration Treatment)、循環使用(Recycle)、拒用(Refuse)。

（　）15. 塑膠分類回收標誌所代表的意義為何？　(A)雨衣、保鮮膜　(B)塑 膠餐盤、杯子　(C)塑膠提袋、果汁瓶　(D)寶特瓶。　　【105餐服技競】

解析 為PET（聚乙烯對苯二甲酸酯），如寶特瓶、清潔劑瓶、洗髮劑瓶等。

（　）16. 關於各類資源回收的處理方式，下列敘述何者正確？　(A)廢紙餐具如便當 盒，不需用水略微清洗即可回收　(B)寶特瓶宜先去除瓶蓋、吸管、倒空內 容物，清洗瀝乾後回收　(C)塑膠光面的紙張、複寫紙、衛生紙及尿布等皆 可當廢紙類回收　(D)乾電池及鋰電池等廢電池因體積小，可以直接丟入垃 圾桶清運掉。　　　　　　　　　　　　　　　　　　【108四技統測專二】

解析 (A)廢紙餐具如便當盒，需用水清洗才回收；(C)塑膠光面的紙張、複寫紙、衛 生紙及尿布等，非紙類不可回收；(D)乾電池及鋰電池等廢電池應集中回收。

（　）17. 餐廳使用不銹鋼餐具主要是為了符合垃圾減量5R中的哪一項原則？　(A) recycle　(B)refund　(C)repair　(D)euse。　　　　【109四技統測專二】

解析 (A)recycle循環使用、(B)refund退還、(C)repair修復非環保產品、(D)reuse再 利用。

🎯 **解 答**

12.C　　13.D　　14.B　　15.D　　16.B　　17.D

( )18. 「洗杯機」專用於洗滌玻璃杯、咖啡杯及茶杯等，可避免與餐具一起洗滌而沾染油汙的問題，請問洗杯機適宜的洗滌水溫約為幾度？　(A)40~50°C (B)50~60°C　(C)60~70°C　(D)70~80°C。

【105-1模擬專二】

( )19. 有關資源回收的處理方式，下列何者錯誤？　(A)資源回收和塑膠回收皆須標示回收標誌　(B)餐廳烹調後的廢食用油可用來製作肥皂　(C)廚餘回收流程為：磨碎→密封→脫水→貯存→清運　(D)寶特瓶材質PET耐熱度不高，不適合重覆使用(Reuse)，建議回收再利用(Recycle)。

【105-2模擬專二】

解析 (C)廚餘回收流程為：磨碎→脫水→密封→貯存→清運。

( )20. 有關餐具及抹布的有效消毒方法，下列敘述何者錯誤？　(A)抹布消毒110°C以上乾熱法，加熱30分鐘以上　(B)餐具消毒100°C以上蒸氣2分鐘以上　(C)抹布消毒100°C以上蒸氣10分鐘以上　(D)餐具消毒100°C以上沸水1分鐘以上。 【105-2模擬專二】

解析 (A)餐具消毒110°C以上乾熱法，加熱30分鐘以上；抹布無法使用乾熱消毒法進行消毒。

( )21. 有關餐廳餐務作業執行之敘述，下列何者錯誤？　(A)以「乾熱殺菌法」消毒抹布殺菌溫度應達110°C，加熱30分鐘以上　(B)餐具洗滌風乾後，應存放於「清潔區」　(C)為檢測餐具是否殘留澱粉，可使用碘試液檢驗　(D)廚餘因含水率高，不宜焚化處理，宜採「磨碎→脫水→密封貯存→清運」程序處理。 【105-3模擬專二】

解析 抹布宜使用「煮沸殺菌法」加熱5min以上，或「蒸氣殺菌法」加熱10 min以上消毒。

( )22. 各大連鎖飲料店，相繼推出環保瓶可減2~15元不等，鼓勵消費者重複使用環保瓶的概念，請問是符合環保5R下列哪一項？　(A)Reduce　(B)Reuse (C)Repair　(D)Refuse。 【105-4模擬專二】

解析 (A)減量、(B)重複使用、(C)再修復、(D)拒絕使用。

🎯 解答

| 18.C | 19.C | 20.A | 21.A | 22.B |

（　）23. 關於餐廳廁所清潔維護之敘述，下列何者錯誤？　(A)按表訂時間清潔，工作人員每半小時巡視一次，清潔無誤後於清潔巡查表上簽名確認　(B)警語告示牌應有中英文標示　(C)使用菜瓜布刷洗馬桶、洗臉檯等　(D)打掃前，先將廁所門打開，再開始清掃。　　　　　　　【105-4模擬專二】

（　）24. 在一般國際觀光旅館的組織下，下列哪一個部門會對外進行食品安全抽驗、與協助餐廳中落實器具清潔保養及派遣廚房洗碗員之工作？　(A)餐飲部F&B／餐務Steward　(B)人力資源部HR／餐務Steward　(C)財物部FD／餐務Steward　(D)工程部ED／餐務Steward。　　　　　　　【105-5模擬專二】

解析▶ 餐務部門Steward 是為支援補給單位。

（　）25. 有關使用洗碗機的敘述，下列何者較不恰當？　(A)預洗的過程餐具最好直立豎放於籃框內　(B)採用輸送帶式洗碗機，大多使用在如宴會廳當中　(C)使用洗碗機可以節省清洗力道，達殺菌效果　(D)為節省清洗、省水之過程，可以將所有器皿一併放入洗碗機內。　　　　　　【105-5模擬專二】

（　）26. 落實營業前準備工作(Opening Duty)執行，有助於餐廳營業狀況的穩定性。下列敘述何者正確？甲、餐具檢視有水痕可取熱水浸泡或蒸氣蒸熏，並以刀刃朝左，叉齒、匙面朝上方式擦拭；乙、Side Board 最上層可放置菜單、冰水壺與托盤，抽屜層放置刀、叉餐具；丙、洗手間、餐桌椅及牆(地)面之清潔屬於Mise en Place工作範圍；丁、Briefing內容包括人員服儀檢查、當日菜單說明、精神勉勵等　(A)甲、乙、丙　(B)甲、乙、丁　(C)甲、丙、丁　(D)乙、丙、丁。　　　　　　　　　　　　　　　【106-2模擬專二】

解析▶ 乙、Side Board 工作檯；丙、洗手間、餐桌椅及牆（地）面之清潔屬於營業前清潔工作(House Work)；丁、Briefing服務前會議。

（　）27. 餐廳布巾沾附有顧客嘔吐物，清洗時如採用沸水煮沸消毒，所費時間為何？　(A)2分鐘　(B)5分鐘　(C)10分鐘　(D)30分鐘。　【106-2模擬專二】

（　）28. 有關餐廳餐務作業處理須知之敘述，下列何者正確？　(A)廚房需設置截油槽分離污水油脂，並以先行磨碎瀝乾水分，再密封貯存方式清運廚餘　(B)洗淨餐具應存放於清潔區，48小時內未送至用餐場所，應重新洗滌　(C)不

🎯 **解答**

23.C　　24.A　　25.D　　26.B　　27.B　　28.A

論是人工或機械化洗滌，洗滌槽都需具有60°C 以上含洗潔劑之熱水　(D) 檢視餐具或食物容器是否殘留脂肪，可以寧海俊(Ninhydrin)試液檢測。

【106-2模擬專二】

解析▶ (B)72小時內未送至用餐場所，應重新洗滌、(C)洗滌槽需具43°C～49°C 以上含洗潔劑之熱水、(D)以蘇丹試液檢測。

( )29. 有關餐廳處理廚餘時的注意事項，下列何者錯誤？　(A)由餐務部負責管理　(B)廚餘水分含量高，僅適合掩埋處理　(C)蝦蟹貝類屬於不可餵食廚餘，應小心處理不可作為熟廚餘　(D)廚餘設備多以磨碎和脫水的方式減少體積。　　　　　　　　　　　　　　　　　　　　【106-3模擬專二】

解析▶ (B)廚餘不適合焚化及掩埋處理。

( )30. 消費者對於環保意識抬頭，能夠了解塑膠經過燃燒而產生戴奧辛的材質是：　(A)PET，例如：寶特瓶　(B)PVC，例如：保鮮膜　(C)PP，例如：布丁盒　(D)HDPE，例如：鮮奶瓶。　　　　　　　　【106-3模擬專二】

解析▶ (A)PET，容器過熱或長期使用可能會釋出致癌物、(B)PVC，許多國家禁止使用，因焚化後易產生戴奧辛、(C)PP，耐高溫，常製成免洗餐具、(D)HDPE，耐熱度高，常見於塑膠袋。

( )31. 有關資源回收處理方式，下列敘述何者正確？　(A)廢食用油經回收後可製成肥皂　(B)紙類製品滴到醬汁可回收製成再生紙　(C)常見可回收再利用的物品有廢電池、塑膠袋　(D)免洗餐具常見的材質有塑膠、玻璃及保麗龍，交由專門機構回收。　　　　　　　　　　　　　　【106-3模擬專二】

解析▶ (B)紙類回收須保持紙張乾淨，不可有醬汁油漬、(C)廢電池含重金屬需回收處理，塑膠袋屬於垃圾、(D)免洗餐具為紙類、塑膠、保麗龍。

( )32. 有關餐廳餐務作業之敘述，下列何者錯誤？甲、 塑化類產品燃燒或遇高溫會產生戴奧辛有毒氣體，配合政府規定全面禁用；乙、廚餘水分、鹽分含量均高，宜先磨碎脫水後再焚化處理；丙、重視各類器皿維護保養，延長使用期限，即符合環保5R 原則之Recycle；丁、清洗保養Chinaware餐具，宜使用專用之菜瓜布或鋼刷清理；戊、人工洗滌程序為：Scrape→Separate→Stack→Pre-rinse→Wash→Rinse→Sanitize→Air-dry　(A)甲乙丙丁　(B)乙丙丁戊　(C)甲丁戊　(D)乙丙戊。　【106-4模擬專二】

🎯 **解答**

29.B	30.B	31.A	32.A

解析 甲、禁用 塑化類產品，燃燒或遇高溫會產生有害人體及破壞臭氧層的戴奧辛；乙、廚餘水分、鹽分含量均高，不宜焚化處理；丙、環保5R原則：Reduce 減少丟棄之垃圾量、Reuse重複使用容器或產品、Repair：重視維修保養，延長物品使用壽命、Refuse：拒用無環保觀念產品、Recycle：回收使用再生產品丁、Chinaware 餐具不宜使用菜瓜布或鋼刷清理；戊、Scrape刮除→Separate分類→Stack堆疊→Pre-rinse預洗→Wash清洗→Rinse沖洗→Sanitize消毒→Air-dry烘乾。

( )33.下列哪些廢棄物品必須進行資源回收時，需要通知地方清潔隊另行安排回收時間及地點？甲、手機；乙、電腦；丙、日光燈；丁、輪胎；戊、乾電池；己、酒瓶　(A)甲乙丙丁戊　(B)甲乙丙丁　(C)乙丙丁　(D)乙丁。

【106-5模擬專二】

解析 體積較大的資源回收，需要通知地方清潔隊另行安排回收時間及地點，如廢棄輪胎、家電、資訊物品等。

( )34.下列哪一個標誌不會出現在礦泉水寶特瓶包裝上？　【106-5模擬專二】

(A)　　　　　　(B)　　　　　　(C)　　　　　　(D)

解析 (A) 寶特瓶包裝標示、(B) 資源回收標示、(C)  健康食品標章市售「健康食品」通過衛福部公告項目與審核標準後，民眾即可於產品包裝上看到「小綠人」的健康食品標章，以確認產品經審查合格，並具有保健功效、(D) 台灣優良食品驗證制度產品標章。

( )35.玻璃器皿使用一段時間後表面會產生一層薄霧，請問使用多少比例的醋和溫水混合溶液清洗最為恰當？　(A)1：1　(B)1：2　(C)1：3　(D)1：4。

【107-1模擬專二】

🎯 解答

33.D　　34.C　　35.C

(　　)36.有關布巾類的整理與準備，下列敘述何者不正確？　(A)熨燙布巾的溫度應保持在100℃～120℃之間　(B)布巾沾到紅酒漬時，可以將鹽加入蘇打水中混合清洗　(C)布巾沾到咖啡漬時，可以將水和硼砂以6：1 混合清洗　(D)不可將檯布與口布拿來作清潔用途使用。　　　　　【107-1模擬專二】

> **解析**▶ (A)熨燙布巾的溫度應保持在150℃～170℃之間。

(　　)37.實習老師小美上台進行教學演示，講解並示範如何正確擦拭餐具，下列哪一個部分，小美老師說明錯誤？　(A)首先，擦拭餐具時，未擦拭之餐具應擺在桌上，並準備一桶熱水及擦拭餐具的布巾進行擦拭，擦拭完成之餐具才擺入鋪上乾淨布巾之托盤　(B)現在老師左手取布巾一角拿取握柄，檢視餐刀有無汙垢或損壞，然後將餐刀置於熱水上方薰蒸　(C)接著，右手取布巾另一端來回擦拭刀刃正、反兩面　(D)同學注意喔，我們在擦拭餐刀時，應將刀刃朝右，以免割傷。　　　　　【107-2模擬專二】

> **解析**▶ (D)在擦拭餐刀時，應將刀刃朝左，以免割傷。

(　　)38. 有關收拾殘盤的方式，可分成托盤或徒手收拾兩種，下列徒手收拾殘盤的方式哪個階段出現錯誤？　(A)於顧客右側，右手收取第一個殘盤：轉身背向顧客，將殘盤遞給左手　(B)左手大姆指壓住餐叉末端（叉齒朝上），右手持餐刀，將菜渣刮至殘盤一端，將餐叉置於餐刀下方，兩者呈十字型(C)將第二個殘盤置於左臂，第二支餐叉平行置於第一支餐刀旁　(D)右手持第二支餐刀，將菜渣刮至第一個殘盤上，將第二支餐刀平行置於第一支餐刀旁。　　　　　【107-2模擬專二】

> **解析**▶ (B)左手大姆指壓住餐叉末端（叉齒朝上），右手持餐刀，將菜渣刮至殘盤一端，將餐刀置於餐叉下方，兩者呈十字型。

(　　)39.下列哪一種塑膠材質回收標誌為聚氯乙烯，此種材質經過焚化後會產生戴奧辛，許多國家禁用？　　　　　【107-2模擬專二】

(A)　　　　　(B)　　　　　(C)　　　　　(D)

PET　　　　 HDPE　　　　 PVC　　　　 LDPE

🎯 解 答

36.A　　37.D　　38.B　　39.C

解析 (A)  ：聚乙烯對苯二甲酸酯，耐熱度不高，過熱及長期使用可能會釋出

致癌物，例如：寶特瓶、食用油瓶、(B) ：高密度聚乙烯，耐熱度高，

市面上一般所見到的塑膠袋即是此材質，例如：塑膠袋、鮮奶瓶、(C)

：聚氯乙烯，此種種材質經過焚化後會產生戴奧辛，許多國家禁用。例如：

保鮮膜、雞蛋盒、(D) ：低密度聚乙烯，以此種材質製成的塑膠袋較

軟，例如：牙膏、洗面乳軟管包裝。

( )40. 我國自91年起推動購物用塑膠袋減量工作（限塑政策），規定量販店、超級市場、連鎖便利商店等7大類約2萬家商店不得免費提供購物用塑膠袋，以養成民眾自備購物袋的習慣。今年更是擴大實施，預計將於2030 年全面禁用。下列何者非限塑政策中禁用的項目？ (A)一次性塑膠吸管 (B)免洗餐具 (C)飲料杯 (D)衛生筷。 【107-2模擬專二】

( )41. 有關餐具之清潔，下列敘述何者錯誤？ (A)鹼性洗潔劑可用於清洗洗碗機、酸性汙垢、蛋白質 (B)弱鹼性洗潔劑可用於餐具之清潔 (C)洗碗機中加入快乾劑有助於碗盤之乾燥 (D)三槽式的人工洗滌設備以沖洗槽的水溫度最高。 【107-3模擬專二】

解析 (D)三槽式的人工洗滌設備以清洗槽的水溫度最高，約43～49度。

( )42. 有關餐具的清潔與儲存，下列敘述何者錯誤？甲、餐具清洗的路徑為：汙染區→洗滌區→清潔區；乙、餐具清洗乾燥後置於暫存區不得超過30分鐘；丙、同尺寸大小的餐具推疊一起，分類放置；丁、清潔後之餐具，若超過36小時未送到用餐場所，需重新洗滌；戊、為節省空間使用，洗淨未乾燥之餐具可重疊放置 (A)甲乙 (B)丁戊 (C)乙戊 (D)丙戊。

【107-4模擬專二】

解析 丁、清潔後之餐具，若超過72 小時未送到用餐場所，需重新洗滌；戊、洗淨未乾燥之餐具不可重疊放置。

 解 答

40.D 41.D 42.B

( )43. 餐飲作業場所可分成污染區、準清潔區及清潔區，請問下列食材、物品或
成品屬於清潔區的有幾種？(1)乾貨、(2)清洗中的餐具、(3)香煎魚排、(4)
外帶餐盒、(5)未烹調的蔬菜、(6)水果拼盤、(7)尚未切片的煙燻火腿　(A)2
種　(B)3種　(C)4種　(D)5種。　　　　　　　　　【107-5模擬專二】

解析 清潔區：是指配膳、裝盤及包裝區，包含香煎魚排、外帶餐盒、水果拼盤；
準清潔區：是指調理區（切割區、烹調區及冷盤區），包含：清洗中的餐
具、尚未切片的煙燻火腿；污染區：是指驗收區、洗菜區、餐具洗滌區及原
料倉庫，包含：未烹調的蔬菜、乾貨。

( )44. 當商品容器上標示如右圖，表示民眾須作回收之意，四個逆向箭
頭代表資源回收四合一制度，下列何者不是箭頭代表的意義？
(A)社區民眾　(B)地方政府　(C)供應商　(D)回收基金及回收商。

【107-5模擬專二】

解析 回收四合一制度是指社區民眾、地方政府、清潔隊、回收商及回收基金。

( )45. 有關「Mise en Place」的敘述，下列何者不正確？　(A)擦拭盤類餐具時應
以左手取布巾一角拿取盤緣，再以右手取布巾另一端來回擦拭盤緣　(B)擦
拭餐椅時應由上往下，依序擦拭椅面、椅背及椅腳　(C)工作檯的清潔步驟
為：移開餐具備品à擦拭清潔à鋪上乾淨墊布à放回餐具備品　(D)工作檯的
餐具備品以拿取方便為原則擺放，玻璃杯皿應分類擺放於下層層架。

【108-2模擬專二】

解析 (D)工作檯的餐具備品以拿取方便為原則擺放，玻璃杯皿應分類擺放於上層層
架。

( )46. 有關餐廳內可能產生的廢棄物，下列何者屬於不可回收的垃圾？　(A)員工
制服　(B)陶瓷製品　(C)牛奶罐　(D)電冰箱。　　　【108-2模擬專二】

解析 陶瓷製品屬於不可燃性垃圾，亦不可回收。

( )47. 在餐廳服務中，服務人員為顧客收拾殘盤時需運用3S 處理原則，其操作順
序應為何？　(A)Separate→Stack→Scrape　(B)Separate→Scrape→Stack
(C)Stack→Scrape→Separate　(D)Scrape→Stack→Separate。

【108-3模擬專二】

解析 Scrape：刮除、Stack：堆疊、Separate：分類。

🎯 解答
··

43.B　　　44.C　　　45.D　　　46.B　　　47.D

( )48. 有關垃圾減量的5R 原則,其中「Refuse」是指　(A)廢棄物減量　(B)修復　(C)拒絕使用　(D)再利用。　　　　　　　　　　　　　　　　　【108-3模擬專二】

　　解析 Reduce:廢棄物減量、Reuse:再利用、Repair:修復、Refuse:拒絕使用、Recycle:回收再生。

( )49. 有關服務員在餐具清潔之敘述,下列何者正確?甲、服務員擦拭餐具過程,不需更換過濕或已髒汙之布巾;乙、服務員擦拭餐具前,應檢視有無破損或髒汙;丙、服務員拿取刀叉匙時,應握持刀刃、叉齒或匙面;丁、服務員在擺設餐具時,為確保衛生,拿取杯子以杯腳或杯底為主　(A)甲乙　(B)乙丙　(C)丙丁　(D)乙丁。　　　　　　　　　　　　　　　　【108-4模擬專二】

　　解析 甲服務員擦拭餐具過程,需要更換過濕或已髒汙之布巾,避免餐具二次汙染 丙服務員拿取刀叉匙時,應握持刀柄,避免碰觸刀刃、叉齒或匙面。

( )50. 有關「餐具有效殺菌法」之敘述,下列何者錯誤?　(A)煮沸殺菌法（100°C以上之熱水）:毛巾、抹布加熱5分鐘以上　(B)乾熱殺菌法（110°C以上之乾熱）:毛巾、抹布加熱30分鐘以上　(C)熱水殺菌法（80°C以上之熱水）:餐具加熱2 分鐘以上　(D)蒸氣殺菌法（100°C以上之蒸氣）:餐具加熱2分鐘以上。　　　　　　　　　　　　　　　　【108-4模擬專二】

　　解析 (B)乾熱殺菌法（110°C以上之乾熱）:餐具加熱30分鐘以上。

( )51. 有關餐具擦拭的步驟說明,下列哪一個步驟的做法較不適當?步驟一:左手取布巾一角拿取握柄,檢視餐刀有無污垢或損壞、步驟二:開始進行餐具消毒及殺菌,因此將餐刀放入熱水中浸泡,以達功效、步驟三:右手取布巾另一端,來回擦拭餐具刀刃正、反兩面後,再將餐刀換至右手,再以左手取布巾擦拭刀柄、步驟四:擦拭完畢後,放置在鋪有乾淨布巾的托盤內,再送到服務檯或備餐室備用　(A)步驟一　(B)步驟二　(C)步驟三　(D)步驟四。　　　　　　　　　　　　　　　　【109-1模擬專二】

　　解析 (B) 將餐刀置於熱水上方薰蒸即可,若太髒時,則直接浸入熱水後再擦拭,但浸入熱水並不是為了消毒或殺菌。

( )52. 有關餐務作業的敘述,下列何者正確?　(A)清洗作業場所,可區分為汙染區、洗滌區和清潔區,其中未洗滌的餐具放於洗滌區　(B)機器清洗餐具的

🎯 **解 答**

| 48.C | 49.D | 50.B | 51.B | 52.D |

順序為：pre-rinse→rinse→wash→sanitize→air-dry　(C)最有效的廚餘處理方式為焚化，可以有效控制戴奧辛的排放　(D)依據衛福部公告之「餐具清洗良好作業指引」，洗淨後餐具置於暫存區不得超過30分鐘，應立即送至清潔區放置。 　　　　　　　　　【109-2模擬專二】

解析▶ (A)未洗滌的餐具放於汙染區、(B)機器清洗餐具的順序為：pre-rinse（預洗）→wash（洗滌）→rinse（沖洗）→sanitize（消毒）→air-dry（烘乾）、(C)最有效的廚餘處理方式為磨碎後脫水，再密封儲存、清運。

(　　)53. 為減少一次用塑膠吸管之使用，環保署公告「一次用塑膠吸管限制使用對象及實施方式」，規定政府部門、學校、百貨公司業及購物中心、連鎖速食店等4類對象，內食餐飲不得提供一次用塑膠吸管，請問，這是符合環保五R的哪一項原則？　(A)Refuse　(B)Repair　(C)Recycle　(D)Reduce。
　　　　　　　　　【109-2模擬專二】

解析▶ 環保五R：Reuse 再利用、Repair 修復、Recycle 再循環、Reduce 減量、Refuse 拒絕使用。

(　　)54. 有關服務前的準備工作，下列何者屬於「Guest Mise en Place」？甲、口布摺疊；乙、餐桌擺設；丙、餐具清洗；丁、地毯清潔；戊、工作檯整理　(A)甲、乙　(B)乙、丙、戊　(C)甲、乙、丙、戊　(D)甲、丙、丁、戊。
　　　　　　　　　【109-2模擬專二】

解析▶ Guest Mise en Place用餐區的準備工作。

(　　)55. 有關餐具擦拭之敘述，下列何者正確？　(A)由飯店餐飲部負責，準備乾淨口布及熱水　(B)若遇到餐具有輕微裂痕，若不嚴重尚可使用，則繼續使　(C)擦拭酒杯時，為防止掉落，拿取時要用力握緊擦乾淨　(D)餐盤先擦拭盤緣，再擦盤面，最後擦拭盤底。　　【109-2模擬專二】

解析▶ (A)餐具擦拭由飯店餐飲部外場服務員負責，準備乾淨服務巾及熱水、(B)若遇到餐具有輕微裂痕，需報廢，不可使用、(C)擦拭酒杯時，因材質較薄，拿取時要用力握緊易造成杯體破損。

 解答

53.D　　54.A　　55.D

CHAPTER 05

RESTAURANT

菜單與飲料單

5-1　菜單定義與種類

5-2　菜單功能與結構

5-3　飲料單、酒單功能與結構

◆─◆─── 趨・勢・導・讀 ───◆─◆

本章之學習重點：

餐廳所營運的型態會影響餐單的形式，不同的餐廳提供不同的服務方式，了解菜單的內容並適時地向客人介紹菜餚特色，並建議搭配的飲料或酒水，都是服務員專業的知識很重要的一環。

在傳統的西餐菜單，上菜順序有許多要注意的地方要熟悉。

1. 認識各式菜單的供餐方式。

2. 了解各類宗教有不同的飲食禁忌。

3. 熟悉菜單的功能與結構。

4. 熟悉菜餚的上菜順序及服務方式。

5. 了解飲料及酒單的飲用原則及搭配。

5-1 菜單定義與種類

一、菜單的意義

1. 菜單(Menu)語源於法文，有「細小」、「小號的備忘錄」之意。

2. 牛津辭典之定義：菜單是在宴會或點餐時，供應菜餚的詳細清單、帳單。

3. 一份完整的菜單，包含：餐點、飲料、服務項目、菜餚價位等，以供顧客點菜。

4. 宴會菜單則是記載餐廳所提供的餐點上菜順序的清單。

二、菜單的源起

菜單的起源有各種不同說法：

國家	說　明
法國	1. 1498年，蒙福特(Hugo de Monford)在家庭宴會上，要求廚師將當日菜名列在羊皮紙上。 2. 1571年於法國貴族婚宴，第一份詳細並有菜餚細目的菜出現。 3. 19世紀末，法國的巴黎人(Parisian)餐廳，將製作精美的菜單，以商業手法介紹給世人。
英國	1541年布朗威克(Brunswick)公爵，於宴客時將廚師的宴會菜餚烹調備忘錄重抄在小紙上。
德國	16世紀威恩斯布魯克(Wayans Brook)公爵，在家宴客時，請廚師向客人說明菜式。
我國	中式菜單最早出現於元末明初的宴會菜單「五果、五按、五蔬、五湯」。係指五種水果類、五種魚和肉類、五種蔬菜類、五種羹湯類。

三、菜單的種類

(一)依供餐的方式分類

分　類	說　明
套餐菜單 (Set Menu / Table d'Hôte Menu)	1. 字義同英文「Table of Host」（主人的桌子）。一般多視為與定食菜單(Set Menu)同義。 2. 指餐廳提供固定價格之單一菜色，顧客不需費神選擇。 3. 依照主菜的種類來決定價格，依序附有開胃菜、湯、沙拉、茶或咖啡、甜點。 4. 多提供於午餐，省時、便宜。

分　類	說　明
單點菜單 (Á La Carte / Selective Menu)	1. 英文為Form the Card，是「從菜單上點菜(Taking Order From the Menu)」之意。 2. 每道菜都分別標價，顧客可自由選擇搭配想要吃的菜。 3. 多用於晚餐，個別化服務。
組合菜單 (Combination Menu / Fixed Price Menu)	在價格不變的基礎下，顧客可在有限的選項中，依自己的需求搭配菜色、符合單點的自主性、方便性，也達成組合式菜單節約成本的功能。
饗客菜單 (Degustation Menu)	1. 是供給事先預訂桌菜的一種服務菜單。 2. 顧客可以參與商討菜單的結構或委由餐廳主廚或經理來推薦菜色，並搭配適合各道菜色之飲料、佐餐酒和餐後飲料等所組成之菜單。
自助式菜單 (Slef-service Menu)	1. 自助餐(Buffet)：是「**一價到底，由你吃到飽**」的方式(All you can eat, all you care to eat)，依人頭計價。 2. 速簡餐(Cafeteria)：依顧客所點的食物種類來計價。 3. 半自助餐(Semi-buffet)：為部分選擇性菜單(Partially Selective Menu)，主菜單點限量，另設沙拉吧、甜點吧，可供顧客自由選擇不限量，多以主菜價格收費。如：我家牛排、貴族世家等。

（二）依餐飲週期分類

分　類	說　明
固定菜單 (Fixed Menu)	1. 亦即是靜態菜單(Static Menu)、標準菜單(Standard Menu)，菜單內容趨於固定，很少變動。 2. 多適用於主題樂園餐廳等，顧客每日更換率高、價位低的餐廳。
循環菜單 (Cycle Menu)	1. 菜單依一定週期，例如一季或一個月做適當的調整更換。 2. 學校、員工餐廳經常採用。 3. 禁以7天為循環週期。
季節菜單 (Seasonal Menu)	1. 依季節的變化或食物的產季所設計之合於時令的菜單。 2. 如：櫻花季菜單、芒果季菜單、黑鮪魚季、大閘蟹特餐等。
當日特餐 (Carte du Jour、Todays Special、Daily Special、 House Special)	1. 亦即「今日菜單」、「主廚推薦」。 2. 餐廳主廚基於某些理由或特定節慶促銷之特餐，如情人節套餐。

分　類	說　明
節慶菜單 (Gala Menu)	1. 亦即特別菜單(Special Menu)，針對某些特殊節慶所設計，並能在旺季時強化業績。 2. 一般常見的節慶，如：西洋情人節(St. Valentine's Day)、端午節(Dragon Boat Festival)、母親節 (Mother's Day)、七夕情人節(Chinese Valentine's Day)、父親節(Father's Day)、中秋節(Moon Festival / Middle Autumn Festival)、聖誕節(Christmas Festival)、除夕圍爐(Year and Party)。

（三）依供餐的時間分類

分　類	說　明		
早餐菜單 (Breakfast Menu)	1. 早餐的原則是「簡單」、「快速」和「經濟實惠」。 2. 目前供應早餐菜色種類繁多：		
	少 （豐富性） 多	中式早餐 (Chinese Breakfast)	(1) 從南方地瓜稀飯、小菜到北方燒餅油條配豆漿，皆是中式的傳統早點。 (2) 內容大致包含如：白稀飯、皮蛋、鹹蛋、肉鬆、豆腐、豆腐乳、油條、花生、醬瓜及麵筋。
		歐陸式早餐 （澱粉） (Continental Breakfast)	(1) 又稱瑞士早餐(Swiss Breakfast)，餐食內容簡單。 (2) 包含：(a)各式麵包：例如法式牛角麵包、吐司、德國麵包、可頌(Croissant)；(b)奶油及各式果醬；(c)熱Coffee / Tea。
		美式早餐 （蛋白質） (American Breakfast)	(1) 又稱為普式早餐(Regular Breakfast)或肉類早餐(Meat Breakfast)。 (2) 內容包含： (a) 新鮮果汁：例如柳橙汁、新鮮水果汁。 (b) 蛋類（含肉類）(Hot Dish)：雞蛋兩枚、附火腿或香腸。 (c) 各式麵包：例如餐包(Roll)、煎餅(Pancake)、貝果(Bagle)、鬆餅(waffle)，附奶油、果醬。 (d) 熱Coffee / Tea。
		英式早餐 (English Breakfast)	(1) 最豐富且精緻的早餐。 (2) 比美式早餐多了麥片粥(Porridge)或玉米脆片(Corn Flake)。
	自助式		(1) 一價吃到飽的早餐，內容豐富。 (2) 包含西式的美式早餐、日式、中式之清粥小菜等。
	日式菜單		內容包含白飯、醃梅、醃黃瓜、味噌湯、海苔、芝麻及蔥花等。

分　類	說　明		
午餐菜單 (Lunch Menu)	1. 午餐以供應迅速且大量製備的原則為主，能提供迅速、方便的服務。 2. 大致上可歸納為下列三種：（多以套餐，定食居多）		
	商業午餐	(1) 可分為中、西式兩類。 (2) 餐廳選擇幾道製備容易、價格平穩、服務方便的菜色組合，以「今日特餐」的方式來吸引顧客。	
	日式午餐	菜單內容包括以生魚片、炸蝦、燒鰻等主菜，再附加小菜和湯，就成了一客傳統的日式套餐。	
	速食菜單	以漢堡、三明治為主的西式速食，和以傳統小點為主的中式速食為主。	
晚餐菜單／ 正餐菜單 (Dinner Menu)	1. 三餐中最精緻、最講究的餐點。 2. 提供顧客多樣化的選擇，如：主菜有牛排、豬肉、雞肉、海鮮等各種餐點。		
下午茶菜單 (Afternoon Tea Menu)	1. 供餐時間約為下午2～5點之間。 2. 以飲料與茶點為主，或以較豐富的自助式供應，服務的食材較多，讓顧客有多元化的選擇。		
宵夜菜單 (Supper Menu)	1. 此類菜單是因應Cigar Bar、Champagne Bar、Lounge Bar及Piano Bar新世代夜生活需求而產生的餐食菜單。 2. 供應時間為晚上10點以後。 3. 多配合搭配酒類燒烤、串燒、炸品、乾果及麵飯粥類為主。		

＊其他尚有早午餐菜單(Brunch Menu)、晚宴菜單(Soirée Menu)等。

（四）依用餐對象分類

分　類	說　明		
兒童菜單 (Children Menu)	1. 以「鮮豔、營養與趣味性」為主，價格需適中。 2. 讓孩子們專注於用餐，無暇哭鬧，以免影響父母用餐的情緒。		
老人（銀髮族）菜單(Aged Menu)	1. 菜單內容以低熱量、高纖維、少鹽分、低糖分（三低一高）、易咀嚼且又可口美味的食物為主。 2. 三養哲學：營養、保養、修養。		
仕女菜單 (Ladies Menu)	1. 以養生、美容的觀念吸引女性顧客。 2. 此種菜單常出現在養生美容餐廳、溫泉會館。		
宗教菜單 (Religion Menu)	宗教的特殊飲食傳統與禁忌：		
	佛教 (Buddhism)	1. 不吃所有葷食、魚肉、及部分蔬菜（例如蒜、蔥、韭、薵…等）。 2. 有些素食者不吃蛋製品。	
	摩門教 (Mormonism)	1. 不吃野生動物肉（除非饑荒），僅吃人類豢養動物之肉。 2. 禁止飲用含有刺激性或咖啡因的飲料，例如酒、咖啡、茶。	

分　類	說　明	
宗教菜單 (Religion Menu)	宗教的特殊飲食傳統與禁忌：	
	回教／伊斯蘭教 (Muslim)	1. **不吃豬肉製食品，可以吃牛肉和羊肉。** 2. 不飲酒、不吃食肉動物及禁血類食物。 
	印度教 (Hinduism)	1. **不吃牛肉（神聖）、豬肉（不潔），僅吃魚和蔬菜。** 2. 不飲酒。
	猶太教 (Judaism)	1. 肉類： 　(1)不同時吃肉、乳類及乳製品（乳酪）。 　(2)不吃豬、駱駝、馬、狸（因不潔）。 　(3)吃走獸中有偶蹄、趾、反芻的，如牛、羊、鹿。 2. **不吃沒有魚鱗之魚，不吃有殼的貝類。** 3. 在基督復活節(Easter Festival)期間、滿月後之第一個週日不吃麵包，不吃含酵母菌的食物。 4. 合乎猶太教之食物，稱Kosher。
	基督教 (Christianism)	1. **禁止食豬血、鴨血。** 2. 不可酗酒。
	天主教 (Catholic)	1. 週三、五不吃牛、羊肉。 2. 週五以魚類當主菜。

＊ 其他尚有養生菜單(Healthy Menu)：強調少油、少鹽、少調味、多天然之食材，例如藥膳、食療、健康蔬食等菜單。

（五）依用餐場地分類

分　類	說　明
宴會菜單 (Banquet Menu)	1. 指以某一特定目標為中心的餐會，例如：婚喪喜慶、教育訓練等活動而設計。 2. 服務方式與菜單內容隨著不同的宴會目的而改變，提供量身訂做的餐飲內容與服務。
客房餐飲菜單 (Room Service Menu)	1. 為了因應旅館住宿的旅客無法或不願意前往餐廳用餐，將餐食點送至客房的一種餐飲服務。 2. 提供較為簡便、快速的餐食。 3. 客房餐飲菜單型式多款，也有製作成掛牌型，以便懸掛於客房門把上，客人選定餐食內容與時間後，將訂單掛在門把，客房服務員會在指定時間供應餐食。
外帶菜單 (Take-out Menu)	1. 以供應快速且食用便利為主。 2. 常見於速食、便利餐廳或飲料簡餐。
外燴菜單 (Outside Catering Service Menu)	1. 外燴，俗稱辦桌。 2. 菜單內容切合傳統禮俗禁忌，例如結婚、喜宴忌諱上鯉魚。 3. 屬於定食、定價的菜單。

（六）依外觀的形式分類

分　類		說　明
桌上型菜單 (Desk Menu)	桌墊式 (Placemat)	1. 又稱托盤菜單(Tray Menu)。 2. 適用於速食餐廳或非正式餐廳。
	立卡式 (Tent Card)	1. 適用於咖啡廳、快餐廳等。 2. **常於餐桌翻檯率高之餐廳用。**
懸掛型菜單 (Hanging Menu)	垂吊式	1. 由上而下垂掛於店門口或攤位前。 2. 常見於小吃店、路邊攤。
	海報式	將菜餚名稱及定價製成海報，貼於公告欄上使顧客立即可見。
	立架式	1. 將菜單架或寫菜名之黑板置於餐廳門口或接待處。 2. 在國外，多以粉筆書寫，以每日更換菜單內容。
摺疊型菜單 (Folding Menu)		1. 為正式或專門供應晚餐的餐廳。 2. 一份精美的菜單包含，菜單封面、菜名、說明文字、價格、品號、推薦特殊菜色，訊息告知及封底等部分。 3. 多用於高級餐廳，如書本型菜單。

考題推演

(　　) 1. 下列關於菜單的描述，何者<u>錯誤</u>？　(A)buffet menu是指自助式菜單 (B)brunch menu 是指單點式菜單　(C)cycle menu是指循環式菜單　(D)set menu是指套餐式菜單。　　　　　　　　　　　　　　　【99統測－餐服】

解答 B

解析 brunch menu指早午餐菜單：是介於早餐和午餐之間，常見週末假日，適合假日晚起的人。

(　　) 2. 在菜單設計中要注意不同對象有不同的需求，對於老人菜單而言(Aged Menu)下列菜單設計原則三低一高何者正確？　(A)低熱量，低鹽，低糖，高纖維　(B)高熱量，低鹽，低糖，低纖維　(C)低熱量，高鹽，低糖，低纖維　(D)低熱量，低鹽，高糖，低纖維。　　　　　　【97統測模擬－餐服】

解答 A

解析 老人菜單的設計原則：低熱量，低鹽，低糖，高纖維。

(   ) 3. 服務員遇到有個人信仰的客人，下列何種建議正確？ (A)摩門教徒－以果汁代替咖啡 (B)回教徒－以什錦果香釀豬排代替腓力魚排 (C)印度教徒－以番茄牛肉義大利麵代替白醬雞肉寬麵 (D)猶太教徒－以芝士豬肉漢堡代替辮子麵包。 【97統測模擬－餐服】

解答▶ A

解析▶ (A)摩門教不吃野生動物的肉，僅吃人類飼食之動物的肉，禁止喝咖啡、茶；(B)回教禁食豬肉，不吃凶猛動物或兩棲類；(C)印度教不食用牛；(D)猶太教徒不吃豬肉及無鱗的魚，不吃血、不吃奶類和肉類混合的食物。

(   ) 4. 下列關於美式早餐(American Breakfast)與歐陸式早餐(Continental Breakfast)的敘述，何者正確？ (A)美式早餐只提供果汁，但不提供咖啡或茶 (B)美式早餐會提供穀類食品(Cereals)與牛奶 (C)歐陸式早餐較美式早餐內容豐富 (D)歐陸式早餐會提供蛋、火腿、培根。 【97統測模擬－餐飲】

解答▶ B

解析▶ (A)美式早餐亦提供咖啡，(C)美式早餐包含的種類比歐陸式早餐多，(D)蛋、火腿、培根為美式早餐所提供。

(   ) 5. 顧客依宗教信仰及個人文化背景的不同，對於飲食的需求亦有所不同，試問下列何者為Mormonism的飲食習慣？ (A)週三及週五不吃牛、羊肉類食物 (B)不吃野生動物的肉，不飲用酒、咖啡及可樂等飲料 (C)不吃牛肉及豬肉，但吃魚類及蔬菜類 (D)以素食為主，亦不食用蔥蒜及洋蔥等食材。 【105-1模擬專二】

解答▶ B

解析▶ Mormonism：摩門教、(A)天主教、(C)印度教、(D)佛教。

5-2 菜單功能與結構

一、菜單的功能

1. 反映餐廳經營的方針。
2. 具有宣傳、推銷的功能。菜單有「推銷櫥窗」、「無言的推銷員」之稱。
3. 協助顧客點菜。

4. 為購置機具、物品、材料的依據。

5. 是消費者與服務員之間的溝通橋樑。

二、菜單設計時應考慮的要素

1. 對象：因人種、膚色、職業、地位、年齡、性別之不同特性。

2. 目的：因商務、家庭聚餐、情人約會、特殊節令、促銷活動。

3. 時間：因時令、季節、平假日、淡旺季而有所不同。

4. 地點：因對象、目的、時間的不同而選擇用餐地點，如：室內外、高級或傳統、單點區或貴賓室、游泳池、海邊、花園、屋頂等。

5. 餐點：因對象、目的、時間的不同而選擇的用餐方式，如：單點套餐或自助餐、中西式料理、碳烤(Barbecue)、素食或葷菜、海鮮或肉類等。

三、菜單設計的原則

1. 簡單化：菜單外觀設計上需要乾淨俐落、一目了然。

2. 標準化：菜單內容、供應份量應維持一定的標準。

3. 特色化：餐食的配置和菜單外型的設計皆須有獨特的風格引人入勝。

四、菜單的結構

（一）西式傳統菜單的結構

傳統西餐菜單按用餐順序編排：

順　序	法文名稱	英文名稱	說　明
冷開胃菜	Hors d'Oeuvre Froid	Cold Appetizer / Starter / First Course	1. 具刺激味覺開胃的功能，少量多樣。 2. 如：俄國魚子醬(Caviar)、法國鵝肝醬(Foie Gras)、蘇格蘭鮭魚片、松露(Truffles)等。
湯	Potage	Soup	分為清湯(Consommé)、濃湯(Potage)二種。
熱開胃菜	Hors d'Oeuvre Chaud	Hot Appetizer	1. 盛於小盤上的熱菜。 2. 以蛋、麵類、米類為主的菜餚。 3. 如蒜烤田螺。
魚	Poisson	Fish Course	1. 因味道較為清淡，故排在肉之前。 2. 蝦貝蟹類等水產類，亦含在魚類料理中。
大塊菜	Grosse Pièce、Relevé	Meat Course	以整塊家畜肉烹調，並在顧客面前切割成片後上菜。
中間菜	Entrée	Middle Couse、Intermediated Course	1. 自此開始進入正餐。 2. 有冷熱之分，但上菜時先上熱中間菜(Entrée Chaude)，再上冷中間菜(Entrée Forid)。 3. 材料皆切割成塊後再烹調。 4. 美式餐廳多以此為主菜。

151

順　序	法文名稱	英文名稱	說　明
沙碧	Sorbet	Sherbet	1. 又稱為冰沙、砂冰、雪波、無脂肪冰淇淋。是由果汁、咖啡、香檳、香甜酒調製成如冰淇淋狀的冷凍物。 2. 具有舒緩用餐者的胃、調整口內味覺之功能。 3. 通常上至此道菜後，會暫停所有服務，以利進行活動。
爐烤菜附沙拉	Rôti with Salad	Roast with Salad	1. 以整塊家畜肉或野味為主，以爐烤的方式製備。 2. 全餐味覺最高峰。
冷爐烤菜	Rôti Froid	Cold Roast	指肉類和蔬菜調味烹煮後冷卻食用的菜餚。
蔬菜	Légume	Vegetable	目前多將蔬菜當成主菜盤中的裝飾配菜。
甜點	Entremets	Sweet Dish	1. 法文原意：兩正餐中間吃的點心。 2. 以冷熱甜點為主，包含冰淇淋。
鹹點	Savoury	Savory	1. 份量少、調味較強烈且帶鹹味。 2. 具有清除口腔味蕾餘味的作用。 3. 多於宴會點心(Canapés)、乳酪(Cheese)。
餐後點心	Dessert	Dessert	1. 法文原意：「不服務了」，表示所有菜餚到此為止。 2. 例如水果、法式酥點(Petit Fours)或巧克力糖。

（二）西式現代菜單的架構

1. 冷開胃菜(Cold Appetizer)
2. 湯類(Soup)
3. 熱開胃菜(Hot Appetizer)
4. 沙碧(Sherbet)
5. 主菜附配菜(Main Course W/Vegetable)
6. 乳酪(Cheese)
7. 點心(Dessert)
8. 飲料(Beverage)

（三）傳統與新式西餐菜單兩者之比較

傳統西餐菜單（法文）
① 冷開胃菜(Hors d´Oeuvre Froid)
② 湯(Potage)
③ 熱開胃菜(Hors d´Oeuvre Chaud)
④ 魚(Poisson)
⑤ 大塊菜(Grosse Pièce)
⑥ 中間菜(Entrée)
⑦ 沙碧(Sorbet)
⑧ 爐烤菜(Rôti)
⑨ 冷爐烤菜(Rôti Froid)
⑩ 蔬菜(Légume)
⑪ 甜點(Entremets)
⑫ 鹹點(Savoury)
⑬ 餐後點心(Dessert)

⇒

現代西餐菜單（英文）
＊冷開胃菜(Cold Appetizer)
《①》
＊湯類(Soup)
《②》
＊熱開胃菜(Hot Appetizer)
《③》
＊沙碧(Sherbet)
《⑦》
＊主菜附配菜(Main Course With Side Dish)
《④＋⑤＋⑥＋⑧ & ⑨＋⑩》
＊乳酪(Cheese)
《⑫》
＊甜點(Dessert)
《⑪＋⑬》

＊西餐上菜的順序原則
（1)菜餚口味由淡轉濃。
（2)菜餚溫度由涼轉熱，再由熱回涼，最後由涼結束於熱飲。

（四）中式菜單的架構

順　序	說　明
冷盤（頭盤）	1. 也稱冷拼、拼盤、冷葷、冷碟，如梅花拼。 2. 具佐酒、開胃的作用，少量多樣。
熱炒	1. 以2道熱炒為主，若冬季不出冷盤則以4道熱盤呈現。 2. 食材以家禽或海鮮類為主，快熟食材。
大菜（主菜）	1. 以乾貨海鮮、家禽、家畜、素菜、魚類為主要食材。 2. 多以珍貴食材入菜，故稱頭菜。 3. 承襲明朝晚期之飲食文化。
湯道	1. 強調清淡鮮美。 2. 以清湯為佳。
點心	包含鹹、甜點心或甜湯。

※中國菜單多以12道為主，其安排的原則如下：
1. 先酒菜後飯菜。
2. **先冷盤後熱炒。**
3. 先炒後燒，先燒後蒸。
4. **先鹹後甜。**
5. **先菜餚後點心。**
6. 先葷後素。
7. 先乾菜後湯菜。
8. **先清淡後濃烈。**
9. **先價格昂貴後普通。**

順　序	說　明
※中式菜單之物料內容分類：	
乾貨類	1. 以南北乾貨為主要材料，如魚翅、海參、鮑魚、干貝等。 2. 常見的宴會菜單有「原盅排翅」、「大燴海參」。
海鮮類	1. 用魚以外的海鮮產品為主要材料，如蝦、蛤蜊、花枝、蟹肉等。 2. 常見的宴會菜單有：「鳳尾明蝦」、「鮑魚三白」。
禽肉類	1. 以雞、鴨、鵝、鴿為主要材料。 2. 常見的宴會菜單有「八寶全鴨」、「香酥乳鴿」。
畜肉類	1. 以豬、牛、羊為主要材料的菜餚。 2. 常見的宴會菜單有「紅燒蹄膀」、「紅燒牛腩」。
素菜類	1. 以蔬菜或豆類製品為主要材料的菜餚，在中餐菜單中最常見到。 2. 如「三色白菜」、「蠔油三菇」等。
魚貨類	1. 海水魚或淡水魚為主要材料。 2. 魚類殿後有「年年有餘」之意。

（五）日式－會席料理菜單及上菜順序

順　序	說　明
前菜 (Zensai)	由5～7種不同的佐酒小菜構成。
吸物 (Suimono)	1. 加碗蓋、不附湯匙的湯品，不包含味噌湯。 2. 屬清香淡味的湯類。
刺身 (Sashimi)	**1. 指生魚片、生物。** 2. 一般附有蘿蔔絲、紫蘇、山葵。
煮物 (Nimono)	1. 又稱炊合、炊出。 2. 分關東煮法（煮到汁乾、味濃），關西煮法（汁多、味淡）。
燒物 (Yakimono)	1. 利用燒烤的菜餚。 2. 一般燒物以烤魚最常見。
揚物（Agemono）	**1. 指油炸的菜餚，例如炸蝦、炸豬排。** 2. 多附白蘿蔔泥沾而食之。 3. 天婦羅排列方式「前蝦、中魚、後蔬菜」。
蒸物 (Mushimono)	1. 利用水蒸氣蒸熟的菜餚。 2. 例如茶碗蒸、土瓶蒸（茶壺湯、附檸檬角）。
酢之物 (Sunomono)	即涼拌菜。
御飯 (gohan)、汁、香之物 (tsukemono)	1. 汁指湯（味噌湯），香之物指泡菜。 2. 御飯在左、味噌湯（汁）在右、泡菜（香之物）在中間。 3. 又被稱「止」、「止碗」。表示出菜到此為止。
果物 (Kudamono)	指水果、西方飲食文化傳入。

五、菜單工程(Menu Engineering)

　　菜單工程是依照邊際貢獻率（利潤，Contribution Margin）及產品銷售量（點菜率，Menu Mix）的關係分別命名為跑馬型、明星型、苟延殘喘型及困惑型，以做為更換菜單的依據。

1. 跑馬型(Horses)：屬於利潤低、銷售量高、受歡迎程度高、邊際貢獻率低的產品，應盡量提升菜餚品質以提高價格。

2. 明星型(Stars)：屬於利潤高、銷售量高、受歡迎程度高、邊際貢獻也高的產品，應盡量維持品質及口碑。

3. 苟延殘喘型（滯銷型，Dogs）：屬於利潤低、銷售量低、受歡迎程度低、邊際貢獻率也低的產品，應剔除此項產品。

4. 困惑型(Puzzles)：屬於利潤高、銷售量低、受歡迎程度低、邊際貢獻率高的產品，必須藉助促銷來刺激銷售量。

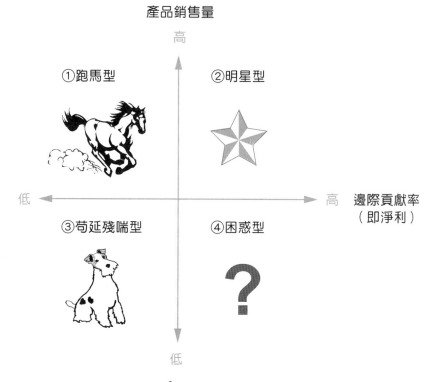

圖5-1　菜單工程

參考資料：吳淑女（譯）(2000)。Robert Christie Nill著。餐館管理。台北：華泰文化事業公司。
　　　　　p159～163。

考題推演

( ) 1. 到高級日式料理店用餐,看到菜單上寫著「揚物」,表示這道菜的作法應該是? (A)佐酒小菜 (B)用烤的方式做成的料理 (C)生魚片 (D)油炸菜。 【97統測模擬－餐服】

解答 D

解析 (A)前菜:佐酒小菜、(B)燒物:用烤的方式做成的料理、(C)刺身:生魚片。

( ) 2. 一份設計優良的菜單,應將菜單項目分門別類:煙燻鮭魚(smoked salmon)應置於菜單中的哪個類別當中? (A)冷開胃菜 (B)熱開胃菜 (C)主菜 (D)甜點。 【94統測模擬－餐飲】

解答 A

解析 上菜順序為:冷開胃菜→熱開胃菜→主菜→甜點。煙燻鮭魚為冷開胃菜。

( ) 3. 正式西式套餐中,沙碧(sorbet 或 sherbet)的主要功能是什麼? (A)開胃之用 (B)佐餐之用 (C)調整味覺之用 (D)搭配甜點之用。

【98統測－餐服】

解答 C

解析 沙碧(Sorbet或Sherbet)是一種類似沒有奶油的冰淇淋,由不同味道的果汁調製而成,其主要功能為調整客人口中較油膩的味覺,以便重新品嗜下一道主菜。

( ) 4. 有關中餐菜單結構內容的說明,下列敘述何者不正確? (A)古代宴會菜單中的五按是指五種羹湯 (B)冷盤具有開胃的功能,亦能當作飲酒時的配菜 (C)主菜為宴席中的重點,可分為乾貨類、海鮮類、禽肉、畜肉、素菜及魚類 (D)熱炒為宴會中不可缺少的菜餚,常以煎、炒、烹、炸、爆等烹調法製作。 【105-1模擬專二】

解答 A

解析 (A)五按:五種魚肉類。

( ) 5. 西餐菜單講求精緻美味,有關西餐菜單結構的敘述,下列何者正確? (A)Hot Appetizer的出菜順序,通常安排在湯之後,魚之前 (B)Hors d'Oeuvre Froid 主要用途為清除口腔內上道菜的餘味,並喚醒顧客的味覺

(C)Savoury具開胃功能，如魚子醬、煙燻鮭魚等　(D)Sorbet 為英國人喜愛的餐後點心，常見如乳酪及鹹點心。　　　　　　【105-1模擬專二】

解答 ▶ A

解析 ▶ (A)Hot Appetizer：熱前菜、(B)Hors d'Oeuvre Froid：冷前菜、(C) Savoury：鹹點、(D)Sorbet：冰砂。

5-3 飲料單、酒單功能與結構

一、定義

指以有系統的方式介紹餐廳所提供的各式酒類及飲料。

二、餐廳飲料單的分類

種　類	說　明
飲料單 (Drinks List)	一份比較完整的飲料單，其內容應包含： 1. 酒精性飲料：例如餐前酒、啤酒、餐後酒。 2. 非酒精性飲料：例如咖啡、茶、果汁等。
雞尾酒單 (Cocktail List)	提供各樣調配而成的混合酒。
葡萄酒單 (Wine List)	葡萄酒單包含紅酒、白酒、玫瑰紅酒等。
餐前酒酒單 (Aperitif List)	如：白葡萄酒(White Wine)。 澀味強化葡萄酒：不甜雪莉酒(Dry Sherry)及馬德拉白酒(Madeira)。 加味葡萄酒：不甜苦艾酒(Dry Vermouth)、金巴力酒(Campari)。 雞尾酒：馬丁尼(Martini)、曼哈頓(Manhattan)等。
餐後酒酒單 (After-dinner Drinks List)	1. 搭配甜點及水果所飲用的酒類飲品。 2. 主要特色：此酒較甜，且酒精濃度比佐餐酒高，一般加碎冰飲用。
含酒的咖啡飲料單 (Liqueur Coffee List)	1. 包含各式適合餐後飲用的咖啡飲料。 2. 如：添加了白蘭地、威士忌及其他香甜酒類的咖啡。
時令酒單 (Seasonal Drinks List)	1. **配合各時節慶所推出的酒單。** 2. **如：每年11月第3個星期四，全球同步販賣薄酒萊新酒。**
促銷酒單 (Promotional Tent Card)	多製作成一張直立卡片，放於餐桌上，以促銷當月的酒類。

三、其他酒單

種　類	說　明
限制酒單 (Restricted Wine List)	常見於中價位的餐廳；其餐廳只供應幾種常見的酒類，並且以杯或瓶作為收費標準。
宴會酒單 (Banquet / Beverage List)	根據宴會的不同需求而選定的酒單，目前宴會上最常見的是紅酒、汽水和果汁等。
酒吧飲料單(Bar List)	酒吧的飲料單通常有兩種，一種是經政府核准的，可在酒吧內販售的酒；另一種小單子是置於吧台上或是桌上的吧台飲料，以各式各樣的雞尾酒為主。
客房餐飲服務飲料單 (Room Service Beverage List)	在房間內直接提供濃縮小酒吧(Mini Bar)，讓顧客自行取用或是用套裝的方式出售。

四、功能

1. 呈現餐廳特色與經營方針。

2. 提供顧客選擇飲料的參考。

3. 推銷。

4. 刺激消費，增加收入。

五、飲料單與酒單的內容結構

分　類	說　明
開胃酒 （餐前酒）	如：不甜雪莉酒(Dry Sherry)、金巴利(Campari)、不甜苦艾酒(Dry Vermouth)、甜苦艾酒(Sweet Vermouth)、多寶力(Dubonnet)、調配性飲料（雞尾酒）。
葡萄酒	如：不起泡葡萄酒(Still Wine)、起泡葡萄酒(Sparkling Wine)。
六大基酒	如：琴酒(Gin)、伏特加酒(Vodka)、蘭姆酒(Rum)、特吉拉酒(Tequila)、威士忌(Whiskey)、白蘭地(Brandy)。
啤酒	如：啤酒(Beer)。
餐後酒	如：白蘭地(Brandy)、香甜酒(Liqueur)、甜白酒(Sweet White Wine)、波特酒(Port)、餐後雞尾酒(Cocktail)。
無酒精飲料	如：果汁(Fruit Juice)、礦泉水(Mineral Water)、碳酸飲料(Carbonated Beverage)、無酒精性雞尾酒(Mocktail)。

六、飲料單的呈現方式

分類依據	說　明
以現成的各式酒類為主	1. 適用於正式餐廳。 2. 例如六大基酒、葡萄酒、啤酒、香甜酒等。
以現場調配的各式雞尾酒為主	1. 適用於酒吧。 2. 以現場調配的雞尾酒為主。
以非酒精性飲料為主	1. 適用於咖啡廳、茶館。 2. 提供咖啡、茶、花草茶、果汁為主。
以清涼飲料為主	1. 適用於飲料專賣店。 2. 提供調味茶（例如奶茶、調味茶）、果汁、冰沙。

七、葡萄酒單的內容與結構

（一）葡萄酒單的結構

酒單的編排順序：

1. 依西餐出菜順序：香檳→氣泡酒→白酒→紅酒→玫瑰紅酒。

2. 依生產國家不同，依序為：法國→德國→義大利→西班牙→葡萄牙→美國→智利→澳洲→南非。

3. 依生產地區不同，依序為：波爾多→勃民地。

（二）葡萄酒單的項目

項　目	說　明
編號	方便庫存管理。
葡萄酒名稱	名稱應清楚標示。
年份	1. 年份與品質具相關性。 2. 葡萄酒大多會標示年份，如標示2003年，即表示這是2003年採收釀造的葡萄酒；如果是無年份的葡萄酒，會標示「NV」。
產區	對於法國葡萄酒和德國葡萄酒而言，產區是很重要的訊息。
價格	可讓顧客可考量自己消費能力，點選適合的酒類佐餐。
包裝種類	常見的包裝種類有一瓶(750ml)、半瓶(375ml)、小瓶裝(375ml)。
特色說明	大概介紹該瓶酒的口感，是較澀的酒還是偏甜的酒，風味為何，可供消費者點用酒類的參考。

八、餐食與酒的搭配原則

1. 紅酒搭配紅肉（牛、羊、鴨肉、鮪魚等味道較重的食物）；白酒搭配白肉（雞、豬、海鮮或風味較淡的料理）。

2. 口味濃的菜餚搭配濃郁的酒；口味淡的菜餚搭配清淡的酒。

3. 甜酒配甜點（各式巧克力、奶香類甜點）。

4. 地方酒搭配地方菜餚（如：臺式料理，可搭配「馬拉桑」小米酒）。

5. 氣泡酒可搭配任何菜餚。

6. 乳酪、香菇適合搭配紅酒。

7. 玫瑰紅酒適合搭配味道清淡的冷盤或菜餚。

8. 同時飲用多種酒時，其順序：

   (1) 先喝不甜的酒，再喝甜的酒。　(2) 先喝白酒，再喝紅酒。

   (3) 先喝淡酒，再喝濃酒。　(4) 先喝年輕酒，再喝陳年酒。

   (5) 先喝質樸酒，再喝高貴酒。　(6) 先喝酒精度低的酒，再喝酒精度高的酒。

考題推演

(　　) 1. 飲料單中包含了酒精性飲料與非酒精性飲料，其英文為何？　(A)Drinks List　(B)Cocktails List　(C)Liqueur List　(D)Wine List。

解答 A

解析 (A)Drinks List（飲料單）；(B)Cocktails List（雞尾酒單）；(C)Liqueur List（香甜酒單）；(D)Wine List（葡萄酒單）。

(　　) 2. 下列哪一款飲料不宜列入Wine List？　(A)Champagne　(B)Cognac　(C)Beaujolais Nouveau　(D)Sherry。　　　　　　　　　　　【98統測模擬－餐服】

解答 B

解析 (A)Champagne（香檳）；(B)Cognac（干邑白蘭地）；(C)Beaujolais（薄酒萊新酒）；(D)Sherry（雪莉酒，為加烈葡萄酒）。

( ) 3. 下列哪項食物，適合搭配白酒？ (A)羊肉 (B)鴨肉 (C)雞肉 (D)牛肉。

解答 C

解析 口味濃的菜餚，應搭配濃郁的酒，(A)(B)(D)口味濃，故適合搭配紅酒，而雞肉口味淡，適合搭配白酒。

( ) 4. 飲料單分類中，針對雞尾酒會設計的酒單，又稱「功能性酒單」，是屬於下列何者？ (A)Room Service Beverage List (B)Banquet Drink List (C)Seasonal Drink List (D)Full Drink List。 【105-1模擬專二】

解答 B

解析 (A)Room Service Beverage List：客房餐飲服務飲料單、(B)Banquet Drink List：宴會酒單、(C)Seasonal Drink List：時令酒單、(D)Full Drink List：全系列飲料單。

( ) 5. 在傳統正式餐廳的Wine List Menu架構中，會先將下列哪一個國家的Wine擺放在前面？ (A)澳洲 (B)智利 (C)南非 (D)西班牙。【105-5模擬專二】

解答 D

解析 這是因為葡萄酒有舊世界、新世界產區之分。故Wine List Menu 會先將舊世界擺放於新世界前面，在依餐廳進口葡萄酒大宗來區分。香檳→白葡萄酒→紅葡萄酒→其他。

Review of Restaurant Service

實·力·測·驗

5-1 菜單定義與種類

( ) 1. 放置於餐桌透明玻璃桌面下，供顧客方便點餐的菜單稱為： (A)book menu (B)folding menu (C)placemat menu (D)standing menu。
【107統測－餐服】

( ) 2. 關於菜單的敘述，下列何者正確？甲：cycle menu 為循環菜單，適用於醫院、學校、軍隊等團膳；乙：California menu 為節慶菜單，常使用於較高級或高價位餐廳；丙：fixed menu 為變動式菜單，適用於顧客流動率低或高價位餐廳；丁：seasonal menu 為季節性菜單，隨著食材產季或季節轉變而設計 (A)甲、乙 (B)甲、丁 (C)乙、丙 (D)丙、丁。
【108統測－餐服】

( ) 3. 部份餐廳會在餐台上備有冷食、沙拉、點心和飲料，由顧客自行取用，在主菜部分則提供顧客選擇性的菜單，這種服務方式是屬於下列何者？ (A)cafeteria (B)counter service (C)delivery service (D)semi-buffet。
【100統測－餐管】

( ) 4. 關於Gala menu之敘述，下列何者正確？ (A)常配合特殊節慶或活動推出 (B)以日本懷石料理為代表 (C)供應時間多為下午至晚餐之間 (D)菜單內容以餅乾、蛋糕與三明治為主。
【106統測－餐服】

( ) 5. 部份旅館或餐廳將供餐時段訂在早餐之後、午餐之前，以滿足顧客的不同需求，這是屬於下列哪一種供餐時段的通稱？ (A)brunch (B)light breakfast (C)snack (D)supper。
【100統測－餐管】

( ) 6. 下列關於Continental breakfast與American breakfast的setting，何者錯誤？ (A)均需coffee cup & saucer (B)均需B.B. plate & butter knife (C)均需napkin (D)均需sugar bowl & creamer。
【100統測－餐服】

( ) 7. 有關餐廳供應的西式早餐說明，下列敘述何者正確？ (A)美式早餐內容較歐陸式早餐更為簡單 (B)常見的西式早餐可分為美式、歐陸式、俄羅斯

解答

1. C 2. B 3. D 4. A 5. A 6. B 7. C

式與義大利式四大類　(C)美式早餐內容包含蛋類與肉類　(D)煎蛋做法：Sunny-side Up指的是雙面煎蛋。　　　　　　　　　　【101統測－餐服】

(　　　) 8. 關於西式早餐的敘述，下列何者正確？　(A)poached egg指雞蛋不去殼，放入水中煮熟後整顆供應　(B)omelet是將蛋打散後煎成橄欖形狀，內可包入火腿、培根、起司或蘑菇等材料　(C)旅館內常見的西式早餐類型可分為歐陸式早餐、英式早餐、法式早餐及俄式早餐　(D)歐陸式早餐內容有開胃品（如果汁、新鮮水果）、穀物類、蛋類、肉類、麵包類及蔬果類等。

　　　　　　　　　　　　　　　　　　　　　　　　　　　　【109統測－餐服】

(　　　) 9. 可達鴨餐廳菜單內容中，提供包括前菜、湯、主菜、甜點、飲料等菜餚組合，客人從中點選任一組合，且價格較經濟划算，其菜單類型為：　(A)單點菜單　(B)加州菜單　(C)套餐菜單　(D)混合菜單。　【105-2模擬專二】

(　　　)10. 承上題，若餐廳更改菜單為前菜（三選一）、湯（二選一）、主菜（五選一）、甜點（四選一）、飲料（四選一）等菜餚組合，可隨顧客喜好點選菜餚且提供優惠的價格，此菜單類型為　(A)單點菜單　(B)加州菜單　(C)套餐菜單　(D)混合菜單。【105-2模擬專二】

(　　　)11. 會在下列何種餐廳內見到強調簡單、迅速、方便、可縮短用餐時間，而價格又經濟實惠的Menu？　(A)Restaurant Menu　(B)Buffet Menu　(C)Coffee Shop Menu　(D)Bar Menu。【105-5模擬專二】

解析▶ (A)Restaurant Menu（正式餐廳菜單）、(B)Buffet Menu（歐式自助餐菜單）、(C)Coffee Shop Menu（咖啡廳菜單）、(D)Bar Menu（酒吧菜單）。

(　　　)12. 依菜單週期區分，餐廳使用菜單的時間由長到短排列，下列何者正確？
(A)Today's Special→Seasonal Menu→Fixed Menu
(B)Fixed Menu→Seasonal Menu→Today's Special
(C)Today's Special→Seasonal Menu→Fixed Menu
(D)Seasonal Menu→Fixed Menu→Today's Special。　　　【106-1模擬專二】

解析▶ Today's Special：當日特餐，依當日採購及食材狀況由主廚安排菜色。Seasonal Menu：季節菜單，依四季變化菜色內容。Fixed Menu：固定菜單，使用週期長。

 解答

8.B　　　9. C　　　10.D　　　11.C　　　12.B

( )13. 有關循環菜單Cycle Menu的敘述，下列何者錯誤？ (A)適用於各機關的團體膳食 (B)循環週期過長，會使用餐者感覺重複率高 (C)使用循環菜單有助於大量採購，降低採購成本 (D)循環週期最好以5、10、15天為一單位。 【106-1模擬專二】

解析▶ (B) 菜單循環週期過短，同一道菜會重複出現，會使用餐者感覺重複率高。

( )14. 「菜單」是餐廳最重要的消費指南，下列敘述何者正確？ (A)California Menu 可全天候供餐 (B)Room Service Menu 僅供房客使用，以宵夜供應為主 (C)Fixed Menu常見於機關團體附設餐廳使用 (D)On the Card 選擇性低，不適合團體宴會使用。 【106-2模擬專二】

解析▶ (A)California Menu：加洲菜單（通用菜單）、(B)Room Service Menu：客房餐飲菜單、(C)Fixed Menu：固定菜單、(D)On the Card：單點菜單。

( )15. 根據Hotels.com 最新調查報告指出，好吃豐盛的早餐已成為全球旅客選擇飯店的重要考量因素，旅客不僅會為了飯店豐盛的早餐入住，甚至因而不賴床。下列有關飯店早餐供應方式之敘述，何者正確？甲、多以Buffet供應；乙、菜單內容如混合早餐、中餐者，屬於Brunch菜單類型，常見於假日供應；丙、Room Service專供In-house Guest 要求Take-out Service供應，依Door Menu進行點餐；丁、因應穆斯林旅客所需，設置用餐專區，其餐檯不會出現Sausage、Bacon、Espresso等餐點；戊、Scrambled Egg多以Counter Service方式供應 (A)甲乙 (B)丙丁戊 (C)甲乙丁戊 (D)甲乙丙丁戊。 【106-4模擬專二】

解析▶ 丙、Room Service專供房客要求於房內用餐時供應，餐點內容以美式早餐為主；In-house Guest 指房客，Take-out Service 指外帶服務，Door Menu 指門把菜單。丁、穆斯林旅客（回教徒）不食用豬肉，但可喝咖啡；Sausage 指熱狗（臘腸）、Bacon 指培根、Espresso指義式濃縮咖啡。戊、Scrambled Egg（攪炒蛋）預先備置於餐檯上，以Bufeet Service 方式供房客自取；Counter Service 指櫃檯式服務。

( )16. 根據下列點菜稿Table Plan進行餐桌擺設時，發現Table Plan中主菜尚未確認，只知道男女主人是印度教徒，男女主賓是穆斯林夫婦，若為兩位客人進行事先的餐桌擺設時，考慮用餐客人之宗教飲食禁忌，且主餐餐具一定要能完全對應賓客可以食用的主餐，而賓客第一眼看到餐具時，不會有任

🎯 解答

13.B　　14.A　　15.A　　16.A

何疑義或顧忌的餐具，那麼正確答案為何者較為適當？　(A)男女主人：魚刀叉／男女主賓：牛排刀叉　(B)男女主人：牛排刀叉／男女主賓：主餐刀叉　(C)男女主人：魚刀叉／男女主賓：主餐刀叉　(D)男女主人：牛排刀叉／男女主賓：魚刀叉。　　　　　　　　　　　　　　　【106-5模擬專二】

Table Plan	
男主人 Cream of Pumpkin Soup Green salad ? Mandheling	**男主賓** Minestrone Green Salad ? Assam
女主賓 Vegetable Consome Fruit Salad ? Mandheling	**女主人** Cream of Pumpkin Soup Fruit Salad ? Assam

解析 ▶ 男女主人是印度教徒，不吃牛肉及豬肉，擺設魚刀叉，表示主餐可食用魚類主餐；而男女主賓是穆斯林夫婦，不吃豬肉，可擺設魚刀叉或牛排刀叉，表示食用魚類或牛排主餐，若擺放主餐刀叉都會不符合題意。

(　　)17. 智業飯店以歐陸式計價方式計算房價，並提供其計價方式所附加的早餐，請問下列哪一種麵包不會出現在智業飯店提供的這種早餐中呢？　(A)Muffin　(B)Zwisback　(C)Toast　(D)Croissant。　　　【106-5模擬專二】

解析 ▶ Muffin是鬆餅，通常會出現在美式早餐；歐陸式計價提供的是歐陸式早餐，Zwisback 德國麵包、Toast 吐司、Croissant可頌及Danish Pastry丹麥酥餅都是歐陸式早餐常見的麵包。

(　　)18. 下列哪一種菜單沒有特定型態，依據食材取得狀況而準備菜餚，供應時間短暫且變化性大，品質不易掌控，屬於強調廚師創新能力展現，通常適用於個性化餐廳？　(A)Fixed Menu　(B)Cyclical Menu　(C)Market Menu　(D)Carte du Jour。　　　　　　　　　　　　　　　【107-1模擬專二】

解析 ▶ (A)Fixed Menu：固定菜單、(B)Cyclical Menu：循環菜單、(C)Market Menu：市場菜單、(D)Carte du Jour：今日特餐。

 解 答

17.A　　18.C

( )19. 各宗教都有特殊飲食傳統與禁忌，下列何者屬於Christianism 的飲食習慣？
(A)週三、五不吃牛、羊肉，週五多以魚類為主菜　(B)不吃牛肉與豬肉，禁酒但可飲用果汁或淨水　(C)禁止豬血、鴨血等食物，不允許酗酒
(D)禁止喝酒、咖啡、茶、可樂等含刺激性及咖啡因的飲料。

【107-1模擬專二】

解析 ▶ Christianity/Christianism：基督教。(A)天主教、(B)伊斯蘭教、(D)摩門教。

( )20. 智業餐廳推出的今日早餐及午餐特選菜單中，請依據下列菜單所羅列的餐點判斷哪一種宗教信仰的客人可以安心享用這套菜單？

Breakfast Menu	Lunch Menu
Sunny Side Up	Smoked Salmon
Corn Flake	Minestrone Soup
Cheese	Fried Pork Chop
Coffee	Strawberry Cake

(A)印度教　(B)摩門教　(C)回教　(D)基督教。　　【107-2模擬專二】

解析 ▶

Breakfast Menu	Lunch Menu
Sunny Side up單面煎蛋	Smoked Salmon煙燻鮭魚
Corn Flake玉米脆片	Minestrone Soup意大利蔬菜湯
Cheese起司	Fried Pork Chop香煎豬排
Coffee咖啡	Strawberry Cake草莓蛋糕

印度教：不吃牛及豬肉、摩門教不喝含有咖啡因的飲料、回教不吃豬肉歐

( )21. 依據下列點菜單的菜單內容，判斷哪一位賓客是印度教徒？

Table Plan	
(A)娜簾	(B)子魚
Roasted Pork Lion Chocolate Ice-cream	Creamy mushroom soup Shrimp salad Sirloin Steak Coffee

 解答

19.C　　20.D　　21.D

Table Plan	
(C)致校	(D)多嫻
Seabass consommé with vegetable julienne Italian bolognese	Fresh vegetable salad Cream tomato soup with gin Baked Cod with Cheese Chocolate Pie

【107-5模擬專二】

解析

Table Plan	
(A)娜簾	**(B)子魚**
Roasted Pork Lion **燒烤豬排** Chocolate Ice-cream **巧克力冰淇淋**	Creamy mushroom soup **奶油蘑菇濃湯** Shrimp salad**鮮蝦沙拉** Sirloin Steak**沙朗牛排** Coffee**咖啡**
(C)致校	**(D)多嫻**
Seabass consommé with vegetable julienne **鱸魚蔬菜清湯** Italian bolognese **義大利肉醬麵**	Fresh vegetable salad**蔬菜沙拉** Cream tomato soup with gin **奶油蕃茄湯** Baked Cod with Cheese **烤起司鱈魚** Chocolate Pie**巧克力派**

( )22. 智業旅行社和信樺大飯店討論這次獎勵旅遊晚宴的菜單，其中哪一點不會是宴會菜單考量的原則？ (A)味道由清淡漸轉濃郁，以避免前面的菜壓過後面的菜 (B)同樣的菜盡量不出現兩次食材、刀工、烹調法一樣的菜餚 (C)考慮食材的季節與價格，盡量採用當季應時的食材 (D)餐食份量應超過每人平均食用淨重500g以上，讓菜餚有剩，以張顯公司的大氣，並且讓被獎勵員工可以外帶。 【108-1模擬專二】

解析 餐食份量適中，每人平均食用淨重約400～500公克的食材為宜，不鋪張浪費，且獎勵旅遊住宿在外，員工不方便打包及事後再加熱烹調.

( ) 23. 餐廳通常會依據不同用餐時段設計適合的菜單，下列哪一種菜單供應的用餐時段較長？ (A)Brunch Menu (B)Soirée Menu (C)Afternoon Tea Menu (D)California Menu。 【108-2模擬專二】

解答

22.D 23.D

解析▶ (A)Brunch Menu早午餐菜單、(B)Soirée Menu晚宴菜單、(C)Afternoon Tea Menu下午茶菜單、(D)California Menu加州式菜單，即通用菜單，是一種全天候不分餐別(早、午、晚餐)的菜單。

( )24. 周董夫妻於10月13日（五）晚上宴請好友彈頭夫妻一起到西餐廳用餐，你身為當日服務員，請依據下列訊息分別為四位客人推薦適合之主餐。

賓客	宗教信仰
男主人	Judaism
女主人	Catholicism
男主賓	Hinduism
女主賓	Buddhism

RESTAURANT
MENU
Main Course
Rôti Mixed Vegetable with Berry sauce
Pan-Fried Tuna Steak With Tartar Sauce
Whiskey Sliced Chicken with Cream sauce
Grilled prime rib eye steak with anchovy

(A)男主人Grilled prime rib eye steak with anchovy、女主人Pan-Fried Tuna Steak With Tartar Sauce、男主賓Whiskey Sliced Chicken with Cream sauce、女主賓Rôti Mixed Vegetable with Berry sauce　(B)男主人Whiskey Sliced Chicken with Cream sauce、女主人Pan-Fried Tuna Steak With Tartar Sauce、男主賓Grilled prime rib eye steak with anchovy、女主賓Rôti Mixed Vegetable with Berry sauce　(C)男主人Pan-Fried Tuna Steak With Tartar Sauce、女主人Grilled prime rib eye steak with anchovy、男主賓Rôti Mixed Vegetable with Berry sauce、女主賓Whiskey Sliced Chicken with Cream sauce　(D)男主人Grilled prime rib eye steak with anchovy、女主人Whiskey Sliced Chicken with Cream sauce、男主賓Pan-Fried Tuna Steak With Tartar Sauce、女主賓Rôti Mixed Vegetable with Berry sauce。　【108-3模擬專二】

🎯 解答

24.A

解析 ▶ Grilled prime rib eye steak with anchovy（男主人）猶太教(Judaism)：不吃不反芻動物不同時食用肉與奶類製品、Pan-Fried Tuna Steak With Tartar Sauce（女主人）天主教(Catholicism)：周五以魚類作為主餐、Whiskey Sliced Chicken with Cream sauce（男賓人）印度教(Hinduism)：不吃牛豬、Rôti Mixed Vegetable with Berry sauce（女賓人）佛教(Buddhism)：素食主義。

( )25. 有關菜單的意義及起源，下列敘述何者不正確？ (A)菜單是提供餐食、飲料和服務的項目清單 (B)菜單英文稱之為Menu，其字源係出自義大利文的菜餚之意 (C)菜單是各式菜餚價位及結帳的參考，為推銷菜餚的最佳代言人 (D)十九世紀末，法國的巴黎人餐廳把製作精美的商業菜單，以商業手法介紹給世人。 【109-1模擬專二】

解析 ▶ (B)菜單英文稱之為Menu，其字源係出自法文的細微之意，取其小號備忘錄的含意。

( )26. 下列何者較不可能成為速食店業的菜單型式？ (A)Book Menu (B)Tent Card Menu (C)Placemat Menu (D)Hanging Menu。 【109-1模擬專二】

解析 ▶ (A)Book Menu 書本形菜單：通常較講究封面、封底設計，內容也較精緻詳細，常見於正式的餐廳、(B)Tent Card Menu 立卡式菜單、(C)Placemat Menu 桌墊式菜單、(D)Hanging Menu 垂吊式菜單。

( )27. 在傳統法式西餐菜單結構中，有一種菜餚多以整塊的牛肉烹調後，在顧客面前切片、上菜，此類菜餚屬於下列何者？ (A)Grosse Piece (B)Entrée Chaude (C)Hors d`Oeuvre Chaud (D)Savory。 【109-2模擬專二】

解析 ▶ (A)Grosse Piece 大塊菜、(B)Entrée Chaude 熱中間菜、(C)Hors d`Oeuvre Chaud 熱開胃菜、(D)Savory 鹹點。

5-2 菜單功能與結構

( ) 1. 下列西式餐點正式的服務順序為何？甲、black pepper steak；乙、espresso；丙、onion soup；丁、smoked salmon；戊、souffle (A)甲 → 乙 → 丙 → 丁 → 戊 (B)丙 → 丁 → 甲 → 乙 → 戊 (C)丁 → 丙 → 甲 → 戊 → 乙 (D)丁 → 甲 → 丙 → 乙 → 戊。 【107統測－餐服】

25.B 26.A 27.A 5-2 1. C

( ) 2. 下列關於中餐宴席上菜順序的原則，何者正確？ (A)先昂貴食材、後普通材料 (B)先味道濃郁、後味道清淡 (C)先熱炒菜餚、後冷盤菜品 (D)先甜味點心、後鹹味菜餚。 【100統測－餐服】

( ) 3. 關於菜單的敘述，下列何者正確？甲、brunch菜單內容包含早餐與午餐之菜餚；乙、中式宴會菜單中通常包含冷盤、熱炒、大菜、湯類與點心等；丙、西式菜單上的consommé意指濃湯；丁、酒單上的ice wine意指可供顧客單杯消費的不甜葡萄酒 (A)甲、乙 (B)甲、丙 (C)乙、丁 (D)丙、丁。 【102統測－餐服】

( ) 4. 有關冰沙(Sorbet)的說明，下列敘述何者錯誤？ (A)又稱為沙碧、果汁冰 (B)其目的是調整口內味覺 (C)是為品嚐開胃菜做準備 (D)一般是使用新鮮水果製作。 【101統測－餐服】

( ) 5. 西式餐點中，下列何者具有去除口中餘味或油膩之功能？ (A)savory (B)sorbet (C)spaghetti (D)sundae。 【103統測－餐服】

( ) 6. 有關菜單設計之敘述，下列何者錯誤？ (A)「無菜單料理」由主廚依當日原物料取得，決定餐點供應內容，可屬California Menu (B)Cycle Menu 常見於機關團體用膳規劃 (C)Omelet 常見於美式早餐菜單 (D)日式唐揚雞屬日式料理菜單「揚物」品項。

( ) 7. 依據西餐上菜順序，服務雪碧(Sherbet)這道菜餚時，應於何時進行？(A)Salad之後 (B)Hors d`Oeuvre之後 (C)Hors d`Oeuvre Chaud之後 (D)Entrée之後。 【105-1模擬專二】

解析▶ (A)Salad沙拉、(B)Hors d`Oeuvre冷前菜、(C)Hors d`Oeuvre Chaud 熱前菜、(D)Entrée主菜。

( ) 8. 有關各國代表菜餚配對，下列何者錯誤？ (A)德國—Ox-Tail Clear Soup (B)西班牙—Gazpacho (C)美國—Manhattan Clam Chowder (D)義大利—Minestrone。【106-1模擬專二】

解析▶ (A)英國—Ox-Tail Clear Soup 英國牛尾湯、(B)西班牙—Gazpacho 西班牙冷湯、(C)美國—Manhattan Clam Chowder曼哈頓蛤蜊巧達湯、(D)義大利—Minestrone 義大利蔬菜湯。

🎯 解答

2. A　　3. A　　4. C　　5. B　　6. A　　7. C　　8. A

(　　) 9. 有關傳統西式菜單的上菜順序，下列何者正確？　(A)Hors d'Oeuvre Chaud→Potage→Hors d'Oeuvre Froid→Poisson　(B)Poisson→Grosse Piéce→Entrée Froid→Entrée Chaud　(C)Sorbet→Rôti Froid→Rôti with Salade→Légume　(D)Hors d'Oeuvre Froid→Potage→Hors d'Oeuvre Chaud→Poisson。　　　　　　　　　　　　　　　　【106-1模擬專二】

　　解析▶ 傳統西式菜單順序：Hors d'Oeuvre Froid（冷開胃菜）→Potage（湯）→Hors d'Oeuvre Chaud（熱開胃菜）→Poisson（魚）→Grosse Piéce（大塊菜）→Entrée Chaud（熱中間菜）→Entrée Froid（冷中間菜）→Sorbet（雪波）→Rôti with Salade（爐烤菜附沙拉）→Rôti Froid（冷爐烤菜）→Légume（蔬菜）→Entremets（甜點）→Savoury（鹹點）→Dessert（餐後點心）。

(　　)10.「食中無酒，猶如一天中不見陽光」，可見餐宴中佐酒的重要性，有關餐宴酒單(Banquet Menu)之敘述，下列何者正確？　(A)多為立卡式設計　(B)以Wine、Root Beer、X.O.、Brandy為常見酒品供應內容　(C)多數為無限量供應　(D)客人無法直接點酒，需透過服務人員提供。

　　　　　　　　　　　　　　　　　　　　　　　　　　　【106-2模擬專二】

　　解析▶ (B)以Wine（葡萄酒）、XO（特陳白蘭地）、Brandy（白蘭地）為常見酒品供應內容，Root Beer為沙士，非屬餐宴酒單(Banquet Menu)選項。

(　　)11. 小智全家人到泰式餐廳選擇Buffet 用餐，下列哪個選項符合泰式餐廳的服務內容？　(A)該餐廳提供Table d'hôte的供應方式，可依個人喜好自由搭配　(B)椒麻雞、金錢蝦餅各帶有酸辣、酥脆口感，能滿足全家喜好　(C)亦有提供Gala Menu全天候供應相同菜色　(D)泰式奶茶的調味方式又以紅茶加牛奶最為常見。　　　　　　　　　　　　　　【106-3模擬專二】

　　解析▶ (A)À la carte 才可依個人喜好選擇、(C)Gala Menu為節慶菜單、(D)多以紅茶加煉乳為主。

(　　)12. 薑屋日本料理於Book Menu提供會席料理的用餐內容，下列何者較適合出現在說明上？　(A)刺身附有紅蘿蔔絲、山葵醬，可搭配醬油一同食用　(B)燒物是由多種食材組合在一起，如：炸蝦、天婦羅　(C)御飯、吸物和香物通常一起出菜，代表出菜已經接近尾聲　(D)料理中常見的蒸物有：土瓶蒸、茶碗蒸。　　　　　　　　　　　　　　　　　　【106-3模擬專二】

🎯 解答

9.D　　　10.C　　　11.B　　　12.D

解析▶ (A)刺身為生魚片，搭配白蘿蔔絲、山葵醬、(B)天婦羅屬揚物、(C)吸物為前湯，屬第二道湯品，適合雙手捧起來喝。

( )13. 景太、威斯帕、吉胖喵與小石獅相約走訪獲得國際慢城認證(Citta Slow)的臺灣知名木雕城－苗栗三義，並於當地「新月梧桐」餐廳品嚐道地客家美食。四人點用餐點如下：甲、有機開胃醋；乙、福菜白肉鍋；丙、梧桐迎賓盤；丁、蒜茸鮮白蝦；戊、宮廷精美小點；己、蔥油深海魚；庚、紫芋燒嫩排。其正確的上菜順序應為： (A)甲丙丁庚己乙戊 (B)甲丙己庚乙丁戊 (C)丙甲丁庚己乙戊 (D)丙甲庚丁乙己戊。 【106-4模擬專二】

( )14. 有關各國餐廳菜單特色的敘述，下列何者正確？ (A)法國餐廳的餐食份量大，以各式肉排、漢堡為主，偏好烤與炸的食物 (B)美式餐廳以豬腳及各式肉腸為主，常搭配啤酒食用 (C)德國餐廳的料理較為精緻，喜好高級食材與多變的醬汁 (D)義式餐廳講究食材的新鮮並忠於原味，喜愛使用橄欖油、番茄、大蒜，偏好各式麵食。 【107-1模擬專二】

解析▶ (A)美式餐廳的餐食份量大，以各式肉排、漢堡為主，偏好烤與炸的食物、(B)德國餐廳以豬腳及各式肉腸為主，常搭配啤酒食用、(C)法國餐廳的料理較為精緻，喜好高級食材與多變的醬汁。

( )15. 現代西式餐廳常見的菜單結構，依序應為下列何者？ (A)Hot Appetizer→Soup→Cold Appetizer→Sherbet→Main Course w/Vegetables→Cheese→Dessert→Beverage (B)Cold Appetizer→Soup→Hot Appetizer→Sherbet→Main Course w/ Vegetables→Cheese→Dessert→Beverage (C)Cold Appetizer→Soup→Hot Appetizer→Sherbet→Main Course w/ Vegetables→Dessert→Cheese→Beverage (D)Hot Appetizer→Soup→Cold Appetizer→Sherbet→Main Course w/ Vegetables→Dessert→Cheese→Beverage。 【107-1模擬專二】

解析▶ 冷前菜(Cold Appetizer)→湯(Soup) →熱前菜(Hot Appetizer) →沙碧(Sherbet) →主菜附蔬菜(Main Course w/ Vegetables) →乳酪(Cheese) →點心(Dessert)→飲料(Beverage)。

( )16. 菜單工程(Menu Engineering)是分析點菜率及邊際貢獻率將餐點分為四類，請問哪一類型的產品策略為「提升餐點品質來提高售價，或藉由降低製

🎯 解答

13.A　　14.D　　15.B　　16.D

備成本來增加獲利」？　(A)Star　(B)Dog　(C)Question Mark　(D)Cash Cow。　　　　　　　　　　　　　　　　　　　　　　　【107-1模擬專二】

解析▶ (A)Star：明星、(B)Dog：落水狗、(C)Question Mark：問號、(D)Cash Cow：金牛。

(　　)17. 智業咖啡館是一家個性化獨立經營的咖啡館，採用櫃檯式服務，客人自行到櫃台點餐及取餐，客人自行在店內選擇喜歡的座位入座，離開時，協助將殘杯盤放置餐檯回收處，根據以上所敘述之特色，較適合智業咖啡館所呈現的菜單類型為哪一種？　(A)懸掛形菜單　(B)書本形菜單　(C)平版電腦式菜單　(D)摺疊形菜單。　　　　　　　　　　　　　【107-2模擬專二】

解析▶ (A)懸掛木質黑板或其它材質，呈現於點餐櫃台及咖啡吧檯後方，方便客人點餐。

(　　)18. 菜單工程是依照邊際貢獻率或為利潤及產品銷售量或為點菜率的線向變化，做為更換菜單的依據。有關菜單工程的敘述，下列何者錯誤？　(A)明星型Stars，高銷售率、受歡迎程度高，可作為餐廳代表菜色　(B)跑馬型Horses，低成本、高利潤，是餐廳的明日之星　(C)苟延殘喘型Dogs，點菜率、邊際貢獻率皆低，更換此類菜色　(D)困惑型Puzzles，利潤高，但點菜率不佳，應加強促銷。　　　　　　　　　　　　【107-3模擬專二】

解析▶ (B)跑馬型Horses，須降低成本或加強產品以調高售價，才能成為餐廳的明日之星。

(　　)19. 宥嘉第一天至高級西餐廳上班，有關西餐上菜的順序應為何？　(A)Appetizers→Soup→Salad→Main Course→Dessert (B)Soup→Appetizers→Salad→Main Course→Dessert　(C)Salad→Appetizers→Soup→Main Course→Dessert　(D)Dessert→Appetizers→Salad→Main Course→Soup。　【107-3模擬專二】

解析▶ 開胃菜Appetizers→湯Soup→生菜沙拉Salad→主菜Main Course→Dessert甜點。

(　　)20. 西餐供應中途會給予小物去調整口腔的味覺，以便享用下一道美食。下列敘述中何者和Sorbet沒有共同功用？　(A)麵包　(B)巧克力　(C)開水　(D)沙瓦。　　　　　　　　　　　　　　　　　　　　　　　【107-3模擬專二】

🎯 解 答

17.A　　18.B　　19.A　　20.B

( )21. 依照現代式西餐上菜原則，下列菜餚的上菜順序何者正確？(1)Sherbet、(2)Fish、(3)Hot Appetizer、(4)Cold Appetizer、(5)Soup、(6)Cheese、(7)Dessert、(8)Meat with Vegetable、(9)Beverage　(A)(4)(5)(3)(2)(1)(8)(6)(7)(9)　(B)(5)(4)(3)(1)(2)(6)(8)(7)(9)　(C)(4)(5)(3)(2)(1)(6)(8)(9)(7)　(D)(5)(4)(3)(2)(1)(8)(7)(6)(9)。　　　　　　　　　　　　　　　　【107-5模擬專二】

解析▶ 冷開胃菜Cold Appetizer→湯Soup→熱開胃菜Hot Appetizer→魚類料理Fish→沙碧Sherbet→肉類附蔬菜Meat with Vegetable→乳酪Cheese→點心Dessert→飲料Beverage。

( ) 22. 有關中餐上菜的原則，下列哪些正確？(1)先鹹後甜、(2)先淡後濃、(3)先冷菜後熱菜、(4)先普通食材、後質佳昂貴食材、(5)先酒後菜、(6)先炒後燒、(7)先蒸後燒、(8)先湯菜後乾菜　(A)(1)(2)(3)(5)(6)　(B)(1)(2)(3)(4)(5)(6)　(C)(1)(2)(3)(4)(5)(6)(7)　(D)(1)(2)(3)(4)(5)(6)(7)(8)。　　【107-5模擬專二】

解析▶ 應為(4)先質佳昂貴，後普通食材。(7)先燒後蒸。(8)先乾菜後湯菜。

( )23. 陳小希住在一間B&B 的民宿，民宿提供歐陸式早餐給住客享用，請問陳小希的早餐中不會出現下列哪一種麵包？　(A)Toast with pineapple jams　(B)Roll　(C)Croissant　(D)Danish Pastry。　　　　【108-1模擬專二】

解析▶ (A)Toast with pineapple jams吐司搭配鳳梨果醬、(B)Roll 餐包、(C)Croissant可頌、(D)Danish Pastry丹麥起酥麵包。歐陸式早餐常見的麵包有：吐司(Toast)、牛角麵包或可頌(Croissant)、丹麥起酥麵包(Danish Pastry)、德式麵包(Zwieback)。美式早餐常見的麵包有：吐司(Toast)、餐包(Roll)、焙果(Bagel)、煎餅(Pancake)、瑪芬或鬆餅(Muffin)。

( )24. 信樺大飯店推出兩道新的菜餚，一道是迷迭香烤全雞，一道是香煎櫻桃鴨，迷迭香烤全雞的利潤高，但銷售表現不佳，而香煎櫻桃鴨的利潤低，但銷售表現良好，請問迷迭香烤全雞屬於菜單工程中，哪一個類型的商品？　(A)跑馬型　(B)明星型　(C)困惑型　(D)苟延殘喘型。

【108-1模擬專二】

解析▶ (A)跑馬型：利潤低，銷量高的產品、(B)明星型：利潤高，銷量高的產品、(C)困惑型：利潤高，銷量低的產品、(D)苟延殘喘型：利潤低，銷量低的產品。

 解答

21.A　　22.A　　23.B　　24.C

（　）25. 承上題，如果身為一位餐廳經理，應該如何改善香煎櫻桃鴨這道菜的問題？　(A)可以套餐型式包裝，提昇質感，以拉高售價及邊際貢獻率，或者降低成本　(B)持續口碑及品質的維持，薄利多銷之後，利潤會更好　(C)可以將香煎櫻桃鴨做為今日特餐，增加菜單曝光度　(D)因香煎櫻桃鴨的利潤低，因此從菜單中刪除此道菜餚。　　　　　　　　　　【108-1模擬專二】

（　）26. 依據西餐菜單的結構，哪一道菜餚的口味多以清淡略酸鹹為主，主要是用來刺激顧客的味蕾與食慾？　(A)Potage　(B)Hors d'Oeuvre Froid　(C)Hors d'Oeuvre Chaud　(D)Grosse Piéce。　　　　　　　　【108-2模擬專二】

解析 (A)Potage湯、(B)Hors d'Oeuvre Froid冷前菜，又稱Starter/Cold Appetizer為西餐中的第一道菜、(C)Hors d'Oeuvre Chaud 熱前菜、(D)Grosse Piéce大塊菜。

（　）27. 下列哪一道菜餚最有可能作為Cold Appetizer？　(A)Shrimp Cocktail　(B)Soufflé　(C)Escargot in Shells　(D)Spaghetti。　　　　【108-2模擬專二】

解析 (A)Shrimp Cocktail蝦考克，屬於Cold Appetizer（冷開胃菜）、(B)Soufflé舒芙雷，屬於甜點、(C)Escargot in Shells帶殼田螺，屬於熱開胃菜、(D)Spaghetti 義大利麵，屬於主菜。

（　）28. 有關中餐服務方式與原則，下列敘述何者正確？　(A)宴席菜單的設計原則為先冷後熱、先蒸後燒、先清淡後味濃　(B)宴席菜餚的服務順序為傳菜→秀菜→上菜→分菜　(C)宴席時，服務人員應站在主賓右側進行秀菜　(D)服務人員應站在顧客的右側接受點菜。　　　　　　　　【108-3模擬專二】

解析 (A)先燒後蒸、(B)宴席菜餚的服務順序為傳菜→上菜→秀菜→分菜、(C)服務人員應站在主人右側進行秀菜。

（　）29. 有關中餐宴會服務員上菜順序之敘述，下列何者正確？甲、小張服務員先上熱炒菜餚再送上冷盤菜餚；乙、小玉服務員先上菜餚再送上點心；丙、小陳服務員先上口味清淡菜餚再送上口味油濃郁菜餚；丁、小吳服務員先上質樸菜餚再送上昂貴菜餚　(A)甲乙　(B)乙丙　(C)丙丁　(D)乙丁。

【108-4模擬專二】

解析 上菜順序之原則：先冷盤後熱炒、先菜餚後點心、先鹹後甜、先口味清淡後濃郁、先昂貴後質樸菜餚。

🎯 **解答**

| 25.A | 26.B | 27.A | 28.D | 29.B |

(　)30. 在中式餐廳內，菜餚的服務順序原則，下列何者正確？　(A)熱炒→冷菜→大菜→點心→甜點　(B)大菜→冷菜→熱炒→甜點→點心　(C)大菜→熱炒→冷菜→甜點→點心　(D)冷菜→熱炒→大菜→點心→甜點。

【108-4模擬專二】

解析▶ (D)冷菜→熱炒→大菜→點心→甜點。

(　)31. 下列何者不具有「調整味蕾上的味覺，清除前一道菜的餘味」之功能？(A)開胃酒(Aperitif)　(B)冰沙(Sherbet)　(C)礦泉水　(D)麵包。

【108-4模擬專二】

解析▶ (A)開胃酒(Aperitif)為餐前所飲用的飲料，其功能主要是刺激味蕾、增進食慾，以達到開胃的目的。(B)(C)(D)冰沙(Sherbet)、礦泉水及麵包皆有調整口腔味覺之功能。

(　)32. 有關中式餐廳分菜服務的作法，下列何者不正確？　(A)先分配菜再分主菜，接著加佐料、淋湯汁　(B)分完菜後，若有剩餘菜餚，應裝於小盤置於轉檯上，供賓客自行取用　(C)分魚翅時不能將魚翅打散　(D)分好的菜餚，由主人開始，順時針方式一一遞給賓客食用。　【108-5模擬專二】

解析▶ (D)分好的菜餚，由主賓開始，順時針方式一一遞給賓客食用。

(　)33. 請依據下列菜單的內容判斷此份菜單屬於何種類型菜單？

沙拉吧 $380／人 Salad Bar 平日限定，假日及國定假日不適用	主餐+沙拉吧$580起／人 Main Course with Salad Bar
主餐六選一 Main Course (Choose 1 out of 6) 炭烤澳洲A7 和牛佐紅酒醬汁 Grilled Australia Wagyu Beef Steak with Red Wine Sauce NT$580 爐烤鮭魚／碳烤海貝佐昆布高湯 Roasted Salmon, Grilled Shellfish, Kombu Stock NT$580	

 解答

30.D　　31.A　　32.D　　33.D

沙拉吧 $380／人 Salad Bar 平日限定，假日及國定假日不適用	主餐+沙拉吧$580起／人 Main Course with Salad Bar
爐烤義式香草培根雞肉捲 Roasted Chicken Roll with Bacon and Herbs NT$580 法式松果香料烤羊排 Roasted Lamb Chop with Nuts NT$680 低溫松茸野菇安格斯黑牛 Sous Vide U.S Beef Chuck with Wild Mushroom NT$680 碳烤波士頓龍蝦（半隻）佐松露蘑菇義大利麵 Grilled Half Boston Lobster, Spaghetti with Mushroom and Truffle NT$780	
營業時間 11:30～14:00 最後點餐時間 13:30	以上價格均需另加收10％服務費 餐廳禁帶外食，無提供打包外帶服務 孩童身高125 cm～145 cm酌收沙拉吧 費用$380／人

(A)Table d'ôtel　(B)À La Carte　(C)Buffet Menu　(D)Semi-Buffet Menu。

【109-1模擬專二】

解析▶ (A)Table d'ôtel套菜菜單、(B)À La Carte 單點菜單、(C)Buffet Menu 自助餐菜單、(D)Semi-Buffet Menu 半自助餐菜單，通常在主菜方面用點選方式（部分餐廳以主菜價格加沙拉吧特價作為餐費定價），而湯類、沙拉、甜點、飲料等不限量，任由顧客自行取用。

(　　)34. 小花跟媽媽說她喜歡日本料理的揚物、先付以及汁物這三種菜色，請問下列哪一道日本料理不是小花喜歡的菜餚？　(A)鮭魚卵　(B)烤鯖魚　(C)炸蝦　(D)味噌湯。　　　　　　　　　　　　　　　　【109-1模擬專二】

解析▶ 先付是指佐酒小菜，量少，開胃之用，例如：鮭魚卵、鹽漬墨魚。揚物是油炸的菜，例如：天婦羅、炸蝦、炸青椒等。燒物是烤魚或烤肉，汁物是指味噌湯。

 解答

34.C

5-3 飲料單、酒單功能與結構

(　　) 1. 下列敘述，何者錯誤？ (A)「Drink List」指含有酒精及非酒精性的飲料單 (B)「Wine List」指葡萄酒單 (C)「Aperitif List」指餐後酒酒單 (D)「Room Service Beverage List」指放置在客房內的迷你冰箱(Min Bar)，顧客可自行取用飲料。

(　　) 2. 下列何者不屬於強化酒精葡萄酒(Fortified Wine)？ (A)Champagne (B)Sherry (C)Port (D)Madeira。

(　　) 3. 下列何者不會出現在葡萄酒單上？ (A)酒精濃度 (B)價錢 (C)年份 (D)產地。

(　　) 4. 關於傳統葡萄酒的編排方式，下列敘述何者錯誤？ (A)美國酒排在歐洲個國酒之後 (B)香檳酒排在最前面 (C)先紅酒，後白酒 (D)法國酒排在其他國家酒前面。

(　　) 5. 葡萄酒單上若出現「NV」，則表示： (A)無註明生產區 (B)無年份 (C)無註明生產國 (D)低酒精。

(　　) 6. 有關飲用飲料的原則，下列敘述何者有誤？ (A)先喝白酒，再喝紅酒 (B)先喝不甜的酒，再喝甜的酒 (C)先喝年輕酒，再喝陳年酒 (D)先喝高貴酒，再喝質樸酒。

(　　) 7. 小新在文京餐廳點叫羅利牛排佐黑胡椒醬汁，其適合搭配的酒類為？ (A)日本威士忌 (B)智利紅葡萄酒 (C)義大利香草酒 (D)德國白葡萄酒。

(　　) 8. 非酒精性飲料一般稱為Non-Alcoholic Beverage，也可稱為什麼？ (A)Hard Drinks (B)Soft Drinks (C)Sweet Drinks (D)Long Drinks。

【100餐服技競模擬】

(　　) 9. 聖誕節的蛋酒比較不會出現在下列哪一種飲料單中？ (A)Promotional Tent Card (B)Wine List (C)Seasonal Drink List (D)Cocktail List。

【100餐服技競模擬】

解答

| 5-3 | 1. C | 2. A | 3. A | 4. C | 5. B | 6. D | 7. B | 8. B | 9. B |

( )10. 下列何種飲料不含咖啡因成分？ (A)Cappuccino (B)Latte (C)Pousse-Cafes (D)Espresso。　　　　　　　　　　　　　　　　【100餐服技競模擬】

( )11. 關於菜單與酒單的敘述，下列何者正確？甲： hanging menu 又稱 folding menu、乙： digestif list 會出現 oloroso sherry、丙： table d'hôte 指的是立在餐桌上的菜單、丁：餐廳為淡季折扣所設計的菜單稱之為 gala menu、戊：西元 1571 年，法國貴族婚宴出現第一份詳列菜餚細項的菜單 (A)乙、丁 (B)乙、戊 (C)甲、乙、丙 (D)丙、丁、戊。

【110統測－餐服】

( )12. 依據飲料單結構之分類，此飲料單所呈現的內容中，並未出現以飲用時機或飲料特性來分類的飲料？ (A)Aperitifs (B)Hot Drinks (C)Table Wine (D)Soft Drinks。　　　　　　　　　　　　　　　　【106-5模擬專二】

解析 ▶ (A)Aperitifs：餐前酒，飲料單中的Dry Martini、(B)Hot Drinks：熱飲、(C)Table Wine：飲料單中的White Wine、(D)Soft Drinks：飲料單中的Orange Juice/Coke。

解答

10.C 　 11.B 　 12.B

06
CHAPTER
RESTAURANT

餐桌佈置與擺設

6-1　中餐餐桌佈置與擺設

6-2　西餐餐桌佈置與擺設

6-3　主題式餐桌佈置與擺設

趨·勢·導·讀

本章之學習重點：

中餐廳圓桌的擺設跟西餐廳的方桌擺設有所不同，在桌巾的鋪設、餐具的擺放、口布的放置、調味料及酒杯的放置都有所規定，尤其是西餐中特殊菜餚的餐具搭配相當重要需要熟記。身為餐飲人員最基礎的技能，一定要能夠熟悉其用具的擺放順序及位置，如此在實習操作上面才能夠很快地駕輕就手。

1. 了解桌巾的鋪設順序了解。

2. 熟悉依照不同的菜單進行餐具的擺放。

3. 熟悉菜餚及特殊器具的搭配。

4. 培養良好的工作流程。

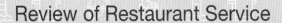

6-1 中餐餐桌佈置與擺設

一、餐桌佈設原則：

1. **美觀**：包含檯佈、口佈、餐具的色彩協調與質感配合、餐具的造型一致，餐桌佈設與餐桌、餐椅、整體餐廳佈置搭配得宜。

2. **整齊**：餐具擺設位置正確、每一餐具間隔一致、口布摺疊整齊、調味瓶、花瓶、燭檯等擺放位置一致，餐椅擺放整齊。

3. **衛生與安全**：檯布、口布清洗乾淨並熨燙平整、餐具應乾淨、無破損或汙染、餐桌上的物品擺設不應超出桌面。

4. **其他原則**：例如應符合實用性、方便性與搭配燈光照明等。

二、中餐餐桌佈設的步驟

架設餐桌→鋪設檯布（及檯心布）→放置轉檯→擺放餐椅（亦可最後擺放）→佈設餐具→擺放口布（亦可最先擺放、定位用）→佈設調味品及公用物品。

餐具名稱	餐具布設
①茶杯 ②筷架 ③筷子 ④小味碟 ⑤湯匙 ⑥瓷湯碗（口湯碗） ⑦中式骨盤 ⑧口布	

步　驟	說　明
鋪設檯布（及檯心布）	1. 檯布鋪設分為三種方式： (1) 撒網式：使用雙手將檯布拋出，適合較大桌面或顧客不在場時使用。 (2) 手推式：手推式的鋪法動作需小且輕，適合營業中顧客在場時的鋪設方式。 (3) 抖鋪式：兩段式鋪法。適合桌面較大時的鋪設方式，也可由兩位服務人員一起操作。 2. 鋪設前先檢查桌面是否乾淨穩固，鋪設完畢再檢查是否對齊中央、是否翹起或有皺摺。 3. 檢查檯布四周下垂長度一致，使用方檯布應避免四個角拖地。 4. 小吃服務通常會另外鋪設一層檯心布(Top Cloth)。
放置轉檯	1. **直徑超過150公分的圓桌必須放置轉檯**(Lazy Susan)；轉檯材質為木質者，通常會再套上轉檯套(Lazy Susan Cover)。 2. 檢查轉檯是否乾淨，其次檢查轉檯大小是否合適。 3. 以雙手將轉圈放在桌面正中央位置，再將轉檯放置其上。 4. 轉動轉檯，**檢視轉檯是否位於餐桌正中央並調整之**，務使餐桌轉檯圓心與桌面圓心一致。 5. 整理拉平因擺放轉檯時產生皺摺的檯布。
擺放餐椅	1. 一般餐廳擺放餐椅分為兩種方式： (1) 先擺設餐椅、後擺設餐具：適用於布設大型圓桌或是初學者，先擺餐椅具有定位的功能，但會妨礙服務人員擺設餐具，因此必須先把餐椅推入桌面。 (2) 先擺設餐具、後擺設餐椅：餐椅最後擺放不致妨礙服務員餐具擺設，適合熟練的服務員。 2. 高級餐廳會套上與檯布或轉檯套顏色相近的椅套(Chair Cover)，增進餐廳用餐氣氛。 3. 餐椅擺正，對齊餐桌桌腳，將餐椅推入，再拉至切齊桌緣位置。 4. **安排座位間隔時，顧客彼此間的用餐距離以60～70公分為宜。**
布設餐具	1. 骨盤： (1) 骨盤放在顧客座位正前方，離桌緣1～2指寬，有定位、放置骨頭及菜餚的功能。 (2) 最常用的為**七吋盤**（18公分）。 (3) 定位順序為12點→6點→3點→9點，然以順時針方向最為理想。 2. 味碟： (1) 擺放於骨盤之正上方2公分處。 (2) 用來裝醬油、醋或辣椒醬等調味品的小碟子。

步　驟	說　明
佈設餐具（續）	3. 口湯碗（小湯碗）： (1) **口湯碗放置骨盤左上方，與味碟及茶杯成一直線。** (2) 桌席或宴會服務時，不事先擺放口湯碗，等湯菜上桌要分湯前，才將口湯碗放置轉檯上服務。 4. 湯匙及湯匙座：有三種放置情形： (1) 僅有湯匙座：湯匙座擺放的位置，通常位於骨盤的右上方，湯匙柄朝右。 (2) 湯匙座與筷架：此類座架稱為匙筷架，又稱龍頭架，可同時放置筷子與湯匙，湯匙放於筷子左側，與筷子平行。 (3) 沒有湯匙座時：直接將湯匙置於口湯碗內。 5. 筷子及筷架： (1) 筷子置於骨盤右側的「筷架」或「匙筷架」上。 (2) 筷子需凸出筷架3～5cm，筷尾距桌緣1cm。 6. 茶杯或水杯： (1) 中餐廳放水杯常為服務果汁之用。 (2) 小吃服務不設水杯，僅擺設茶杯。茶杯置於筷架右側，與口湯碗、味碟、筷架平行位置。 7. 擺放酒杯、公杯或酒壺： (1) 小吃服務時不擺放酒杯、貴賓服務或桌席時才擺放酒杯。 (2) **一桌通常設置2～4個公杯，放置轉檯上（紹興酒杯之最右側）：杯嘴朝左，握把朝右。** (3) 若擺設葡萄酒杯，則置於水杯右下角處：飲用啤酒時，可用水杯服務，或另擺設啤酒杯於水杯右下方。 8. 擺放口布： (1) 將摺好的口布撐開放置骨盤上，花樣不宜太複雜，大小不可超過盤緣。 (2) 早期餐廳貴賓服務時，通常提供冷熱毛巾，連同毛巾碟一起服務，放置在骨盤左側；礙於衛生考量，現在多不提供毛巾，改以餐巾、濕紙巾代替。 (3) 置於骨盤上，稱「盤花」。擺在水杯中，稱「杯花」。 9. 擺放調味料：中餐擺設醬油碟、辣椒醬、黑醋等調味料於轉檯上或餐桌中央，需墊底盤及花邊墊紙，**標誌朝外，壺嘴朝左。** 10. 其他公共物品： (1) 依餐廳規範分別將下列公共布品擺設於轉檯、桌面正中央或無人坐的一邊：牙籤盅、煙灰缸（2～3人使用一個）、花盆或花瓶等。 (2) 遇有宴會，會再放置菜單及席次卡：菜單應打開45度角置於轉檯上，席次卡則放置轉檯中央位置。

三、餐飲服務丙級檢定－中餐技能項擺設範例

1. 範例一

餐具名稱	單人份擺設參考圖
1. 茶杯 2. 筷架 3. 筷子 4. 小味碟 5. 口湯碗 6. 瓷湯匙 7. 圓盤 8. 口布 9. 高飛球杯	

2. 範例二

餐具名稱	單人份擺設參考圖
1. 茶杯 2. 湯匙筷架 3. 筷子 4. 小味碟 5. 瓷湯匙 6. 圓盤 7. 口布 8. 白酒杯	

考題推演

(B) 1. 中式餐具擺設中，毛巾碟最適宜擺放在哪個位置？ (A)展示盤或骨盤的右側 (B)展示盤或骨盤的左側 (C)展示盤或骨盤的右上方 (D)展示盤或骨盤的下方。 【98統測－餐服】

解答 B

解析 毛巾碟宜擺放在骨盤的左側。在大型的宴會中，為講究服務效率，毛巾碟可先放濕紙巾；但在貴賓型的宴會中，則等客人入座後，才為客人一一派送熱毛巾。

( ) 2. 中式宴會桌面擺設銀湯匙的正確方法為何？ (A)置於龍頭架右側，正面朝上，匙柄朝客座 (B)置於龍頭架左側，正面朝上，匙柄朝客座 (C)置於湯碗內，匙柄朝左 (D)置於湯碗內，匙柄朝右。 【99統測－餐服】

解答 B

解析 中式宴會桌面上，於龍頭銀製匙筷架上擺放銀湯匙，其銀湯匙置於龍頭架左側，正面朝上，匙柄朝客座。主要用來舀菜（從大盤取至骨盤上），喝湯時，會另附瓷湯匙。

( ) 3. 餐桌佈設能帶給顧客整潔舒適的用餐環境，請問在餐桌佈設時不需遵守下列哪項原則？ (A)每組餐具的規格及口布樣式均一致 (B)餐具運送時儘量疊高以增加工作效率 (C)餐具物品色彩與餐廳裝潢協調 (D)以顧客方便取用及服務人員方便服務為佈設原則。 【105-1模擬專二】

解答 B

( ) 4. 有關中餐餐桌佈設內容及注意事項，下列何者為小吃餐桌在佈設時應完成的事項？ (A)將水杯置於筷子上方 (B)將公杯置於轉檯上 (C)將茶杯置於匙筷架右側 (D)將毛巾碟置於骨盤左側。 【105-1模擬專二】

解答 C

解析 將水杯置於筷子上方、將公杯置於轉檯上、將毛巾碟置於骨盤左側，均為筵席餐桌應完成的佈設內容。

( ) 5. 有關中餐的Table Setting，下列何者錯誤？ (A)擺設匙筷架時，筷子置於匙筷架左方，湯匙則置於右方 (B)毛巾疊應放在骨盤的左側 (C)湯匙置於口湯碗時，匙柄朝左側 (D)餐具上的標籤應朝上，並放在12 點鐘的位置。 【105-2模擬專二】

解答 A

解析 擺設匙筷架時，筷子置於匙筷架右方，湯匙則置於左方。

6-2 西餐餐桌佈置與擺設

一、西餐基本餐桌佈設的概念

1. 先擺上基本餐具：大部分西餐廳都同時供應套餐及單點菜單，為了減少收取或更換餐具的麻煩，習慣於餐桌上擺放基本餐具，於顧客點菜後，餐具再稍做調整。

2. Cover：餐廳外場服務時所使用的術語「Cover」有兩種意思，一是指一套餐具；二是指外場用餐人數或是一桌所坐的人數。針對每位顧客所點的整套餐具佈設就稱為「Cover」；整桌的餐具布設就稱為「Table」。

3. 瞭解餐桌擺放形式：西餐宴席餐桌佈設需預估參加人數，以搭配餐桌擺放的形式（直線型、U型、教室型）與大小（如：方桌、長桌），每位顧客座位間距以60～70cm最為恰當。

二、西餐餐具擺放的原則

1. 擺放餐具要求一致協調，需符合對稱、平衡、整齊為基本原則。

2. 以展示盤或口布先行定位，其他餐具以其為基準擺放。

3. 餐具由內而外、由下而上擺放。

4. 相同餐具、杯皿不同時擺放於桌面。

5. 一人份基本餐具如下：

   (1) 展示盤：提供定位之用途。

   (2) 口　布：置於展示盤上，如無展示盤，直接以口布定位。

   (3) 餐　刀：擺在展示盤右側。

   (4) 餐　叉：擺在展示盤左側。

   (5) 麵包盤：擺在餐叉左側。

   (6) 奶油刀：放於麵包盤上方。

   (7) 水　杯：水杯擺放在餐刀正上方。

三、西餐餐桌佈設流程

　　鋪設檯布→展示盤或口布定位→擺設左右餐具→擺設點心餐具→擺設麵包盤、奶油刀→擺設水杯及酒杯→擺設調味品、花瓶或其他（桌燈、菜卡、顧客意見表）。

餐具名稱		餐具布設
① 水杯　　　　　⑧ 餐叉 ② 紅酒杯　　　　⑨ 沙拉叉 ③ 白酒杯　　　　⑩ 奶油刀 ④ 沙拉刀　　　　⑪ 麵包盤 ⑤ 橢圓湯匙　　　⑫ 點心叉 ⑥ 餐刀　　　　　⑬ 點心匙 ⑦ 展示盤　　　　⑭ 口布		

流　程	說　明
展示盤或口布定位	1. 展示盤需事先擺放於桌上定位，如無使用展示盤，則以口布定位。 2. 定位時，需在座位的正前方，**離桌緣1吋處**。 3. 如展示盤或口布上有餐廳標誌或是圖案，要面對客人方向擺放。
擺放刀、叉、匙	1. 左右兩側餐具 　(1) **右側放刀類（刀刃朝左）、匙類（匙面向上）。** 　(2) **左側放叉類（叉齒朝上）。** 　(3) **餐具擺放時是由內而外，使用時是由外而內。** 2. 上方點心餐具 　(1) 放置展示盤（或口布）正上方。 　(2) **點心叉在下（叉齒朝右）、點心匙在上（匙面朝左）。** 　(3) 點心叉匙擺放時由下而上，使用時點心叉移置左側，點心匙移置右側。 3. 其他 　(1) **相同之餐具不同時擺放桌面。** 　(2) **左右餐具不超過三副。（不含湯匙）** 　(3) 單品開胃小叉擺放在最右側，或直接將小叉置於底盤上。 　(4) 以義大利麵為主食時，餐叉擺右側，餐匙擺左側。
麵包盤	1. 麵包盤放在餐叉左側，下緣與展示盤對齊。 2. 法式：奶油刀放於麵包盤上之右側1/4處，刀刃朝左，刀柄朝下。 3. 美式：奶油刀放於麵包盤上之上側1/4處，刀刃朝下，刀柄朝右。
水杯	**水杯放於右側主餐刀上方一吋處。**
擺放酒杯	1. **酒杯放於水杯右斜下方（約45°）。** 2. **酒杯最多不超過四個，左大右小。** 3. 依照使用順序（水杯→紅酒杯→白酒杯）由左上到右下斜線擺放，亦可擺成倒三角形。

流　程	說　明
胡椒鹽罐及花瓶	1. 胡椒鹽罐放置於點心餐具上方。 2. **胡椒鹽罐是布設時唯一放置於餐桌上的調味料。** 3. **胡椒鹽罐擺設方式為左鹽右椒。** 4. 花瓶：花的高度宜介於顧客的胸部至眼睛之間，花應向內供顧客觀賞。
咖啡杯組	1. 咖啡杯組包含咖啡底盤、咖啡杯及咖啡匙。 2. **咖啡杯組通常不事先擺放，於供應時才一起上桌。** 3. 除早餐或大型宴會可預先擺放咖啡杯組，放置於餐桌最右側，杯耳與咖啡匙朝四點鐘方向。
特殊餐具	1. **特殊餐具應隨顧客點餐內容適時供應，否則不事先擺放。** 2. 特殊餐具如：龍蝦叉、龍蝦鉗、田螺叉、田螺夾、蠔叉等。

考題推演

(　　) 1. 有關西餐餐桌佈置及擺設的敘述，下列何者較不適合？　(A)在擺設展示盤兩側餐具時，以由外向內擺設　(B)清湯匙應置於餐刀右側，匙面朝上　(C)沙拉叉應擺放於餐叉左側，齒叉朝上　(D)紅酒杯以45度角置於水杯右下方。　　　　　　　　　　　　　　　　　　　　　　　【105-1模擬專二】

　　解答▶ A

(　　) 2. 有關西餐的餐桌擺設原則，下列敘述何者錯誤？　(A)每側餐具以不超過3件為原則　(B)Table為整桌的餐具擺設　(C)點心餐具擺放時，由外而內　(D)應以口布或展示盤定位。　　　　　　　　　　　　　　　【105-4模擬專二】

　　解答▶ C

(　　) 3. 有關餐桌佈置與擺設的原則之敘述，下列何者錯誤？　(A)Cover是指一桌席次所用的餐具　(B)運用口布、椅子、展示盤皆可達定位之效果　(C)餐具距離桌緣寬度及對齊的角度是須符合一致性、邏輯觀念　(D)Table是指餐桌中兩人份以上的餐具、胡椒鹽罐、花瓶等配備。　【105-5模擬專二】

　　解答▶ A

　　解析▶ (A) Cover是指一人席次所用的餐具。

(　　) 4.有關下列菜單：Creen Salad、Pureé of Green Pea Soup、Pan-fried Salmon Steak、Chees Cake、Coffee，其西式餐桌佈設內容，何者正確？　(A)其右

側餐具由內至外，依序有餐刀→橢圓湯匙→沙拉刀　(B)其左側餐具由內至外，依序有魚叉→沙拉叉→麵包盤及奶油刀　(C)其上方餐具由下而上，依序有點心匙→點心叉→椒鹽罐及花瓶　(D)此菜單若搭配佐餐酒，其擺設杯具依序為水杯→白酒杯。　　　　　　　　　　　　　　　【106-1模擬專二】

(解答)▶ B

(解析)▶ 菜單：脆綠沙拉Green Salad、青豆仁漿湯Pureé of Green Pea Soup、香煎鮭魚排Pan-fried Salmon Steak、乳酪蛋糕Cheese Cake、咖啡Coffee。(A)其右側餐具由內至外，依序有魚刀→圓湯匙→沙拉刀、(C)其上方餐具由下而上，依序有點心叉→點心匙→椒鹽罐及花瓶、(D)此菜單若搭配佐餐酒，其擺設杯具依序為水杯→紅酒杯。

(　　) 5. 有關西餐餐桌佈設之敘述，下列何者正確？　(A)咖啡杯組擺設於定位盤右側　(B)B.B. Plate右側擺設點心叉　(C)餐刀置於桌面右側　(D)右刀左叉為基本原則，餐點如為Creamy Seafood Pasta，需調整為右匙左叉。

【106-2模擬專二】

(解答)▶ C

(解析)▶ (A)咖啡杯組不預先擺設、(B)B.B. Plate右側擺設餐叉或沙拉叉、(D)Creamy Seafood Pasta（奶油海鮮義大利麵）餐具擺設需調整為右叉左匙。

6-3　主題式餐桌佈置與擺設

一、西餐特殊餐具佈設

菜　式	擺設方式
水煮蛋 (Boiled Egg)	以蛋杯附底盤（須墊花邊紙）服務之，另擺設蛋匙或茶匙於右側。
水波蛋 (Poached Egg)	1. 擺設大餐叉於右側。 2. 水波蛋常以土司墊服務之。
魚子醬 (Caviar)	1. 右側擺設小匙或同時擺設小刀（右側）、小叉（左側）。 2. 隨餐附上：小圓煎餅(Blinis)、融化奶油或泡沫鮮奶油。
煙燻鮭魚 (Smoked Salmon)	1. 擺設沙拉刀（右側）、沙拉叉（左側）。 2. 隨餐附上：1/4檸檬角、胡椒研磨器。

菜　式	擺設方式
鵝肝醬 (Goose Liver Pate / Foie Gras)	1. 擺設沙拉刀（右側）、沙拉叉（左側）。 2. 隨餐附上：土司、奶油。
蝦考克／鮮蝦盅 (Shellfish cocktail)	以考克杯附底盤（墊有花邊紙）供應，擺設考克叉在右側。
生蠔 (Oyster)	1. 擺設蠔叉於右側。 2. 另附洗指盅(Finger Bowl)於左上方。 3. 隨餐附上英式酸辣油(Tabasco Sauce)、1/4檸檬角、胡椒研磨器。
帶殼田螺 (Snails / Escargot in Shells)	1. 帶殼田螺以不鏽鋼田螺盤（淺盤）供應。 2. 設置田螺夾於左側、田螺叉於右側、小匙擺設於最右側。 3. 隨附洗指盅。
不帶殼田螺 (Snails / Escargot in Ceramic Dish)	1. 不帶殼田螺以瓷器田螺盤（深盤）盛裝。 2. 擺設田螺叉於右側。
帶殼龍蝦 (Lobster)	1. 先擺設沙拉刀在右側、沙拉叉在左側。 2. 再擺設龍蝦叉（沙拉刀右側）、龍蝦鉗（沙拉叉左側）。 3. 另附洗指盅於左上方、點心盤（放置蝦殼）於右上方。
火腿蘆筍 (Asparagus with Ham)	1. 擺設沙拉刀（右側）、沙拉叉（左側）。 2. 另附洗指盅於左上方。
整顆朝鮮薊 (Artichokes)	1. 擺設沙拉刀（右側）、沙拉叉（左側）。 2. 另附洗指盅於左上方、點心盤（放置葉片用）於右上方。
淡菜 (Mussels)	1. 淡菜即孔雀貝，為西餐常見的熱開胃菜。 2. 服務淡菜須擺設魚刀（右側）、魚叉（左側），另設置小匙於魚刀之右側。 3. 另附洗指盅於左上方、點心盤（置殼用）於右上方。
法式馬賽海鮮湯 (Bouillabaisse)	1. 擺設魚刀（右側）、魚叉（左側），另設置湯匙於魚刀之右側。 2. 另附洗指盅於左上方、點心盤（置殼用）於右上方。
通心粉(Pasta)、米飯 (Rissoto)	1. 設置大餐叉於右側。 2. 義大利麵(Spaghetti)另設置大湯匙於左側。
乳酪 (Cheese)	擺設沙拉刀（右側）、沙拉叉（左側）。
半顆葡萄柚 (Grapefruit)	1. 設置葡萄柚匙於右側。 2. 另附洗指盅於左上方、糖盅於正上方。
半顆哈密瓜／西瓜 (Melon)	1. 設置點心匙於右側。 2. 另附洗指盅於左上方、糖盅於正上方。
切片哈密瓜	1. 點心刀（沙拉刀）（右側）、點心叉（沙拉叉）（左側）。 2. 另附糖盅於正上方。

菜　式	擺設方式
香蕉 (Banana)	設置點心刀（沙拉刀）（右側）、點心叉（沙拉叉）（左側）。
水果沙拉 (Fruit Salad)	1. 點心匙（置於右側）、點心叉（置於左側）。 2. 另附糖盅於正上方。
杯裝甜點：舒芙蕾 (Souffle)、慕斯	設置小匙於右側。

二、早餐餐桌佈設

早餐類型	圖　示	餐具名稱	說　明
歐陸式早餐 (Continental Breakfast)		① 八吋盤／點心盤（替代麵包盤） ② 口布 ③ 餐叉（多提供於食用可頌、丹麥時） ④ 餐刀（替代奶油刀） ⑤ 咖啡杯組 ⑥ 水杯 ⑦ 胡椒罐、鹽罐	另外擺放咖啡壺、奶盅、糖盅、果醬碟、奶油碟
美式早餐 (American Breakfast)		① 口布 ② 餐叉 ③ 餐刀 ④ 麵包盤、奶油刀 ⑤ 咖啡杯組 ⑥ 水杯 ⑦ 胡椒鹽罐	另外擺放咖啡壺、奶盅、糖盅、果醬碟、奶油碟
客房餐飲服務 (Room Service)		① 水杯（加杯蓋） ② 咖啡壺 ③ 咖啡杯組（咖啡杯倒蓋） ④ 大餐刀 ⑤ 主菜盤（加盤蓋為宜） ⑥ 大餐叉 ⑦ 奶油刀 ⑧ 麵包盤（上放口布） ⑨ 麵包籃巾＆麵包 ⑩ 果醬、奶油 ⑪ 糖盅 ⑫ 奶盅 ⑬ 胡椒罐、鹽罐	旅館中顧客要求於客房內用餐，則服務人員將早餐及餐具置於大托盤上，送到顧客房間

早餐類型	圖　示	餐具名稱	說　明
自助式早餐 (Buffet Breakfast)		① 口布 ② 餐刀 ③ 餐叉 ④ 水杯 ⑤ 咖啡杯組 ⑥ 胡椒鹽罐	為自助式，客人所需餐盤及相關物品皆擺設於餐台上，依客人需要自行取用

三、餐飲服務丙級檢定－西餐技能項擺設範例

1. 範例一

菜單	佐餐酒	餐具名稱	單人份擺設參考圖
法國貝隆生蠔 南瓜奶油濃湯 炭烤肋眼牛排 火焰薄餅	紅葡萄酒	1. 水杯 2. 紅酒杯 3. 生蠔叉 4. 圓湯匙 5. 牛排刀 6. 餐叉 7. 口布 8. 點心叉 9. 點心匙 10. 奶油刀 11. 圓盤(B.BPlate) 12. 展示盤	

2. 範例二

菜單	佐餐酒	餐具名稱	單人份擺設參考圖
普羅旺斯海鮮湯 鮮蘆筍沙拉 蘋果煎鴨胸 焦糖烤布蕾	紅葡萄酒	1. 水杯 2. 紅酒杯 3. 橢圓湯匙 4. 沙拉刀 5. 餐刀 6. 餐叉 7. 沙拉叉 8. 口布 9. 點心匙 10. 奶油刀 11. 圓盤(B.BPlate) 12. 展示盤	

3. 範例三

菜單	佐餐酒	餐具名稱	單人份擺設參考圖
法式焗田螺 凱薩沙拉 白酒蛤蜊義大利麵 酥芙里奶酥	白葡萄酒	1. 水杯 2. 白酒杯 3. 田螺叉 4. 沙拉刀 5. 餐叉 6. 餐匙 7. 沙拉叉 8. 田螺夾 9. 口布 10. 點心匙 11. 奶油刀 12. 圓盤(B.BPlate) 13. 展示盤	

4. 範例四

菜單	佐餐酒	餐具名稱	單人份擺設參考圖
酪梨鮮蝦沙拉 義式蔬菜湯 香煎紅鯛魚 重乳酪蛋糕	白葡萄酒	1. 水杯 2. 白酒杯 3. 沙拉刀 4. 橢圓湯匙 5. 魚刀 6. 魚叉 7. 沙拉叉 8. 口布 9. 點心叉 10. 點心匙 11. 奶油刀 12. 圓盤(B.BPlate) 13. 展示盤	

考題推演

(　) 1 服務人員在顧客單點菜餚後，在餐桌上佈設的餐具有「口布、水杯、麵包盤、田螺叉、田螺夾、花瓶、奶油刀、小匙」，該名顧客所點用的菜餚為下列何者？　(A)Escargot in Shells　(B)Shrimp Cocktail　(C)Oyster　(D)Caviar。　　　　　　　　　　　　　　　　　　　　　　【105-1模擬專二】

解答 A

解析 (A)Escargot in Shells：帶殼田螺、(B)Shrimp Cocktail：鮮蝦盅、(C)Oyster：生蠔、(D)Caviar：魚子醬。

(　) 2. 可達鴨餐廳提供套餐內容：Caesar Salad、Pumpkin Soup、Roast Beef、Tiramisu、Coffee，顧客不會使用到的餐具為何？　(A)Cream Soup Spoon　(B Parfait Spoon　(C)Steak Knife　(D)Coffee Spoon。　【105-2模擬專二】

解答 B

解析 Menu：Caesar Salad、Pumpkin Soup、Roast Beef、Tiramisu、Coffee。
菜單：凱撒沙拉、南瓜濃湯、爐烤牛肉、提拉米蘇、咖啡。
(A)Cream Soup Spoon：濃湯匙，食用濃湯時使用。
(B)Parfait Spoon：帕飛匙，食用聖代時使用。
(C)Steak knife：牛排刀，食用牛排時使用。
(D)Coffee Spoon：咖啡匙，飲用咖啡攪拌時使用。

(　) 3. 依據下圖菜單內容進行餐桌佈設，佈設餐具類別中不會出現下列何者？
(A)Main Plate　(B)Table Knife　(C)Goblet　(D)Cream Soup Spoon。

【105-3模擬專二】

> Smoked Mussel(Semillon)
> Bisque
> Duck Breast(Gamay)
> Chocolate Soufflé
> Café Latte

解答 A

解析 (A)Main Plate主餐盤：隨主餐上桌，不先佈設、(B)Table Knife餐刀、(C)Goblet高腳水杯、(D)Cream Soup Spoon濃湯匙。

> Smoked Mussel煙燻淡菜（Semillon賽米龍甜白酒）
> Bisque海鮮濃湯
> Duck Breast鴨胸（Gamay嘉美紅酒）
> Chocolate Soufflé巧克力舒芙里
> Café Latte拿鐵咖啡

使用餐具：定位盤右側(由內而外)—餐刀、濃湯匙、沙拉刀；左側(由內而外)—餐叉、沙拉叉、BB Plate（含奶油刀）；上方：點心叉匙；杯類（由上而下）—水杯、紅酒杯、白酒杯；公共用品：花瓶、椒鹽罐。咖啡杯組不預先佈設。

( ) 4. 有關早餐的餐桌擺設，下列敘述何者正確？ (A)歐式早餐將B.B.plate置於餐叉右方 (B)美式早餐將鹽罐、胡椒鹽罐至於口布的上方 (C)自助式早餐將咖啡杯組置於餐刀的右方 (D)客房早餐需擺放小刀、小叉。

【105-4模擬專二】

解答 ▶ B

( ) 5. 有關早餐餐桌佈置內容及原則，下列何者錯誤？ (A)不論美式或歐陸式早餐都需擺設B.B.Plate & Butter Knife (B)每人份早餐可供應兩顆水煮蛋 (C)自助式早餐的餐桌擺設，所需餐具擺設最少 (D)以Room Service提供早餐時，應使用Service Dish Cover保持衛生。【106-1模擬專二】

解答 ▶ A

解析 ▶ (A)美式早餐需擺設B.B.Plate & Butter Knife，歐陸式則不用。

6-1 中餐餐桌佈置與擺設

(　　) 1. 下列何款杯具最適合預先擺設在中式小吃之餐桌上？　(A)水杯　(B)茶杯　(C)烈酒杯　(D)紅酒杯。　　　　　　　　　　　【106統測－餐服】

(　　) 2. 下列有關中餐宴席主桌的佈設敘述，何者為非？　(A)應居上位　(B)位在明顯易見之處　(C)靠近門口　(D)主桌的桌面，應大於其他席的桌面。

【100餐服技競模擬】

(　　) 3. 下列關於中式婚宴餐桌佈設的說明，何者錯誤？　(A)裝飾花與調味瓶均應放置在轉檯中央　(B)盛裝酒類的公杯應放置在轉檯邊緣　(C)毛巾碟應放置在顧客骨盤的左側　(D)匙筷架之湯匙應放置在筷子左側。

【100統測－餐服】

(　　) 4. 有關中餐餐桌擺設所需備品的敘述，下列何者正確？　(A)中餐的熱茶服務，一般使用玻璃杯　(B)檯布的尺寸依照桌面的規格，再加上兩邊下垂各約30 公分　(C)中式餐桌的座位擺設，皆以味碟來定位　(D)在婚慶喜宴中應景的只能採用紅色口布。　　　　　　　　　　　【101統測－餐服】

(　　) 5. 關於中式餐具擺設，下列品項間之相對位置何者正確？甲、骨盤在筷子左邊；乙、味碟在骨盤上方；丙、茶杯在筷子右邊；丁、味碟在口湯碗左邊　(A)甲、乙、丙　(B)甲、乙、丁　(C)甲、丙、丁　(D)乙、丙、丁。

【102統測－餐服】

(　　) 6. 餐廳之table setting又可稱為　(A)place setting　(B)set in place　(C)table d'hôte　(D)table mat。　　　　　　　　　　　【103統測－餐服】

(　　) 7. 關於中式餐桌擺設，下列敘述何者正確？　(A)個人用味碟置於骨盤左上方　(B)公用之調味醬匙柄宜朝右擺放　(C)進行餐具擺設時，宜先擺放筷子以方便定位　(D)銀湯匙置放於筷子左方、瓷湯匙置放於筷子右方。

【104統測－餐服】

🎯 解答

6-1	1. B	2. C	3. A	4. B	5. A	6. A	7. B

( ) 8. 關於餐廳設備「lazy Susan」的敘述，下列何者正確？ (A)通常僅搭配於直徑超過180公分的中式圓餐桌使用 (B)為方便定位，擺放的最佳時機是在置放骨盤之後 (C)其邊緣與餐桌邊緣以不小於30公分為宜 (D)上方擺設賓客個人所使用的精緻餐具。 【104統測－餐服】

( ) 9. 一般中餐餐桌擺設，其味碟的擺放的位置，應置於： (A)骨盤正上方或右上方約2公分處 (B)可依客人需求，味碟不用擺上桌 (C)應擺在筷子旁邊 (D)應擺在筷子與水杯之間。 【105餐服技競】

( )10. 有關中餐餐桌佈設注意事項之敘述，下列何者錯誤？ (A)Soup Bowl 應擺設於Waste Plate左上方 (B)Relish Dish應擺設於Round Plate右上方 (C)Rice Bowl常見於宴席餐桌佈設 (D)公用調味料佈設以醬油、醋、辣椒醬為主。 【105-3模擬專二】

解析 (A) Soup Bowl（口湯碗）、Waste Plate（骨盤）、(B)Relish Dish（味碟）、Round Plate（骨盤或圓盤）、(C)宴席餐桌不會佈設Rice Bowl（飯碗）。

( )11. 有關中餐餐桌佈置步驟流程，下列敘述何者正確？甲、擺設餐巾；乙、擺設公共物品；丙、擺設調味品；丁、擺設餐椅；戊、架設餐桌；己、擺設轉檯；庚、鋪設檯布；辛、擺設餐具 (A)戊庚己辛丁甲乙丙 (B)戊庚己辛甲乙丙丁 (C)戊庚辛己乙甲丙丁 (D)戊庚己辛甲丁丙乙。 【106-1模擬專二】

解析 中餐餐桌佈置步驟流程：戊、架設餐桌→庚、鋪設檯布→己、擺設轉檯→辛、擺設餐具→甲、擺設餐巾→乙、擺設公共物品→丙、擺設調味品→丁、擺設餐椅。

( )12. 中式宴席餐桌佈設應先擺放之餐具為何？ (A)Relish Dish (B)Waste Plate (C)Napkin (D)Show Plate。 【106-2模擬專二】

解析 (A)Relish Dish味碟、(B)Waste Plate骨盤、(C)Napkin口布、(D)Show Plate展示盤。

( )13. 服務賓客以不跨越為原則，下列作法何者正確？ (A)熱毛巾於右側進行服務 (B)於賓客右側攤口布，再服務主人 (C)主人左側呈遞菜單 (D)結帳時，於主人左側進行核對。 【106-3模擬專二】

◎ 解答

8. C　　9. A　　10.C　　11.B　　12.B　　13.B

解析▶ (A)毛巾疊置左側、(C)右側雙手呈遞、(D)於右側進行核對帳單。

(　　)14. 有關中餐餐桌佈設之敘述，下列何者正確？　(A)銀製龍頭架右側應擺置筷子，左側擺置瓷湯匙，正面朝上，匙柄朝客座　(B)先以Place Plate定位　(C)Sauce Dish 擺置於Chopsticks Rest 左側　(D)宴席酒杯宜擺置Tea Cup上方。　【106-4模擬專二】

解析▶ (A)銀製龍頭架左側擺置銀湯匙、(B)先以骨盤(Waste Plate)定位、(D)宴席酒杯宜擺置水杯右下方。

(　　)15. 餐廳在提供佐餐麵包時，哪一種服務客人麵包的方式較不正確？　(A)以Plate Servie的方式服務客人麵包時，會將盛著麵包的麵包籃直接放在餐桌上，多人共用一籃，由賓客自取　(B)以Sliver Service的方式派送麵包時，服務員可不使用托盤，直接以左手持服務巾托麵包籃，右手派夾麵包　(C)客人可以自行走到工作檯(Service Station)取用麵包籃，並夾取檯面上的麵包　(D)高級餐廳會將奶油切成一小塊漂亮的造型，再置於奶油碟上，供給每位客人一份。　【106-5模擬專二】

解析▶ 只有自助式或半自助式的餐廳在供應麵包時，會將麵包放在自助餐檯上，供客人自行夾取，但不會放在工作檯上(Service Station)，工作檯是服務人員拿取餐廳餐具或備品的地方。

(　　)16. 有關中餐宴席餐桌佈置的步驟，下列何者正確？　(A)架設餐桌→鋪設檯布→擺放轉檯→擺放餐巾→擺放餐具→擺放調味品及公用物品→擺放餐椅　(B)架設餐桌→鋪設檯布→擺放轉檯→擺放餐具→擺放調味品及公用物品→擺放餐巾→擺放餐椅　(C)架設餐桌→鋪設檯布→擺放轉檯→擺放餐具→擺放餐巾→擺放調味品及公用物品→擺放餐椅　(D)架設餐桌→鋪設檯布→擺放轉檯→擺放餐具→擺放餐巾→擺放餐椅→擺放調味品及公用物品。　【107-1模擬專二】

(　　)17. 中式餐桌佈置中，有關杯具的擺設，下列何者錯誤？　(A)受到西方宴席影響，也常搭配葡萄酒杯，葡萄酒杯通常擺於水杯的右上方　(B)若是擺放中式小酒杯在客人桌面，則擺在水杯的右下方　(C)水杯應該置於筷子的上方　(D)茶杯置於筷架的右側。　【107-2模擬專二】

解析▶ (A)葡萄酒杯通常擺於水杯的右下方。

🎯 **解答**

14.C　　15.C　　16.C　　17.A

( )18. 有關中餐餐桌的佈置與擺設步驟，下列何者正確？ (A)架餐桌─擺放轉檯─鋪設檯布─擺放餐具─擺放口布─擺放公用物品─擺設餐椅 (B)架餐桌─鋪設檯布─擺放轉檯─擺放口布─擺放餐具─擺放公用物品─擺設餐椅 (C)架餐桌─鋪設檯布─擺放轉檯─擺放餐具─擺放口布─擺放公用物品─擺設餐椅 (D)架餐桌─擺設餐椅─鋪設檯布─擺放轉檯─擺放餐具─擺放口布─擺放公用物品。 【107-2模擬專二】

( )19. 有關中餐服務方式，下列敘述何者不正確？ (A)中餐廳預先擺放一個「骨盤」，原先是為了放骨頭或魚刺之用，現在則是用來裝盛分菜的菜餚 (B)小吃服務是指一般平價餐廳，屬於團體的用餐方式，菜單多制式化 (C)分菜的順序從主賓開始，以右手從顧客右側挾取菜餚至其骨盤中，接著依順時針方向進行，最後才是服務主人 (D)高級的宴席分菜服務多會統一空出一個席位的空間，做為分菜口，通常設於主人的右側。 【107-2模擬專二】

解析 (B)合菜服務是指一般平價餐廳，屬於團體的用餐方式，菜單多制式化，而小吃服務適用於一般的小餐廳，或高級餐廳人數較少的場合。

( )20. 小泡芙奶奶八十大壽，將於寶麗金港式飲茶宴客百桌，有關中式餐桌擺設，下列敘述何者正確？ (A)個人用毛巾碟置於骨盤右側 (B)公用之調味醬匙柄朝右擺放 (C)進行餐具擺設宜先擺放味碟以方便定位 (D)龍頭架又稱雙生筷架，左方為匙架放銀湯匙，右方為筷架放於骨盤右上方，且龍頭朝左擺放。 【107-3模擬專二】

解析 (A)毛巾碟置於骨盤的左側、(C)中式餐桌的座位擺設皆以骨盤定位、(D)龍頭朝右擺放

( )21. 至香港名店享用「避風塘炒蟹」時，下列服務方式何者正確？ (A)宜於賓客食用此道菜餚前，從左側更換新毛巾 (B)宜於賓客食用此道菜餚前，從左側更換新骨盤 (C)宜於賓客食用完此道菜餚後，從左側僅更換新毛巾 (D)宜於賓客食用完此道菜餚後，從左側更換新毛巾及骨盤。 【107-3模擬專二】

( )22. 下列哪些餐具不會出現在中式餐桌擺設的餐桌上？甲、湯匙；乙、口布；丙、胡椒鹽罐；丁、水杯；戊、毛巾碟；己、奶油刀 (A)甲乙丙丁 (B)丙丁戊己 (C)丁戊己 (D)丙己。 【108-1模擬專二】

🎯 解答

18.C　　19.B　　20.B　　21.D　　22.D

( )23. 有關中式餐桌擺設的敘述，下列何者不正確？ (A)中餐餐桌布設時，通常先置放骨盤，擺放骨盤的位置離桌緣2指以內的寬度 (B)若有提供毛巾碟，擺放在骨盤的左側 (C)湯匙宜擺放在口湯碗內，匙柄朝右 (D)瓷茶杯平行於筷架右側。 【108-1模擬專二】

解析▶ (C)湯匙宜擺放在口湯碗內，匙柄朝左。

( )24. 下列何者不符合中餐廳的服勤技巧與原則？ (A)菜餚上桌的擺設以一中心、二平放、三三角、四四方、五梅花的方式擺設 (B)中餐分菜可分為桌上分菜與旁桌分菜兩種，兩種方式皆須採用每一道菜獨立使用一組服務叉匙，以免菜餚的味道互相影響 (C)菜餚端至轉檯後，服務員應自主人右側以右手順時針轉動至主賓位置停留2~3秒後，再轉至主人位置 (D)使用服務叉匙分菜應先分主菜，再分配菜；若有佐料或湯汁則先淋上湯汁，再加佐料。 【108-2模擬專二】

解析▶ (D)使用服務叉匙分菜應先分配菜，再分主菜；若有佐料或湯汁則先加佐料，再淋上湯汁。

( )25. 有關中餐餐桌擺設之敘述，下列何者正確？ (A)毛巾應置放於顧客骨盤的右側 (B)中餐熱茶服務使用一般玻璃杯 (C)座位擺設，以味碟來定位 (D)口布應擺放於骨盤正中央，其造型應小於骨盤盤面。

【108-4模擬專二】

解析▶ (A)毛巾應置放於顧客骨盤的左側、(B)中餐熱茶服務使用中式瓷杯、(C)座位擺設，以骨盤來定位。

( )26. 國內新型冠狀病毒肺炎疫情趨緩，飯店餐飲、住宿及婚宴訂單逐漸回溫，華華飯店引進一批實習生來因應大量商機，李曉隆為飯店餐飲部領班，現在正為明天的高級婚宴做準備，向實習生示範中式餐桌佈置及擺設技巧，下列敘述何者正確？甲：排列圓桌時桌與桌之間距離應維持在140~180公分、乙：口布可以摺一些精緻特殊款，例如和服、帆船、靴子、丙：轉檯上可以放置公杯和小酒杯、丁：進行餐具擺設時，宜先擺放口布以方便定位，再以時鐘12點→6點→ 點→9點的方向為定位順序、戊：個人用味碟置於骨盤左上方、口湯碗置於骨盤右上方 (A)甲、丙 (B)丙、丁 (C)甲、乙、戊 (D)甲、丙、丁。 【109-1模擬專二】

🎯 解答

23.C   24.D   25.D   26.A

解析 ▶ 乙：口布可以摺簡易，和手部接觸面較少的口布、丁：進行餐具擺設時，宜先擺放襯盤以方便定位，再以時鐘12點→6 點→3點→9點的方向為定位順序、戊：個人用味碟置於骨盤右上方或上方、口湯碗置於骨盤左上方或不預先擺設。

( )27. 有關中餐服務流程，下列敘述何者正確？ (A)更換骨盤時，先詢問賓客是否還要食用，若不食用才可更換 (B)服務菜餚可分為四個階段：傳菜→上菜→秀菜→分菜，其中，上菜時，先從主賓右側上桌 (C)中餐小吃服務傳統上菜餚擺放餐桌的原則是一中心、二平放、三三角、四四方、五顆星 (D)服務「彩椒鮮蝦球」時，先分蝦球 彩椒 淋茨汁。 【109-1模擬專二】

解析 ▶ (B)傳菜→上菜→秀菜→分菜，其中，上菜時，先從主人右側上桌、(C)中餐小吃服務傳統上菜餚擺放餐桌的原則是一中心、二平放、三三角、四四方、五梅花、(D)服務「彩椒鮮蝦球」時，先分彩椒 蝦球 淋茨汁

6-2 西餐餐桌佈置與擺設

( ) 1. 關於roast beef set menu餐具的擺設及杯皿以斜直線形擺法的敘述，下列何者正確？ (A)water goblet擺放在red wine glass的右下方 (B)butter knife擺設在右側麵包盤上，刀刃朝左 (C)red wine glass擺放在white wine glass的左上方 (D)dessert spoon擺在正上方內側、匙柄朝左，dessert fork在外側、叉柄朝右。 【106統測－餐服】

( ) 2. 關於正式午、晚餐西式餐具及杯皿的擺設原則，下列敘述何者正確？甲、咖啡杯不預先擺上桌；乙、紅酒杯擺放在高腳水杯的右下方；丙、水杯擺放在餐叉的正上方約5公分處；丁、餐刀、匙置於右側，刀刃朝右，叉類則置於左側 (A)甲、乙 (B)甲、丁 (C)乙、丙 (D)丙、丁。 【107統測－餐服】

( ) 3. 關於西式餐具與器皿的使用，下列敘述何者正確？甲、continental breakfast有擺設 dessert plate；乙、continental breakfast 左側擺設 B.B.plate；丙、Bouillabaisse 可附上 side plate 及 finger bowl；丁、Bouillabaisse 左側擺設 dinner fork，右側擺設 dinner knife 及 soup spoon (A)甲、乙 (B)甲、丙 (C)乙、丁 (D)丙、丁。 【108統測－餐服】

🎯 解答
....
27.A　　 6-2 　　1. C 　　2. A 　　3. B

( )　4. 關於西餐餐具的擺設方式與規格比較，下列何者正確？　(A)American breakfast 會擺設 soup plate　(B)Souffle會附上 dessert knife 及 dessert fork　(C)叉子長短的排列：carving fork ＞ dinner fork ＞ salad fork ＞ oyster fork　(D)餐盤大小的排列：service plate ＞ dinner plate ＞ bread plate ＞ dessert plate。　【108統測－餐服】

( )　5. 有關西式餐桌的擺設位置說明，下列敘述何者正確？　(A)沙拉叉在餐叉的右側　(B)水杯在沙拉叉與餐叉的上方　(C)沙拉刀與餐刀的刀刃須朝右　(D)沙拉刀在餐刀的右側。　【101統測－餐服】

( )　6. 許小姐到西餐廳點了一道帶殼田螺，服務人員為她準備的餐具中不包括下列何項？　(A)沙拉叉　(B)田螺夾　(C)咖啡匙　(D)洗手盅。　【101統測－餐服】

( )　7. 西餐餐桌擺設除了口布可協助定位之外，尚有一種器皿可協助定位，其英文名稱為何？　(A)b.b. plate　(B)dessert plate　(C)show plate　(D)soup plate。　【103統測－餐服】

( )　8. 依照西式餐具擺設原則，下列餐具在餐廳服務人員為顧客點完餐後，擺放在餐桌上的正確順序為何？甲、dinner knife；乙、dinner fork；丙、salad fork；丁、salad knife　(A)甲→乙→丁→丙　(B)甲→丁→乙→丙　(C)乙→丙→甲→丁　(D)丁→丙→甲→乙。　【109統測－餐服】

( )　9. 有關西餐餐具的擺設原則，下列何者錯誤？　(A)點心叉與點心匙放於定位盤的兩側　(B)刀、匙置於右側　(C)餐具間保持0.5～1公分的距離　(D)定位盤的左右，以不超過3 支餐具為原則。　【107-1模擬專二】

( )　10. 有關西餐餐桌擺設原則，下列何者不正確？　(A)左叉右刀匙　(B)點心餐具：匙上叉下　(C)餐叉齒朝上、柄朝下　(D)杯子直線形擺法由上往下45°依序為：水杯－白酒杯－紅酒杯。　【107-2模擬專二】

解析▶ (D)杯子直線形擺法由上往下45°依序為：水杯－紅酒杯－白酒杯。

( )　11. 根據西餐擺設的原則及用餐的需求，下列單點菜單中必須在事前擺設或隨餐時，附給客人洗手盅的共有幾種菜餚？(1)Shrimp Cocktail、(2)Oyester、

🎯 解答

----

4. C　　5. D　　6. A　　7. C　　8. B　　9.A　　10.D　　11.A

(3)Caviar、(4)Labster、(5)Mousse、(6)Souffle　(A)2種　(B)3種　(C)4種
(D)5種。　　　　　　　　　　　　　　　　　　　　　　　【107-2模擬專二】

> 解析▶ (1)Shrimp Cocktail 蝦考克：無洗水盅、(2)Oyester 生蠔：需洗水盅、(3)
> Caviar 魚子醬：無洗水盅、(4)Labster 帶殼龍蝦：有洗水盅、(5)Mousse 慕
> 斯蛋糕：無洗水盅、(6)Souffle 舒芙雷：無洗水盅。

(　)12. 有關餐桌佈設之原則，下列敘述何者錯誤？　(A)服務員可以使用餐巾或展
示盤定位　(B)餐具左右兩側擺放不超過三件為原則　(C)麵包盤與奶油刀
放置顧客右側，便於服務員服務麵包　(D)水杯宜擺放餐刀正上方，杯腳與
餐刀垂直對齊。　　　　　　　　　　　　　　　　　　【107-4模擬專二】

> 解析▶ (C)麵包盤與奶油刀放置顧客左側，便於服務員服務麵包。

(　)13. 下列是四位餐飲服務選手互相分享餐桌佈置及擺設觀念的對話，請問哪位
選手的說法不正確？陳選手：套餐要以服務盤定位；林選手：擺放順序和
使用順序都是由外而內；王選手：酒杯依左大右小的原則擺放，所以，左
上到右下依序為水杯à紅酒杯?白酒杯；許選手：咖啡杯組不預先擺放　(A)
陳選手　(B)林選手　(C)王選手　(D)許選手。　　　【108-1模擬專二】

> 解析▶ 擺放順序是內而外，而使用順序是由外而內。

(　)14. 西餐餐桌布置與擺設的流程為何？甲、擺放定位盤；乙、架設餐桌；丙、
擺放水杯及酒杯；丁、鋪設檯布；戊、擺放左側餐具；己、擺放右側餐
具；庚、擺放餐椅 辛、擺放餐巾、調味品及公用物品　(A)乙丁戊甲己丙
辛庚　(B)乙丁甲戊己丙辛庚　(C)乙丁甲己丙戊辛庚　(D)乙丁甲己戊丙辛
庚。　　　　　　　　　　　　　　　　　　　　　　　【108-2模擬專二】

(　)15. 有關餐桌擺設的敘述，下列何者正確？　(A)在擺設展示盤右側餐具時，應
由外向內擺設，以免造成展示盤與餐具間的距離過寬或過窄　(B)需要擺設
餐叉、魚叉或沙拉叉時，基於衛生考量應將叉齒朝下，以減少與空氣接觸
的面積　(C)擺設刀類餐具，通常將餐刀、牛排刀、魚刀等的刀刃朝左，僅
奶油刀的刀刃朝右擺放，但所有刀類餐具的刀柄均朝下擺放　(D)餐桌擺設
時可使用展示盤或口布進行定位。　　　　　　　　　【108-2模擬專二】

> 解析▶ (A)在擺設展示盤右側餐具時，應由內向外擺設，以免造成展示盤與餐具間的
> 距離過寬或過窄、(B)需要擺設餐叉、魚叉或沙拉叉時，基於衛生考量應將叉

🎯 解答

12.C　　13.B　　14.D　　15.D

齒朝上，以避免接觸到桌面、(C)擺設刀類餐具，餐刀、牛排刀、魚刀及奶油刀的刀刃均朝左，刀柄朝下擺放

( )16. 有關正式宴會西式餐具及杯皿的擺設原則，下列敘述何者正確？甲、水杯擺放在餐叉的正上方約3公分處；乙、餐刀、匙置於右側，刀刃朝左，叉類則置於左側；丙、咖啡杯預先擺上桌；丁、紅酒杯擺放在高腳水杯的右下方 (A)甲、乙 (B)甲、丁 (C)乙、丙 (D)乙、丁。 【108-3模擬專二】

解析 甲、水杯應擺在餐刀正上方，與點心匙的交界處；丙、咖啡杯不預先擺上桌。

( )17. 身為一位專業的訂席人員，若賓客中有行動不方便的客人，您會將其安排在下列哪一個狀態的座位？ (A)安排坐在角落，以維護安全 (B)安排坐在窗邊可以倚靠 (C)安排坐在中間，明顯處，服務員較容易注意到他的狀況 (D)安排坐在餐廳入口處，減少其行動的距離。 【108-5模擬專二】

( )18. 下列哪一個餐具才是美式早餐比歐陸式早餐會多擺設的餐具？ (A)奶油刀及麵包盤 (B)點心盤 (C)咖啡杯盤組 (D)水杯。 【109-1模擬專二】

解析 歐陸式早餐的餐具：點心盤／沙拉刀叉／水杯／咖啡杯組／餐巾、美式早餐的餐具：奶油刀及麵包盤／主餐刀叉／水杯／咖啡杯組／餐巾。

( )19. 依據西餐菜單的餐具擺設，一共會出現哪幾款餐具？ㄅ、沙拉刀叉；ㄆ、魚刀叉；ㄇ、主餐叉匙；ㄈ、圓湯匙；ㄉ、橢圓湯匙；ㄊ、點心叉匙 (A)ㄅ、ㄆ、ㄈ、ㄊ (B)ㄅ、ㄇ、ㄈ、ㄊ (C)ㄅ、ㄆ、ㄇ、ㄈ、ㄊ (D)ㄅ、ㄆ、ㄇ、ㄉ、ㄊ。 【109-1模擬專二】

```
Menu
Salad Nicoise
Broccoli and Mushroom Cream Soup
Seafood Macaroni and Cheese
Chocolate Hazelnut Cake
```

解析 尼斯沙拉Salad Nicoise：沙拉刀叉、青花椰菜蘑菇濃湯Broccoli and mushroom cream soup：圓湯匙、起司焗海鮮通心粉Seafood Macaroni and Cheese：主餐叉匙、巧克力榛果蛋糕Chocolate Hazelnut Cake：點心叉匙。

 解答

16.D 17.D 18.A 19.B

(　　)20. 青春高中餐飲科進行第二階段餐服選手選拔，其中一道術科測驗題目是單點菜單，每位測試選手的菜單皆不相同，請問下列哪一位選手的餐具擺設錯誤？小陳選手：Bouillabaisse、小王選手：Ham&Melon、小丁選手：Asparagus、小林選手：Mussels　(A)小陳：魚刀叉、清湯匙、洗手盅　(B)小王：沙拉刀叉　(C)小丁：魚刀叉、洗手盅　(D)小林：沙拉刀叉、洗手盅。　　　　　　　　　　　　　　　　　　　　　　　　　　　【109-1模擬專二】

> **解析**▶ (A)小陳選手：Bouillabaisse法式馬賽海鮮湯、(B)小王選手：Ham&Melon火腿哈密瓜、(C)小丁選手：Asparagus蘆筍尖（沙拉刀叉、洗手盅）、(D)小林選手：Mussels淡菜。

(　　)21. 下列何項服務流程，符合一般正式西餐廳服務標準的順序？　(A)點Apertif→服務Apertif→點菜→點Table Wine→調整餐具→派麵包→服務Table Wine→服務菜→點Digestif→服務Digestif　(B)點Digestif→點菜→點Table Wine→調整餐具→派麵包→服務Digestif→服務Table Wine→服務菜→點Apertif→服務Apertif　(C)點Apertif→點菜→點Table Wine→服務Apertif→調整餐具→派麵包→服務Table Wine→服務菜→點Digestif→服務Digestif　(D)點Digestif→服務Digestif→點菜→點Table Wine→調整餐具→派麵包→服務Table Wine→服務菜→點Apertif→服務Apertif。

【109-2模擬專二】

> **解析**▶ (A)點Apertif餐前酒→服務Apertif餐前酒→點菜→點Table Wine佐餐酒→調整餐具→派麵包→服務Table Wine佐餐酒→服務菜→點Digestif餐後酒→服務Digestif餐後酒。

6-3　主題式餐桌佈置與擺設

(　　) 1. 下列何種菜餚的餐具擺設，叉子不是置於顧客的右側？　(A)escargot with shell　(B)omelette　(C)oyster with shell　(D)spaghetti。

【105統測－餐服】

(　　) 2. 餐廳同時服務10份歐陸式早餐，以及20份美式早餐，需準備水杯「　」個、點心盤「　」個、奶油刀「　」支、麵包盤「　」個、咖啡杯盤「　」組、口布「　」條。「　」中加起來的總和為：　(A)140　(B)150　(C)170　(D)180。

【107統測－餐服】

🎯 解答

20.C　　21.A　　6-3　　1. B　　2. A

( ) 3. 當以不帶殼田螺為前菜、菲力牛排為主餐、紅酒為佐餐酒時，需要使用下列哪些餐具？甲、dinner fork；乙、snail tongs；丙、soup spoon；丁、steak knife　(A)甲、乙　(B)甲、丁　(C)乙、丙　(D)乙、丁。

【102統測－餐服】

( ) 4. 服務含帶殼田螺之套餐時，下列餐具之使用與擺設位置組合，何者正確？甲、butter knife：左方；乙、fish knife：右方；丙、lobster pick：右方；丁、snail tongs：右方　(A)甲　(B)甲、丁　(C)甲、乙、丙　(D)甲、乙、丙、丁。

【103統測－餐服】

( ) 5. 以套餐型態擺設「煙燻鮭魚沙拉、義式海鮮清湯、嫩煎鯰魚排、法式櫻桃鴨胸、巧克力慕斯蛋糕」之餐具，下列敘述何者正確？甲、所需餐具為：圓湯匙、魚刀叉、主餐刀叉、點心叉匙各一套；乙、餐具握柄的末端需與桌緣切齊；丙、水杯置於主餐刀上方；丁、點心叉匙置於口布正上方，點心叉置於點心匙上方，叉齒朝上，柄端朝左　(A)甲、乙、丁　(B)甲、丙　(C)乙、丁　(D)丙。

【104統測－餐服】

( ) 6. 有關特殊菜餚餐桌佈置內容，下列敘述何者錯誤？　(A)Mussels：右側魚刀，左側魚叉並附上洗指盅　(B)Snails in a Ceramic Dish：右側田螺叉，左側田螺夾，附洗指盅　(C)Oyster：右側蠔叉，附上洗指盅　(D)Goose Liver：右側沙拉刀，左側沙拉叉。

【106-1模擬專二】

解析▶ (B) Snails in a Ceramic Dish 不帶殼田螺：右側田螺叉。

( ) 7. 早餐餐桌佈設類別中，需使用椒鹽罐者(S&P)為何？甲、Buffet Breakfast(BBF)；乙、American Breakfast(ABF)；丙、Room Service；丁、Continental Breakfast(CBF)　(A)甲乙丙　(B)甲乙丁　(C)甲丙丁　(D)乙丙丁。

【106-2模擬專二】

解析▶ 甲、Buffet Breakfast(BBF)自助式早餐；乙、American Breakfast(ABF)美式早餐；丙、Room Service 客房餐飲服務：以早餐供應為主；丁、Continental Breakfast(CBF)歐陸式早餐：只有麵包、附帶果醬、奶油，及一杯咖啡、果汁等，不需使用椒鹽罐。

解答

3. B	4. A	5. D	6.B	7.A

(　　) 8. 有關右側菜單餐桌佈設之敘述，下列何者正確？　(A)需擺設Fish Knife/Fork　(B)餐後飲料需附Sugar Container、Creamer　(C)不需擺設Table Knife　(D)需有兩支Salad Fork或Samll Fork。　【106-2模擬專二】

> | Menu |
> | --- |
> | Seared Foie Gras |
> | Mushroom Soup |
> | Smoke Salmon Salade |
> | Beef Stew In Red Wine |
> | Chocolate Cake |
> | Pousse Café |

解析▶ 使用餐具：定位盤右側（由內而外）—餐刀、濃湯匙、沙拉刀；左側（由內而外）—餐叉、沙拉叉、沙拉叉、B.B. Plate（含奶油刀）；上方：點心叉匙；杯類（由上而下）—水杯；公共用品：花瓶、椒鹽罐。附餐飲料不預先佈設。普施咖啡並非咖啡，是一款彩色，烈度為3.5的雞尾酒，以白蘭地為基酒，配以紅石榴糖漿、深色可可酒、白柑橘香甜酒、綠薄荷香甜酒製成，因為密度不同，而分成5種不同的顏色，形成彩虹般效果

> | Menu |
> | --- |
> | Seared Foie Gras鵝肝醬 |
> | Mushroom Soup蘑菇濃湯 |
> | Smoke Salmon Salade煙燻鮭魚沙拉 |
> | Beef Stew In Red Wine紅酒燴牛肉 |
> | Chocolate Cake巧克力蛋糕 |
> | Pousse Café普施咖啡 |

(　　) 9. 顧客點用套餐如右，服務員應備置之餐具為何？甲、Fish Knife/Fork；乙、Salad Knife/Fork；丙、Cream Soup Spoon；丁、Table Spoon；戊、Bouillon Spoon；己、Steak Knife、Table Fork；庚、Sugar Bowl　(A)甲戊己庚　(B)乙丁己庚　(C)甲乙丙　(D)甲乙戊。　【106-4模擬專二】

> | Artichokes |
> | --- |
> | Squid Thick Soup |
> | Trout Steak |
> | Black Coffee |

解析▶

> | Artichokes朝鮮薊（沙拉刀叉） |
> | --- |
> | Squid Thick Soup花枝羹（濃湯匙） |
> | Trout Steak鱒魚排（魚刀叉） |
> | Black Coffee黑咖啡 |

 解答

8.D　　9.C

( )10. 依據右側點菜稿的菜單，進行事前的餐桌擺設時，選項中哪種餐具不會出現？ (A)Butter Knife (B)Dessert Spoon (C)Clear Soup Spoon (D)Steak Knife。

【106-5模擬專二】

Table Plan	
陳'r (Table d' Hote)	吳's (A La Carte)
Artichokes	Caviar
Ox-tail Consommé	Potato Salad
Trout Steak with White Wine	Roasted Chicken
Soufflé	
Coffee	

解析▶ 餐桌擺設且使用套餐或單點菜餚，都會事先擺設B.B Plate 及Butter Knife，而下列菜單需要搭配餐具如下表所示：

Table Plan	
陳's(Table d' Hote)	吳's(A La Carte)
Artichokes(Small Knife/Small Fork)	Caviar(Small Spoon)
Ox-tail Consommé(Clear Soup Spoon)	Potato Salad(Salad Knife/Salad Fork)
Trout Steak with White Wine(Fish Knife/Fish Fork)	Roasted Chicken(Table Knife/Table Fork)
Soufflé (Dessert Spoon)	
Coffee	

( )11. 下列哪些單點菜單不需要隨餐附上洗手盅？甲、Caviar；乙、Mussels；丙、Foie Gras；丁、Escargot in a ceramic Dish；戊、Grapefruite with peel；己、Soufflé (A)甲乙丙丁戊 (B)甲丙戊己 (C)甲丙丁己 (D)甲丙己。

【106-5模擬專二】

解析▶ 甲、Caviar魚子醬；乙、Mussels淡菜；丙、Foie Gras鵝肝醬；丁、Escargot in a ceramic Dish不帶殼田螺；戊、Grapefruite with peel帶皮葡萄柚；己、Soufflé舒芙蕾。

( )12.顧客單點菜餚後，服務人員在桌上擺設口布、水杯、點心刀及點心叉，請問，此項單點菜餚最可能為下列何者？ (A)Spaghetti (B)Banana (C)Caviar (D)Mousse。

【107-1模擬專二】

解析▶ (A)Spaghetti：義大利麵、(B)Banana：香蕉、(C)Caviar：魚子醬、(D)Mousse：慕斯。

🎯 解答

10.D 11.C 12.B

( )13.餐具擺設大多以左叉右刀為主；但因應節日需求而擬定菜單出現的特殊餐具擺設，下列何者錯誤？　(A)Bouillabaisse：左魚叉、右魚刀及橢圓湯匙　(B)Artichokes：左沙拉叉、右沙拉刀　(C)Pasta：左橢圓湯匙、右餐叉　(D)Caviar：左點心叉、右點心匙。　　　　　　　【107-3模擬專二】

解析▶ (A)Bouillabaisse 法式馬賽海鮮湯、(B)Artichokes朝鮮薊、(C)Pasta 義大利麵、(D)Caviar 魚子醬：使用咖啡匙或貝殼小匙。

( )14.「左叉右刀」為慣用模式，下列何種菜餚的餐具擺設，叉子不是置於顧客的右側？　(A)Oyster With Shell　(B)Caesar Salad　(C)Spaghetti　(D)Escargot With Shell。　　　　　　　　　　　　　【107-3模擬專二】

解析▶ (A)帶殼生蠔、(B)凱薩沙拉、(C)義大利麵、(D)帶殼田螺。

( )15.飯店提供每位房客一份美式早餐及報紙，在其餐具擺設裡不需要的器皿為何？　(A)餐刀及餐叉　(B)麵包盤及奶油刀　(C)咖啡杯組　(D)湯匙。

【107-3模擬專二】

( )16.服務生將準備餐廳明日預定的120 客「歐陸式早餐」餐桌擺設，準備的器具中，何者較不需要準備？　(A)咖啡杯組120組　(B)麵包盤、奶油刀120組　(C)沙拉刀、叉120組　(D)點心盤120個。　　　　　【107-4模擬專二】

解析▶ 「歐陸式早餐」餐桌擺設以點心盤定位，不需要準備麵包盤與奶油刀。

( )17.有關特殊菜餚單點的餐具使用，下列何者不正確？　(A)Sirloin Steak：左側餐叉、右側牛排刀　(B)Spaghetti：左側餐叉、右側餐匙　(C)Bouillabaisse：左側魚叉、右側魚刀（內）、橢圓湯匙（外）　(D)Foie Gras：小叉、小匙。　　　　　　　　　　　　【107-5模擬專二】

解析▶ (A)Sirloin Steak沙朗牛排、(B)Spaghetti 義大利麵：左側餐匙、右側餐叉、(C)Bouillabaisse 馬賽海鮮清湯、(D)Foie Gras鵝肝醬。

( )18.下列哪一個餐具並非美式早餐和歐陸式早餐都會出現在餐桌擺設的餐具？　(A)麵包刀及盤　(B)咖啡杯組　(C)水杯　(D)口布。　　【108-1模擬專二】

解析▶ 美式早餐有擺設麵包盤及刀，但歐式早餐擺設十吋盤，但沒有麵包盤及刀。

🎯 解答

13.D	14.B	15.D	16.B	17.B	18.A

( )19. 辛巴在希爾頓飯店享用豐富的早餐，餐點包括Sausage、Oatmeal及Omelet，請問他的餐桌上最不可能出現下列哪一個餐具？ (A)Water Goblet (B)Oval Plate (C)Coffee Cup & Saucer (D)Dinner fork & Dinner knife。 【108-2模擬專二】

解析 (A)Water Goblet水杯、(B)Oval Plate橢圓盤、(C)Coffee Cup & Saucer咖啡杯組、(D)Dinner fork & Dinner knife餐刀及餐叉。Sausage、Oatmeal 及Omelet為美式早餐內容，應擺設餐刀、餐叉、麵包盤、奶油刀、水杯、咖啡杯組及餐巾。

( )20. 下列需隨餐附上「Finger Bowl」的菜餚有幾道？甲、Mussel；乙、Bouillabaisse；丙、Escargot in a Ceramic Dish；丁、Melon；戊、Grapefruit；己、Caviar (A)2道 (B)3道 (C)4道 (D)5道。 【108-2模擬專二】

解析 甲、Mussel 淡菜；乙、Bouillabaisse 法式馬賽海鮮湯；丙、Escargot in a Ceramic Dish不帶殼田螺；丁、Melon哈密瓜；戊、Grapefruit葡萄柚；己、Caviar 魚子醬。甲、乙、丁、戊四道菜需要隨餐附上洗手盅。

( )21. 下列特殊餐具的擺設，何者錯誤？ (A)酪梨鮮蝦：沙拉刀、沙拉叉 (B)魚子醬：沙拉刀、沙拉叉 (C)單點麵類：餐叉、餐匙 (D)乳酪盤：沙拉刀、沙拉叉。 【108-3模擬專二】

解析 (B)魚子醬：貝殼小匙。

( )22. 請根據以下菜單選擇所需使用之正確餐具，Cole Slaw、Chicken Consommé、Salmon Orly with Tartar Sauce、Chocolate Mousse：甲、Dinner Fork；乙、Snail Tongs；丙、Clear Soup Spoon；丁、Steak Knife；戊、Fish fork；己、Dessert Spoon；庚、Cream Soup Spoon；辛、Salad Fork (A)甲、乙、庚 (B)丙、戊、己、辛 (C)甲、丙、丁 (D)戊、己、庚、辛。 【108-3模擬專二】

解析 Cole Slaw 高麗菜絲沙拉（沙拉刀、沙拉叉）、Chicken Consommé 雞肉清湯（清湯匙）、Salmon Orly with Tartar Sauce 炸麵糊鮭魚條附塔塔醬（魚刀、魚叉）、Chocolate Mousse 巧克力慕斯（點心匙或點心叉匙）。

🎯 解答

19.B	20.C	21.B	22.B

( )23. 喵仙仙想要在喵餐廳的菜單上標示英文菜餚名稱，下列何者才是正確的英文菜名？ (A)火腿乳酪恩利蛋Ham and Cheese Omelet (B)鮪魚沙拉三明治Griddles Ham and Cheese Sandwich (C)蔬菜絲清湯Paysanne Soup (D)牛尾清湯Cow Tail Soup。 【108-5模擬專二】

解析 (B)鮪魚沙拉三明治Tuna Fish Salad Sandwich、(C)蔬菜絲清湯Clear Vegetable Soup With Julienne；蔬菜片湯Paysanne Soup、(D)牛尾清湯Oxtail Clear Soup。

( )24. 有關巧達湯的說明與服勤，下列何者不正確？ (A)蛤蠣巧達湯大致上就分兩大派系，蕃茄湯底的曼哈頓湯(Manhattan style)跟牛奶湯底的新英格蘭湯(New England style) (B)以蕃茄湯底的曼哈頓巧達湯，適合以湯杯盛裝，附上橢圓湯匙 (C)需不需要提供置殼盤則依照湯品內是否提供帶殼海鮮來決定 (D)曼哈頓巧達湯是一道英國有名的國家湯。 【108-5模擬專二】

解析 (D)曼哈頓巧達湯是一道美國有名的國家湯。

( )25. 下列哪些菜餚出現時，其餐具擺設並不會放上麵包盤及奶油刀？甲、佛羅里達盅；乙、歐式早餐；丙、舒芙蕾；丁、馬賽海鮮湯；戊、鮮蝦盅 (A)甲丙 (B)甲乙丙 (C)甲戊 (D)乙丁。 【108-5模擬專二】

解析 單點水果和甜點，都不需放置麵包盤及奶油刀，歐陸式早餐的餐桌擺設也沒有麵包盤及奶油刀。

 解答

23.A 24.D 25.B

07 CHAPTER

RESTAURANT

餐飲禮儀

7-1 席次的安排

7-2 用餐禮儀

◆──── 趨・勢・導・讀 ────◆

本章之學習重點：

宴會在桌次上會有特殊的分別，桌次安排的順序，賓客首位或末位的安排皆有規則，尤其在中餐、西餐的席次安排各有不同的規矩，需要熟悉其安排的規則。了解餐廳的用餐禮儀，都是餐飲人員最基本的禮儀訓練。

1. 了解中西餐的席次安排。

2. 培養正確的用餐禮儀及規範。

3. 了解特殊菜餚的餐具搭配及使用方法。

7-1 席次的安排

一、中餐席次的安排

（一）中式－席次安排原則

裡大外小	1. 離入口處較遠者為大，面門為首位（12點鐘方向），多為主賓。 2. 離入口處較近者為小，背門為末位（6點鐘方向），多為主人。
右大左小	人在內，面對門（入口）處，右邊為大，左邊為小。
中間最大	同一排桌次數量為奇數時，在中間的桌次最大。

（二）桌次排法：（如圖）

排法	圖示說明		
三張	三桌拼排一字形時，中間最大，右邊次之。	三桌成品字形時，裡面為大，右邊次之。	三桌為倒三角形時，裡面右為大，左邊次之。
四張	四桌為正方形排法，裡面右邊為首席。		四桌為菱形排法，裡面中間為首席。
	四桌併排成一字形時，中間右邊為首席。		四桌為三角形時，裡面中間為首席。

排法	圖示說明		
五張	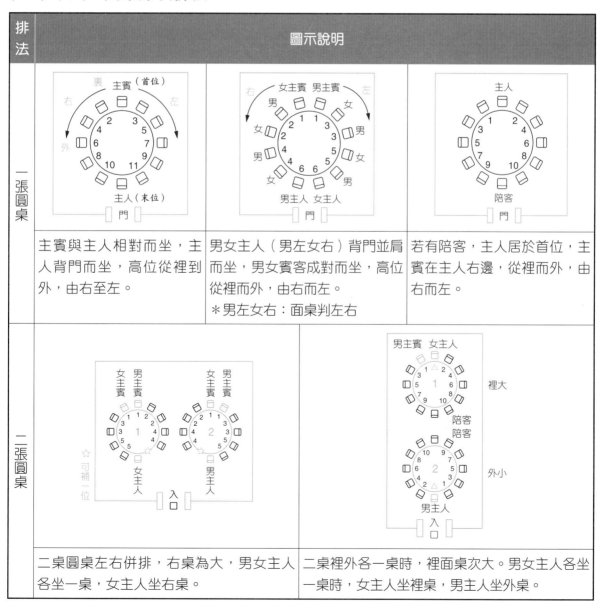		
	五桌為放射形時，中間為首席。 ＊此桌型為特列，以中間最大為原則，裡大外小次之，請注意！！	五桌為梯形排法時，裡面中間為首席。	五桌排成梅花形時，裡面中間為首席。

（三）中式－圓桌席次排法

排法	圖示說明		
一張圓桌	主賓與主人相對而坐，主人背門而坐，高位從裡到外，由右至左。	男女主人（男左女右）背門並肩而坐，男女賓客成對而坐，高位從裡而外，由右而左。 ＊男左女右：面桌判左右	若有陪客，主人居於首位，主賓在主人右邊，從裡而外，由右而左。
二張圓桌	二桌圓桌左右併排，右桌為大，男女主人各坐一桌，女主人坐右桌。		二桌裡外各一桌時，裡面桌次大。男女主人各坐一桌時，女主人坐裡桌，男主人坐外桌。

215

二、西餐席次的安排

（一）西餐－席次安排原則

<table>
<tr>
<td rowspan="1">尊右原則</td>
<td>1. 尊主人之右手邊為大。
2. 男女主人對坐時，女主人之右為首席，男主人之右次之。</td>
<td>
入口
男主人 △　　　　△ 女主人
1 男主賓
2 女主賓
</td>
</tr>
<tr>
<td rowspan="3">3P原則</td>
<td colspan="1">賓客地位（Position）</td>
<td>賓客之社會地位愈高愈尊貴。</td>
</tr>
<tr>
<td>政治情勢（Political Situation）</td>
<td>政治地位愈高愈尊貴，例如在外交場合時，外交部長之席位高於內政部長，禮賓司長高於其他司長。</td>
</tr>
<tr>
<td>人際關係（Personal Relationship）</td>
<td>依據賓主之間的交情、關係及語言作為安排席次的準則。</td>
</tr>
<tr>
<td>分坐原則</td>
<td colspan="2">1. 男女分坐。
2. 夫婦分坐。
3. 國籍分坐（華洋分坐）。</td>
</tr>
<tr>
<td>次要原則</td>
<td colspan="2">1. 席次遠近：離男女主人愈近，其賓客的地位愈尊貴。
2. 社會倫理：年紀大者為尊。
3. 榮譽座位：例如結婚的新人、生日的壽星等，其地位較尊貴。</td>
</tr>
<tr>
<td colspan="3">※ 中西席次差異
1. 西餐席次：男主賓坐女主人右邊，女主賓坐男主人右邊。
　中餐席次：主人背門而坐（末座）；主賓面門而坐（首座）。
2. 西餐席次：夫妻分坐，男女對坐。
　中餐席次：夫妻並肩而坐。</td>
</tr>
</table>

（二）西餐－圓桌排法

桌數	圖示說明	
一桌	男、女主人對座，男主賓在女主人之右，女主賓在男主人之右。	主人、主賓對坐，主賓為首位，依次為主人之右，主賓之右。
	當主人位高於主賓時，主人與副主人對坐，首位在主人之右。	若副主人位高於主人（ex.女性）時，則副主人面對門而坐，首位在主人之右。
二桌	男、女主人對坐於第一桌，副男、女主人則坐於第二桌。	男、女主人分桌而坐，女主人與主賓甲對坐於第一桌。

（三）西餐－方桌排法

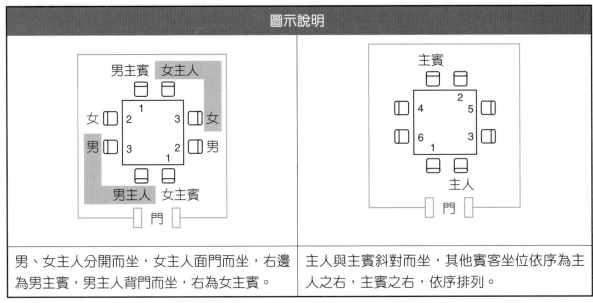

圖示說明	
男、女主人分開而坐，女主人面門而坐，右邊為男主賓，男主人背門而坐，右為女主賓。	主人與主賓斜對而坐，其他賓客坐位依序為主人之右，主賓之右，依序排列。

＊ 若人數為4的倍數，則會有男男、女女同坐之情形產生。

（四）西餐－長方桌排法

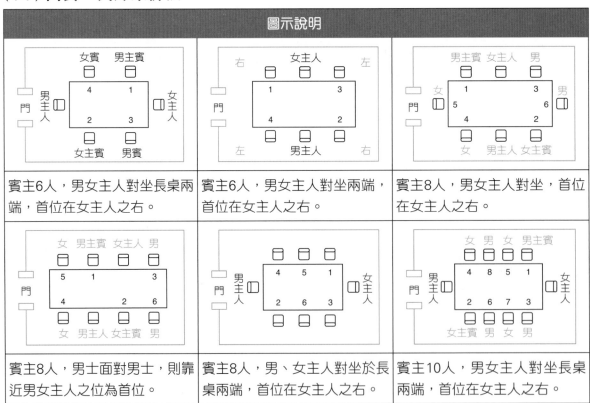

圖示說明		
賓主6人，男女主人對坐長桌兩端，首位在女主人之右。	賓主6人，男女主人對坐兩端，首位在女主人之右。	賓主8人，男女主人對坐，首位在女主人之右。
賓主8人，男士面對男士，則靠近男女主人之位為首位。	賓主8人，男、女主人對坐於長桌兩端，首位在女主人之右。	賓主10人，男女主人對坐長桌兩端，首位在女主人之右。

（五）其他各類桌席排列法

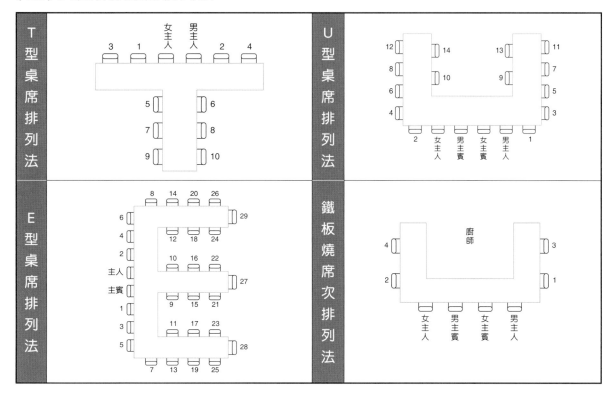

三、座次及席次的標示

（一）座次圖 (Seating Chart)

　　在大型活動或宴會中，於入口處會放置平面的座位位置圖，方便服務員帶位或賓客查詢位置圖入座。

（二）桌次卡 (Table Number Card)

於大型宴會中，桌面會放置桌別標示（如：親友桌、同事桌、同學桌），以方便賓客入座。

桌次卡

（三）座位卡 (Seat Card)

正式餐會中放置賓客餐位上，標示賓客的姓名及稱謂，方便賓客或服務人員稱呼。

座位卡

考題推演

( ) 1. 小明跟著父親、爺爺和媽媽等至中餐廳用餐，爺爺的座位應安排在右圖的哪個位置最符合用餐禮儀？ (A)甲 (B)乙 (C)丙 (D)丁。 【98統測－餐服】

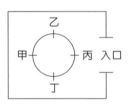

解答 ▶ A

解析 ▶ 中餐席次安排中，面門座位為首位（主賓），因爺爺地位較高，故甲為最適合的位置。

( ) 2. 依照中餐席次安排的禮儀原則，下列敘述何者錯誤？ (A)面對入口的座位為男主人；背對入口的座位為女主人 (B)面對入口的座位為主賓；背對入口的座位為主人 (C)主賓右側為大，左側為小 (D)男女主人若同桌並坐，男主人坐在女主人的左側。 【97統測－餐飲】

解答 ▶ A

解析 ▶ 中餐席次安排中，面對入口的座位應為主賓。

(　　) 3. 下列有關西餐席次安排原則的敘述，何者正確？　(A)尊右原則：依男右女左的方式排列　(B)首席原則：三桌併排為一字形，中間最大，右邊次之，左邊最小　(C)不分坐原則：夫婦兩人要並肩而坐，不可分開　(D)三P原則：考慮賓客地位 (Position)、點餐價格 (Price)、人際關係 (Personal Relationship)。　　　　　　　　　　　　　　　　　　　　【92統測－餐飲】

解答 ▶ B

解析 ▶ 西餐席次安排原則：
　　　　(1)尊右原則：右為大，左次之。
　　　　(2)分坐原則：男女分坐、夫妻分坐、華洋分坐。
　　　　(3)三P原則：賓客地位(Position)、政治情勢(Political Situation)、人際關係 (Personal Relationship)

(　　) 4. 在西餐圓桌安排男女主人分桌坐時，為符合禮儀規範，圖中的位置中何者是男主人應入座之座位？
(A)A座位　(B)B座位　(C)C座位　(D)D座位。
【105-1模擬專二】

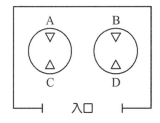

解答 ▶ D

(　　) 5. 有關餐飲席次安排的敘述，下列何者正確？　(A)西餐宴席中，男女主人應併肩而坐　(B)西餐席次中，越接近男女主人的賓客，其席次地位越高　(C)中餐宴席中，主人應面門而坐，主賓則背門而坐　(D)中餐席次中，男主人右側為女主賓，且越接近主人的賓客，其席次地位越高。
【106-1模擬專二】

解答 ▶ B

解析 ▶ (A)西餐宴席中，男女主人分坐、(C)中餐宴席中，主人應背門而坐，主賓則面門而坐、(D)中餐席次中，男主人右側為女主人，且越接近主人的賓客，其席次地位越低。

7-2 用餐禮儀

一、基本的禮儀

出席宴會
1. 宴會的邀約，一般應在一週前送達，邀請卡上註明R.S.V.P.（Respondez Silvous Plait（法文）；Please reply（英文)) 代表不論參加與否都要回覆，確認參加宴會之人數。 2. 遵守請帖上之服裝要求，宜正式服裝，男士可著燕尾服或西裝、女士可著洋裝、禮服或旗袍。 3. 應與賓客保持愉悅的用餐氣氛，並避免聊到敏感話題，如：政治、宗教等。

介紹禮儀
1. 相互介紹 　(1) 男方介紹給女方。 　(2) 年輕介紹給年長。 　(3) 地位低者介紹給地位高者。 2. 握手 　(1) 正視對方，並面帶笑容。 　(2) 女士未伸出手前，男士不可主動先伸出手；地位低或年輕者，不能主動跟年長者，或地位高者握手。 　(3) 不可載手套與人握手（女性除外）。 3. 交換名片 　(1) 晚輩應先遞名片給長輩。 　(2) 遞名片時，應以雙手遞交且字體朝向對方。 　(3) 收到名片不宜直接放口袋，應禮貌看完名片後以便稱呼。

二、餐桌禮儀

入座禮儀
1. 禮讓女士或長者先入座。 2. 有服務員幫女士入座時，應等女士入座後，男士才入座。 3. 入座時多由椅子左邊入座，由左邊離席。 4. 坐姿要端正，胸部與餐桌保持1～2（約10～15cm）個拳頭距離。 5. 女士手提包應放在椅背與身體之間。

用餐中禮儀

1. 當客人到齊後，由女主人攤開口布後，賓客攤開口布放置於雙腿上。
2. **口布的功能：防止掉落的食物或油汙弄髒衣物，拭擦嘴唇與手指的油漬。**
3. **用餐若要暫時離席，口布應放置椅背、椅子的扶手或椅面上。**
4. 進餐時，應以食就口，菜餚由女主賓開動後，其他始可開動；但用餐速度，配合女主人。
5. 口中有食物時不宜開口說話，並且避免發出聲響。
6. 用餐途中，不得大聲言笑，談話時也不可揮舞刀叉或用手持餐具指向他人。
7. 如欲取用調味料，應請鄰坐賓客幫忙傳遞(Pass)，不要伸手跨越他人。
8. 如不慎打破餐具或打翻飲料，應保持鎮定，以眼神或手勢請服務人員前來處理。
9. 用餐中欲打噴嚏、咳嗽、打呵欠，應以手帕或口布遮掩。

用餐後禮儀

1. 用餐後，餐具應擺放整齊，口布也應摺好放在桌上。
2. 用餐後，不可在餐桌上剔牙、補妝。
3. 用餐完畢後，主賓應道謝告辭，男女主賓起立離座後，其他客人才能離席。

西餐餐桌禮儀

餐具的使用
1. 右手握刀、左手握叉、切的大小以一口為宜。
2. **使用餐具順序應由外向內取用，上側則由下往上取用。**
3. 麵包盤取用左邊，杯皿則取用右邊，不可誤用他人之餐具或餐食。
4. **餐中暫時離席，刀叉成八字，分別架在餐盤左右兩側。（如圖1）**
5. **用餐完畢，以叉在內、刀在外，左上右下，握把朝右下，刀口朝內，叉齒向上，斜著平放置餐盤中。（如圖2）**
6. 使用過的刀叉等餐具不放回原位，應置於餐盤上，由服務人員收走。
7. 不可以刀送食入口。
8. 「多用叉、少用刀」，凡是能以叉切割的食物避免用刀。
9. 各種匙類用畢，不可置於湯碗、咖啡杯、蛋杯內，要放在底盤上。

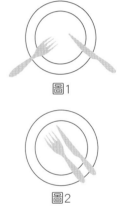

圖1

圖2

中餐餐桌禮儀

1. 有分菜服務時，須等服務員分完菜後，賓客才一起享用。
2. 無分菜服務或自行夾取時，應使用公筷母匙。
3. **旋轉轉檯時，應以順時針方向旋轉，依序取食。當有人正在夾菜，勿轉動轉檯。**
4. 不要站起身夾取遠處的菜餚。
5. 用餐時，不可拿起骨盤用餐，應以筷子夾取入口。
6. 喝湯時，須使用小湯匙，不要以碗就口。

三、各種菜餚的食用禮儀

菜餚名稱	注意事項
麵包 (Bread)	1. 麵包擺放在顧客左側，食用時應取左側麵包。 2. 用手將麵包剝開，撕成一口可食之大小，抹上奶油，送入口中。 3. 使用奶油刀(Butter Knife)塗抹奶油或果醬。 4. 麵包有清除口中異味的功用，需提供到主餐結束。
湯 (Soup)	1. 食用清湯以雙耳湯杯盛裝，可用雙手端起來喝。 2. 濃湯使用湯盤盛裝，喝湯時，用右手拿湯匙，由內向外舀，將湯送入口。 3. 喝湯時忌諱發出聲音，不可以用口吹涼，須用湯匙攪拌或放涼。 4. 湯品快喝完而舀取不易時，可用左手將湯盤或湯杯向外傾斜，協助舀取。 5. 以湯盤盛裝的湯品，食用完畢其湯匙匙腹朝上置放湯盤上；以湯杯盛裝的湯品，食用完畢，其湯匙置放底盤上。

開胃菜 (Appetizer)	名　稱	說　明
	鮮蝦盅、蝦考克 **(Shellfish Cocktail)**	**用雞尾酒杯盛裝附底盤，使用考克叉食用，沾考克醬食用。**
	生食蔬菜棒（條） (Relish/Crudités)	紅蘿蔔、西芹切成長條狀，用手取食，沾沙拉醬食用。
	宴會點心、鹹點心 (Canapé)	一口可食的開胃點心。在酒會場合，用手取食；在餐桌上，用小叉取食。
	生蠔 (Oyster)	用生蠔叉取食，並隨附檸檬角，附洗指盅。
	田螺 (Escargot/Snail)	田螺肉應以田螺叉直接叉取食用，而田螺湯汁則應倒在咖啡匙上再食用，不可取田螺殼直接吸吮。
	鵝肝醬 (Foie Gras/Goose Liver)	多以冷食供應，搭配肉凍(Aspic)、薄片脆土司(Mélba tóast)食用。
	煙燻鮭魚 (Smoked Salmon)	搭配檸檬汁、洋蔥、酸豆食用。
	魚子醬 (Cariar)	使用貝殼小匙取用。

海鮮類 (Seafood)	1. 魚刀無鋸齒，故需順著魚纖維組織將魚肉推開。 2. 魚類主菜多隨附檸檬以去除腥味。 3. 萬一吃到魚刺，不可直接將魚刺吐在餐盤上或餐桌上，可用左手取口布或用手遮掩，再將魚刺吐在叉子上，再放到餐盤盤緣。 4. 吃魚不可直接翻面，應上面魚肉吃完，去除骨頭再食用下方魚肉。

菜餚名稱	注意事項
肉類 (Meat Course)	1. 可視顧客需求烹調至指定熱度的肉類有：牛肉、羊肉。 2. 未經加熱烹調的牛肉稱為Raw，因為未經加熱，故Raw不列為牛肉熱度之表示方式，例如德國的韃靼牛排。 3. 牛肉熱度之專用名詞： <table><tr><td>一分熟 (Rare)</td><td>三分熟 (Medium Rare)</td><td>五分熟 (Medium)</td><td>七分熟 (Medium Well)</td><td>全熟 (Well Done)</td></tr><tr><td>表面燒烤，中間為生肉</td><td>內部為紅色，血水重</td><td>外表熟，中間粉紅帶血</td><td>外表熟，中間粉紅色</td><td>外表全熟，內部暗色無汁</td></tr></table>4. 牛排依生熟程度的說法，由生至熟的法文依序為：Blue→Saignant（生）→A Point（恰到好處）→Bien Cuit（熟）。 5. 肉類主食要切一塊、吃一塊（切一口、吃一口）（從左下角切割：歐洲），不宜一次將肉類切割成小塊，否則易造成肉汁流失。 6. 使用餐刀切割主菜，應由食物的左下方開始切。 7. 烤肉串的肉塊不宜連著鐵叉一起吃，應先利用叉子把肉塊取下來再食用。 8. 豬肉（旋毛蟲）及雞肉（沙門氏菌）宜全熟食用，其避免寄生蟲汙染。
蔬菜、沙拉 (Salad)	1. 麵條類食物宜使用叉子將之捲起至湯匙中再送入口中。 2. 主菜盤上的配菜，左側為澱粉類食物、右側為蔬菜類食物；以顏色區分，由左至右依序為白色→綠色→紅色，如馬鈴薯→綠色花椰菜→紅蘿蔔。 3. 豆類以叉子壓扁，再叉取食用。 4. 朝鮮薊(Artichoke)用手撕下花萼食用，屬於用手食物(Finger Food)，需附上洗指盅。
甜點 (Dessert)	1. 一般都提供點心叉和點心匙食用點心。 2. 食用糕點類時，使用糕點叉；布丁、慕斯類時，使用點心匙；冰淇淋則使用冰淇淋匙，供應冰淇淋通常附冰水以供清口之用。 3. 三角形蛋糕甜點，尖角以6點鐘方向朝向客人。
水果 (Fruit)	1. 已去皮切好之水果以叉取食。 2. 葡萄柚多橫切成半，以專用的葡萄柚匙取食，並隨附紅糖或白糖，葡萄柚屬於帶皮食物，需附上洗指盅。 3. 水果的核仁或果籽應該先吐在拳心內，再放置於餐盤上。

菜餚名稱	注意事項
飲料 (Beverage)	1. 咖啡匙、茶匙的功能是攪拌散熱，不可用來舀取飲料入口。 2. 喝咖啡及茶時，僅端起咖啡杯飲用即可，咖啡匙置於咖啡底盤上。 3. 各種飲料之飲用說明：

飲料種類	飲用說明
咖啡	喝咖啡的順序： 先品嚐一口黑咖啡→加糖帶出甘味、調和苦味→品嚐→加奶調和酸味→品嚐。
紅茶	英系：紅茶多加奶類；美系：加檸檬及純喝。
水	(1) 食用西餐時水是必備之物，其主要用途是沖淡前一道菜的味道，若吃到太燙的食物，可緩和嘴中的溫度。 (2) 台灣：餐廳多供應白開水；國外：礦泉水需付費購買。
葡萄酒	以手指握住杯腳，避免手溫影響酒的溫度。
白蘭地	以手掌捧住杯身，利用手的溫度進行溫酒。

考題推演

(　　) 1. 下列關於西餐餐桌禮儀的描述，何者錯誤？　(A)食用麵包時須使用餐叉左側的麵包　(B)切割食物時，應採取全部切成一小塊一小塊後，慢慢享用　(C)餐巾最主要的功能是防止食物沾汙衣物，也可以拿來擦拭嘴角　(D)依照菜餚上菜的順序，由外而內取用餐具；點心餐具則是由內往外取用。

【99統測－餐服】

解答 ▶ B

解析 ▶ 切割食物時，應切1小塊吃1小塊，才符合用餐禮儀。

(　　) 2. 西餐廳點菜時，客人需五分熟的牛排，下列何者為是？　(A)Well Done　(B)Medium　(C)Raw　(D)Rare。　　　　【97統測模擬－餐服】

解答 ▶ B

解析 ▶ (A)Well Done－全熟；(B)Medium－五分熟；(C)Raw－全生；(D)Rare－一～二分熟。

( ) 3. 有關出席宴會的禮儀，下列敘述何者是正確的？ (A)宴會的邀請函應於宴會的前一天寄達或通知即可 (B)附有「回帖欄」時，無論參加與否都須回覆 (C)客人臨時增加參與人數可充分表達盛情 (D)與會時應將年長女士介紹給年輕男士。 【97統測模擬－餐服】

解答 B

解析 (A)宴會的邀請函最遲應於一週前寄達或通知；(C)客人臨時增加或減少人數，皆增加主人席位安排之困擾；(D)將年輕男士介紹給年長女士。

( ) 4. 用餐禮儀不僅能表現顧客的涵養外，更能營造愉快的用餐氣氛。有關中餐餐桌禮儀的敘述，下列何者錯誤？ (A)顧客僅使用自己面前的餐具組，右手持筷子，左手持湯匙或扶碗盤 (B)飲用湯品時，以湯匙側緣飲用且不發出聲音 (C)以筷子食用丸子類食物時，可用筷子刺穿 (D)將不要的骨頭、魚刺等殘渣放置在骨盤上。 【105-1模擬專二】

解答 C

( ) 5. 西餐用餐禮儀中，有關西餐菜餚在食用時的注意事項之說明，下列敘述何者正確？ (A)食用麵包時，應以奶油刀塗抹適量的奶油及果醬後，再以刀切食用 (B)喝湯時若湯品太燙，以口吹氣加速其散熱 (C)食用肉類料理時，應全部切小塊後再食用 (D)食用肉串料理應以餐叉固定肉串抽出鐵針後，再將肉串置於盤中以餐叉食用。 【105-1模擬專二】

解答 D

實·力·測·驗

7-1 席次的安排

( ) 1. 關於 Gala menu之敘述，下列何者正確？ (A)常配合特殊節慶或活動推出 (B)以日本懷石料理為代表 (C)供應時間多為下午至晚餐之間 (D)菜單內容以餅乾、蛋糕與三明治為主。　　　　　　　　　　【106統測－餐服】

( ) 2. 關於西餐用餐禮儀的敘述，下列何者正確？ (A)麵包應直接用口咬食，不宜以手撕成小片後再食用 (B)湯品過燙時，可用口對湯品吹氣使其降溫後再食用 (C)用餐速度可依自己節奏進行，不須考慮同桌其他顧客 (D)食用帶有骨頭的羊排時，若骨頭端包有錫箔紙，可直接以手拿起咬食。

【106統測專二】

( ) 3. 賓客席座如圖所示，若依西餐六人席次安排原則進行服勤，正確順序為何？ (A)賓客(3)→賓客(2)→賓客(1)→賓客(4)→女主人→男主人 (B)女主人→賓客(2)→賓客(3)→賓客(4)→賓客(1)→男主人 (C)賓客(2)→賓客(3)→賓客(4)→賓客(1)→女主人→男主人 (D)賓客(2)→女主人→賓客(4)→賓客(3)→男主人→賓客(1)。　　　　　　　　　　【106-2模擬專二】

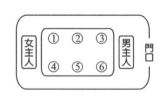

( ) 4. 西餐八人席次（如圖所示）如依男女分座原則安排服務先後順序，下列敘述何者正確？甲、優先服務女主人；乙、(1)與(2)、(5)與(6)賓客同性別；丙、賓客服務順序為(4)(3)(1)(6)(5)(2)；丁、(5)為末位；戊、(2)為男賓位 (A)甲丁戊 (B)乙丙戊 (C)甲乙丁 (D)乙丙戊。　　　　　　　　　　【106-74模擬專二】

解析 ► 應優先服務(4)（男主賓），末位為(2)。正確席次安排與服務順序如下：

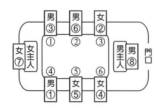

解 答

 7-1　　1. A　　2. D　　3. C　　4. B

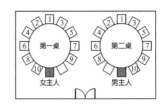

( ) 5. 中餐席次中，當「主賓成對，賓客成對，主人成對」的情形下，請問男主賓坐在右圖中的哪個座位較適合？　(A)第一桌的1號座位　(B)第一桌的2號座位　(C)第二桌的1號座位　(D)第二桌的2號座位。

【107-1模擬專二】

解析 (B)第一桌的2號座位：女主賓A、(C)第二桌的1號座位：女主賓B、(D)第二桌的2號座位：賓客。

( ) 6. 依照賓客地位或職位高低來安排西餐席次，屬於三P原則的哪一種？(A)Personal Relationship　(B)Political Situation　(C)Posture　(D)Position。

【107-1模擬專二】

解析 (A)Personal Relationship：人際關係、(B)Political Situation：政治考量、(C)Posture：姿勢、(D)Position：賓客地位。

( ) 7. 市長邀請臺中市各鄉里代表出席花博饗宴，在席次安排上以3P原則為最高指標，請問分別為何？　(A)Position、Political Situation、Personal Relationship　(B)Position、Perishability、Personal Relationship　(C)Position、Political Situation、Personality　(D)Political、Position Situation、Personal Relationship。　【107-3模擬專二】

解析 三P原則是考慮賓客地位(Position)、政治情勢(Political Situation)、人際關係(Personal Relationship)。

( ) 8. 陳董事長夫妻宴請林校長賢伉儷於西式餐廳用餐，餐廳內將座位安排於一間擺放四人方桌的包廂，請問下列何種狀況最為正確？　(A)林校長夫人背坐於大門　(B)安排末座給林校長夫人　(C)首席為陳董事長　(D)陳董事長夫人面門而坐。　【107-4模擬專二】

解析 女士優先原則中，女主人面門而坐，男主人背門。席次遠近原則中，為尊重女性，不會安排末座給女性。尊右原則中，男女主人如屬平輩，對坐在同一桌，則女主人之右為首席（男主賓），男主人之右為第二席。(A)陳董事長背坐於大門、(B)安排末座給陳董事長、(C)首席為林校長。

 解答

....

5.A　　　6.D　　　7.A　　　8.D

229

( ) 9. 有關西餐長桌席次安排，若賓主成對，男女主人兩端對坐的情況下（如圖(一)），男主人與男賓客皆吃雞腿，而女主人與女賓客皆吃魚排，則下列何者錯誤？ (A)1號席次吃雞腿 (B)2號席次吃魚排 (C)3號席次吃雞腿 (D)5號席次吃雞腿。

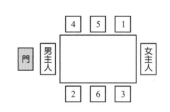

【107-5模擬專二】

解析 1、3、6號為男賓客，故吃雞腿，2、4、5為女賓客，故吃魚排。

( )10. 西餐長桌以兩端為男女主人，依照席次安排，請問右圖中哪一個位置是女主賓？ (A)甲 (B)乙 (C)丙 (D)丁。

【108-1模擬專二】

解析 男主人右邊是女主賓的座位。

( )11. 有關西餐席次的尊右原則，下列敘述何者不正確？ (A)男女主人如並肩同坐在一桌，則男左女右 (B)男女主人如各坐一桌，則女主人坐右桌、男主人坐左桌 (C)男女主人如屬平輩，對坐在同一桌，則男主人之右為首席(女主賓)，女主人之右為二 (D)男主人或女主人坐中間桌席，面門坐，則右邊桌席為次大，左邊桌席為最小。 【108-1模擬專二】

解析 (C)男女主人如屬平輩，對坐在同一桌，則女主人之右為首席（男主賓），男主人之右為二。

( )12. 下列何者違反桌次與席次安排的原則？ (A)中餐宴席通常採圓桌設宴，當桌數有三桌呈一字形排列時，以中間桌為主桌，主桌右方為第2桌，主桌左方為第3桌 (B)安排中餐宴席的席次時，成對的賓客應對坐於圓桌的兩端 (C)西餐席次依尊右原則安排，女主人的右邊為首席，男主人的右邊為第2席，離主人越遠的位置席位越低 (D)西餐席次安排應考量Position、Personal Relationship及Political Situation 等三項原則。 【108-2模擬專二】

解析 (B)安排中餐宴席的席次時，成對的賓客應並肩而坐。

( ) 13. 下列何者不符合餐廳安排座位的原則？ (A)平均的將顧客安排在不同的服務區域，以平衡服務人員的工作量，讓顧客獲得週到的服務 (B)安排座位時應從「先到先服務」的原則，以避免引起顧客的不悅 (C)對於年紀大或

🎯 解答

9.D 10.C 11.C 12.B 13.C

行動不便的顧客，應考量其方便性，盡量安排在出菜口、上菜區等服務動線的地方　(D)剛開始營業時，應將顧客安排在餐廳前段較顯眼處，讓餐廳的生意看起來較活絡。　　　　　　　　　　　　　　　　【108-2模擬專二】

解析 ▶ (C)對於年紀大或行動不便的顧客，應考量其方便。

性，盡量安排在餐廳的出入口隱蔽處

( )14. 有關西餐席次安排的原則，下列敘述何者正確？　(A)首席原則：三桌併排為一字形，中間最大，右邊次之，左邊最小　(B)尊右原則：依男右女左的方式排列　(C)不分坐原則：夫婦兩人要並肩而坐，不可分開　(D)三P原則：考慮賓客地位(Position)、點餐價格(Price)、人際關係(Personal Relationship)。　　　　　　　　　　　　　　　　　　　　　　　　　【108-3模擬專二】

解析 ▶ (B)尊右原則：是依女右男左的方式排列、(C)分坐原則：夫婦分坐、男女分坐、(D)三P原則是考慮賓客地位(Position)、政治情勢(Political Situation)、人際關係(Personal Relationship)。

( )15. 有關西餐席次安排原則中，下列何者不屬於3P原則？　(A)Professional Capability　(B)Position　(C)Political Situation　(D)Personal Relationship。　　　　　　　　　　　　　　　　　　　　　　　　　　【108-4模擬專二】

解析 ▶ (A)Professional Capability專業能力、(B)Position賓客地位、(C)Political Situation政治考量、(D)Personal Relationship 人際關係

( )16. 西餐方桌8席的席次中，若主人及主賓各1人，在主賓與主人斜角對坐的情況下，請問末位的座位是哪一個位置？　【108-5模擬專二】

(A)　　　　　　(B)　　　　　　(C)　　　　　　(D)

解析 ▶ 席次順序如下圖

解答

14.A　　15.A　　16.A

（　）17. 按席次安排原則，請問圖末位是哪一個位置，且坐在末位的是男賓客，還是女賓客？　(A)ㄅ位，女賓　(B)ㄅ位，男賓　(C)ㄆ位，女賓　(D)ㄆ位，男賓。　【108-5模擬專二】

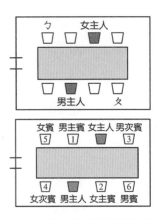

解析▶ 賓主人數若為8位或12位等偶數人數時：無可避免會造成兩男兩女並坐的情形，此時女賓避免排末座。

（　）18. 如圖為西餐8人座長桌的席位圖，假設「賓主成對」，下列敘述何者正確？　(A)女主人應坐於E席　(B)所有的人都會呈現男女分坐，不會出現兩男或兩女並坐情形　(C)男主賓應坐於F席　(D)依尊右原則安排，愈靠近男女主人位階愈低。　【108-5模擬專二】

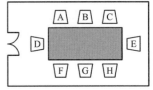

解析▶ (B)當席位為4的倍數（例：8人）時，會出現兩男或兩女並坐情形、(C)男主賓應坐於C席，女主賓應坐於F席、(D)依尊右原則安排，愈靠近男女主人位階愈尊。

7-2　用餐禮儀

（　）1. 關於餐飲服務，下列敘述何者正確？　(A)安排座位時，常客盡量安排於其習慣入座的位置　(B)遞送毛巾時，由賓客右側將毛巾挾放於show plate上　(C)攤口布時，先服務主人，其次為主賓、年長者或女士　(D)以三聯式的點菜單點菜時，三聯須分送至出納、服務檯與賓客。　【104統測專二】

（　）2. 關於用餐禮儀，下列敘述何者正確？　(A)飲用葡萄酒時宜以手握住杯身，增加葡萄酒香氣　(B)食用西餐時宜將麵包浸泡於湯品中，以增添美味　(C)將口布置放於餐盤上，意在告知服務人員已用餐完畢，即將離開　(D)西餐席次安排「3P」原則，意指賓客間之地位、政治情勢、人際關係。　【105統測－餐服】

（　）3. 關於西餐用餐禮儀的敘述，下列何者正確？　(A)麵包應直接用口咬食，不宜以手撕成小片後再食用　(B)湯品過燙時，可用口對湯品吹氣使其降溫後

🎯 解答

17. D　　7-2　　1. A　　2. D　　3. D

再食用　(C)用餐速度可依自己節奏進行，不須考慮同桌其他顧客　(D)食用帶有骨頭的羊排時，若骨頭端包有錫箔紙，可直接以手拿起咬食。

【106統測－餐服】

(　　) 4. 關於用餐禮儀的敘述，下列何者正確？　(A)餐刀除可切割肉排外，亦可用來取食　(B)餐具使用原則為由外而內、由下而上　(C)喝湯時以碗或盤就口，避免湯品滴落　(D)用餐中若需暫時離席，需將口布回復原狀置於桌上。

【107統測－餐服】

(　　) 5. 關於西餐餐後甜點與飲料服務的敘述，下列何者正確？　(A)Irish coffee僅限以catering service的方式服務　(B)甜點應從顧客的右側服務，飲料則從左側服務　(C)服務人員在送甜點與飲料前，宜使用crumb scoop站在顧客的左側清理桌面的麵包屑　(D)餐後甜點若為三角形的切片蛋糕，服務時應將蛋糕的尖端以12點鐘的方向朝向顧客。

【107統測專二】

(　　) 6 服務人員手持醬料盅，以English service方式提供牛排醬料，下列敘述何者正確？　(A)由顧客右側介紹醬料內容，並請其自行取用　(B)左手持醬料匙，將醬料淋至菜餚上方或旁邊　(C)直接將醬料盅置於桌面上方，依顧客個人喜好自行取用　(D)由顧客左側服務地帶切入，身體放低，將醬料向前展示。

【108統測專二】

(　　) 7. 下列何者需以餐具取食，較合乎用餐禮儀？甲：bread；乙：boiled egg；丙：celery stick；丁：escargot；戊：shrimp cocktail　(A)甲、丁、戊　(B)乙、丙、丁　(C)乙、丁、戊　(D)丙、丁、戊。　【108統測－餐服】

(　　) 8. 關於日本料理餐飲禮儀的敘述，下列何者正確？　甲：最講究用餐禮儀的是會席料理。乙：女性是以右手持酒杯，左手中指指尖托住杯底的方式飲酒。丙：蕎麥涼麵的食用方式是將醬汁加入芥末與蔥花後拌入麵中，再以筷子挾起吸入口中　(A)甲　(B)乙　(C)甲、丙　(D)乙、丙。

【109統測專二】

 解　答

4. B　　5. C　　6. D　　7. C　　8. B

( ) 9. 汪曉利第一次到五星級旅館的法式餐廳參加朋友的正式餐會,用餐過程既興奮又緊張,但總覺得好像做錯了甚麼。以下是她回家打電話跟姐姐聊天的內容。汪曉利總共犯了幾個基本禮儀的錯誤?

「當進入餐廳時,服務人員幫我帶位,我直接從椅子右側入座,接著請服務人員將披肩寄放在衣帽間;隨後服務人員很專業的幫我拆口布,用餐前我用口布擦掉唇上口紅,避免沾染;當服務人員上完麵包後,我拿起右手邊的麵包,用手撕成小塊、以奶油刀塗上奶油食用;在奶油蘑菇湯送上桌時,我順手將麵包沾湯來食用,真是人生一大享受。過一陣子覺得口好渴,便拿起右手邊水杯飲用;用完主菜時突然想上洗手間,於是將口布隨意放置於桌面上暫時離開;用餐完畢後為表示禮貌,便拿起化妝包在座位上直接補妝;整場宴會進行得很順利,餐點很好吃,氣氛也很溫馨,讓我心情放鬆很多。」　(A)4個　(B)5個　(C)6個　(D)7個。 【110統測專二】

( )10. 寶可攜女伴夢夢參加正式西餐宴會,下列符合正確西餐禮儀項目為:甲、席次安排原則為男左女右,寶可應坐在夢夢的左手邊;乙、夢夢的手提包應放在身體和椅背間;丙、寶可若要享用麵包應取用左側麵包盤上之餐包;丁、夢夢開始享用餐點時,應從最內側之刀叉取用;戊、寶可若用餐完畢應將餐具放在左右盤緣上,呈八字形擺放;己、宴會用餐時,寶可需配合夢夢的用餐速度;庚、夢夢用餐中途需離席時,餐巾應放置餐桌明顯易見處　(A)甲、乙、丁　(B)甲、乙、戊　(C)乙、丙、己　(D)戊、己、庚。 【105-2模擬專二】

解析 甲、西餐席次安排原則男女分坐,寶可不會坐在夢夢旁邊;丁、夢夢開始享用餐點時,應從最外側之刀叉取用;戊、寶可若用餐完畢,應將刀叉握把朝餐盤右下方平行斜放,置於餐盤內,叉在內、刀在外;庚、夢夢用餐中途需離席時,餐巾應放置於椅背或椅面上。

( )11. 有關服務過程展現的技巧,下列何者正確?　(A)服務麵包及飲料均從客人右側,順時針服勤　(B)提供魚類菜餚,魚頭朝左,腹部朝上　(C)餐廳擺放的展示盤應在甜點前撤除　(D)供應三角蛋糕時,尖端應朝向盤面六點鐘方向。 【105-2模擬專二】

解析 (A)麵包從左側服務;飲料從右側服務、(B)提供魚類菜餚,魚頭朝左,腹部朝下、(C)餐廳擺放的展示盤應在主餐前撤除。

🎯 解答

9. C　　　10.C　　　11.D

(　)12. 有關客用口布的使用方式，下列何者錯誤？　(A)利用口布四角按壓嘴角，清除油漬　(B)營業前準備時，口布可作為餐桌定位依據　(C)暫時離席時，放置於餐桌上即可　(D)平鋪在雙腿上，防止食物掉落。

【105-2模擬專二】

解析 (C)暫時離席時，應將口布放置於椅面或椅背，代表尚需使用餐點；反之，口布放置於桌面，代表不需再使用餐點。

(　)13. 不論中西餐都有許多繁複的用餐禮儀，只要掌握基本原則，就能讓自己吃飯不失禮。有關用餐原則之敘述，下列何者錯誤？　(A)餐具使用可以遵循「由外而內，依順序使用」原則　(B)湯匙置於碗中表示「還在用」；置於襯盤表示「喝完了」　(C)宴客主賓指示大家用餐時，表示宴席開始　(D)四圓桌排列時，原則為面對大門的正位「內部為大，右者為尊」。

【105-3模擬專二】

解析 (C)宴席開始由宴客主人宣佈。

(　)14. 餐飲禮儀中，下列何者為食用牛排的正確切法？　(A)右刀左叉、橫紋切從左而右　(B)右刀左叉、橫紋切從右往左　(C)右叉左刀、順紋切從左而右　(D)右叉左刀、順紋切從右往左。　　【105-5模擬專二】

(　)15. 有關西餐用餐禮儀的敘述，下列何者正確？　(A)使用雙耳湯碗喝湯時，可使用手端起來喝　(B)西餐喝熱湯時，可用口吹涼後再吃　(C)食用牛排可將肉全部切成一小塊後食用　(D)食用水果時，果核可直接吐在盤子上。

【106-1模擬專二】

解析 (B)西餐喝熱湯時，可用湯匙攪拌散熱、(C)食用牛排切一口量，切一塊吃一塊、(D)食用水果時，果核可吐在手心或叉子上再置於盤邊。

(　)16. 有關宴會用餐禮儀，下列敘述何者錯誤？　(A)宴會需待賓客到齊後，女主賓攤開餐巾後，與會來賓才可攤開餐巾　(B)菜餚開動時，由女主賓開動後，與會來賓始可開動　(C)用餐時男士可主動自我介紹，並與其他來賓互動交談　(D)宴會未結束時，不可擅自離席，若須提前離開，應向主人及其他賓客致歉。　　【106-1模擬專二】

解析 (A)宴會需待賓客到齊後，（女）主人攤開餐巾後，與會來賓才可攤開餐巾。

解答

12.C　　13.C　　14.A　　15.A　　16.A

( ) 17.有關西式開胃菜用餐禮儀中，下列敘述何者錯誤？ (A)Canapé開胃小品與Relish生食蔬菜，兩者均可直接以手取食 (B)Ham & Melon為冷開胃菜，以salad Fork & salad Knife食用 (C)Shrimp Cocktail 通常以Cocktail Glass盛裝，並使用Cocktail Fork (D)Smoked Salmon 通常搭配上酸豆、洋蔥及檸檬，以Fish Fork & Fish Knife食用。 【106-1模擬專二】

解析▶ (B)Ham & Melon火腿哈蜜瓜為冷開胃菜，使用沙拉刀叉食用、(C)Shrimp Cocktail鮮蝦盅通常以Cocktail Glass雞尾酒杯盛裝，並使用Cocktail Fork考克叉食用、(D)Smoked Salmon 煙燻鮭魚通常搭配上酸豆、洋蔥及檸檬，以Salad Fork & Salad Knife 食用。

( )18.有關餐飲服務工作內容之敘述，下列何者正確？ (A)常客之席座安排，盡量配合其習慣喜好 (B)三聯式點餐單需分送櫃檯、出納及廚房 (C)魚蝦類菜餚擺盤應為腹朝左頭朝下 (D)賓客入座後應立即呈遞菜單。

【106-2模擬專二】

解析▶ (B)三聯式點餐單需分送賓客、出納及廚房、(C)魚蝦類菜餚擺盤應為頭朝左腹朝下、(D)賓客入座後應立即服務茶水。

( )19.董事長招待公司員工到餐廳用餐，下列行為何者較符合用餐禮儀？(A)Max用餐時以口就食，防止食物掉落 (B)小泡芙等客人用完甜湯後，可於餐桌上開始補妝 (C)Jasper用完主餐後，餐具應放置於盤緣呈八字形 (D)嗯哼食用Pumpkin Soup 應使用圓湯匙。 【106-3模擬專二】

解析▶ (A)用餐應以食就口、(B)補妝須前往化妝室、(C)餐具八字形以暫時離席為擺放方式。

( )20.有關西餐服務Main Course的過程，下列何者正確？ (A)於賓客右側上菜、淋醬汁 (B)特殊餐具於上菜前擺設完畢 (C)配菜由左至右為綠→白→紅 (D)主菜醬汁應淋在主菜中央。 【106-3模擬專二】

解析▶ (A)左側淋醬汁、(C)配菜由左至右為白→綠→紅、(D)醬汁應淋在主菜邊緣。

( )21.今天郭校長在智業西餐廳，宴請自日本來臺進行國際學術交流的山田老師午宴，兩人見面時，郭校長主動伸手向山田老師握手問候，並進入餐廳，小美是餐廳的領班，見到兩位賓客立刻問候貴賓，並進行帶位，先引導郭校長入座後，再引導山田老師入座。由於郭校長是餐廳的常客及VIP貴

🎯 **解答**

17.D　　18.A　　19.D　　20.B　　21.C

賓，因此，餐廳王經理在兩位貴賓入座後，特地前來招呼，此時，郭校長將王經理介紹給山田老師認識，王經理將名片呈遞給山田老師，並表示今日用餐時，會免費招待兩位貴賓佐餐酒。兩位貴賓在點菜後，由調酒師Jason 推薦德國Resling品種的白酒搭配主餐後，進行過酒服務以調整酒溫。兩位貴賓對於餐廳的服務都很滿意。請問上述小故事的用餐過程，有哪些不合宜或不正確之處？甲、郭校長先向山田老師握手；乙、小美是領班，負責帶位入座；丙、先引導郭校長，再引導山田老師入座；丁、王經理將名片呈遞給山田老師；戊、餐廳王經理免費招待佐餐酒；己、調酒師Jason 推薦佐餐酒；庚、白酒進行過酒　(A)甲乙丙丁戊己庚　(B)甲乙丙戊己庚　(C)乙丙己庚　(D)乙丁己庚。　　　　　【106-5模擬專二】

解析▶ 乙、負責帶位入座服務員應為領檯員；丙、引導入座時，應由主賓先服務，再服務主人；己、推薦佐餐酒及服務紅白酒的服務員應為侍酒師；庚、白酒不會過酒，只會放入冰酒桶冰鎮以調整酒溫。

(　)22.下列哪一位網紅人物的用餐禮儀不合宜？　(A)蔡阿嘎用雙耳湯杯喝湯時，將湯杯端起來喝　(B)谷阿莫在日本吃麵時，發出聲音　(C)阿滴吃牛排時，將牛排全部切成小塊後，再用主餐叉叉取食用　(D)聖結石在西餐廳吃麵包時，用手撕成小塊食用。　　　　　　　【106-5模擬專二】

解析▶ 牛排要吃一塊切一塊，如果全部切成小塊會造成肉汁的流失，且容易涼掉。

(　)23.有關餐飲服務的原則及要領之敘述，下列何者不正確？　(A)為客人服務醬汁時，應由內往外淋下，不將主菜全部覆蓋，只須淋1/3的部份即可　(B)服務人員於放置菜餚時使用服務架輔助，其左手扛大托盤，右手可拿著服務架行走至客人用餐桌旁，再放下並打開服務架　(C)正鋪法鋪設檯心布可以覆蓋餐桌面的檯布，客人用餐時防止菜餚或湯汁直接滴落至檯布上面　(D)收拾殘盤的3S 原則是先將不同種類的餐具分別放置(Separate)，然後刮除殘留菜餚至同一盤(Scrape)，最後將餐具推疊起來(Stack)。　【106-5模擬專二】

解析▶ (D)收拾殘盤的3S 原則是先將殘留菜餚刮除至同一盤(Scrape)，然後將不同種類的餐具推疊起來(Stack)，最後將不同種類的餐具分別放置(Separate)。

(　)24.有關西餐用餐禮儀的說明，下列何者較不適宜？　(A)液體的沙拉醬可直接淋於沙拉上，濃稠的沙拉醬應置於餐盤內，以生菜沾取適量沙拉醬食用

🎯 **解答**

22.C　　23.D　　24.C

(B)湯碗或湯盤不可以拿起就口，但湯杯可提起飲用　(C)麵包的食用，可用口咬食，亦可以手撕成小片後食用　(D)帶骨肉類若骨頭端包有錫箔紙，可直接以手拿起咬食。　　　　　　　　　　　　　　　　【107-1模擬專二】

(　　)25.有關日本料理用餐禮儀的敘述，下列何者不正確？　(A)餐廳提供塌塌米座席時，在進入前應脫鞋並將鞋頭朝內擺放整齊　(B)筷子應併攏橫放於筷架上，筷子尖端朝左，並凸出於筷架約3公分處，不可放於碗上　(C)端持小酒杯時，女性以雙手持杯，男性以單手持杯　(D)食用刺身時，先吃油脂少的白肉，再吃油脂多的紅肉。　　　　　　　　　　　【107-1模擬專二】

解析▶ (A)鞋頭朝外擺放整齊。

(　　)26.有關日本料理的進餐禮儀，下列敘述何者不正確？　(A)開胃菜由三種小菜組成，通常是從左側先吃、再吃右側，最後吃中間的小菜　(B)喝味噌湯時，應將碗端起，以碗就口，以「一口湯、一口湯料」的方式交互食用　(C)飯、汁物、香之物通常一起上桌，應先喝湯、再吃飯、然後再與醃菜（香之物）交互食用　(D)食用刺身時，先吃油脂少的白肉（如旗魚），再吃油脂多的紅肉（如鮭魚）。　　　　　　　　　　　　　　　　　　　　　【107-2模擬專二】

解析▶ (C)飯、汁物、香之物通常一起上桌，應先吃飯，然後再與湯、醃菜（香之物）交互食用。

(　　)27.依西餐餐飲服勤技巧，下列何者錯誤？　(A)主餐配菜的擺設，以擺放位置而言，由左→右為澱粉→蔬菜　(B)主餐配菜的擺設，以顏色而言，由左→右為白色→紅色→綠色　(C)全魚服務則是魚頭朝左、魚腹朝下；蝦類服務亦同　(D)洋蔥扒黑胡椒牛排，分菜順序為：洋蔥絲→牛排→淋黑胡椒汁。　　　　　　　　　　　　　　　　　　　　　　　【107-3模擬專二】

解析▶ (B)主餐配菜的擺設，以顏色而言，由左→右：白色→綠色→紅色。

(　　)28.在正式場合中，下列介紹順序何者較為適宜？　(A)將張學友個人介紹給玖壹壹團體　(B)將吳奶奶介紹給高中生張同學　(C)將陳女士介紹給林先生　(D)將餐廳林經理介紹給資深王領班。　　　　　　　　　　　　　【107-4模擬專二】

解析▶ 將位低者介紹給位高者；將年輕者介紹給年長者；將男士介紹給女士；將個人介紹給團體。

🎯 解答

25.A　　　26.C　　　27.B　　　28.A

( )29. 有關介紹的禮儀，下列何者不正確？ (A)將陳先生介紹給王小姐 (B)將王小姐介紹給郭台銘董事長 (C)將陳太太介紹給劉小妹 (D)將許課長介紹給林董事長。 【108-1模擬專二】

解析▶ 應將劉小妹介紹給陳太太，因為將年少者介紹給年長者，未婚者介紹給已婚者。

( )30. 下列這套菜單適合哪一個宗教的客人點用？

> **Menu**
>
> Caesar Salad
> Vegetable Soup
> Pork Chop In Brown Mushroom Sauce
> Ice Cream

(A)Buddhism (B)Mormonism (C)Muslim (D)Hinduism。 【108-1模擬專二】

解析▶

> **Menu**
>
> Caesar Salad凱薩沙拉
> Vegetable Soup蔬菜清湯
> Pork Chop In Brown Mushroom Sauce洋菇煎豬排
> Ice Cream冰淇淋

(A) Buddhism佛教、(B) Mormonism摩門教、(C) Muslim回教、(D) Hinduism印度教。佛教、回教、印度教都不能吃豬肉。

( )31. 下列哪一位人物的用餐方式並不符合用餐禮儀的原則？(1)小丸子用手將麵包撕開，抹上奶油，送入口中進食；(2)美環吃烤肉串的肉塊時，連著鐵叉一起食用叉上面的肉；(3)小玉吃牛排時，切一塊再吃一塊；(4)花輪吃義大利麵時將叉子捲起麵條後，再送入口中 (A)小丸子 (B)美環 (C)小玉 (D)花輪。 【108-1模擬專二】

解析▶ 吃烤肉串的肉塊不宜連著鐵叉一起吃，應先利用叉子把肉塊取下來食用。

( )32. 下列哪些開胃菜在食用時，客人可以用手去碰觸菜餚？甲、鮮蝦盅；乙、沙拉蔬菜棒；丙、宴會小點心；丁、田螺；戊、朝鮮薊；己、煙燻鮭魚 (A)甲乙丙 (B)乙丙丁 (C)乙丙戊 (D)乙戊己。 【108-1模擬專二】

◎ 解答

29.C 30.B 31.B 32.C

( )33. 智業中式餐廳的招牌上標示如圖，請問該餐廳最不可能
提供下列哪些菜餚？甲、五更腸旺；乙、蒜蓉明蝦；
丙、燒酒雞；丁、紅燒蹄膀；戊、燻茶鵝；己、滑蛋牛
肉　(A)甲、丙、丁　(B)乙、戊、己　(C)甲、丙、丁、
己　(D)甲、乙、戊、己。　　　　　　　【108-1模擬專二】

解析▶ 該標示為清真認證，回教徒不可食用豬肉及其製品、動物的血及含酒精料
理。甲、五更腸旺：含有豬血、豬大腸；丙、燒酒雞：含酒精；丁、紅燒蹄
膀：含有豬腳。

( )34. 下列情境中，符合用餐禮儀的有幾項？甲、鍾國發現餐桌上的餐具有明顯
污漬，以展示盤上的口布將污漬擦拭乾淨；乙、瓷炫想在牛排上灑一點海
鹽，輕聲的請鄰座賓客幫忙拿取；丙、惠喬享用魚排時發現有魚刺，先將
魚刺吐在手心後，再放在骨盤上；丁、銹賢因近日總統大選問題炒的火
熱，在用餐中暢談自己的政治立場；戊、敏皓用餐中接到太太打來的電
話，將大腿上的口布放在椅面上後離席接聽電話　(A)1項　(B)2項　(C)3
項　(D)4項。　　　　　　　　　　　　　　　　　【108-2模擬專二】

解析▶ 甲、不可以口布擦拭餐具；丁、用餐時盡量不談及政治話題。

( )35. 有關安排顧客入座之注意事項中，下列何者錯誤？　(A)以主賓、年長者、
女士及小孩為優先　(B)協助就坐的動作不可粗魯，請顧客就座後，須詢問
是否需要再調整座椅的位置　(C)有小孩同行，應準備兒童座椅，可安排坐
在服務員上菜的位置　(D)顧客有隨身衣物需要寄放代為保管，須作好相關
登記，避免混淆。　　　　　　　　　　　　　　　【108-4模擬專二】

解析▶ (C)有小孩同行，應準備兒童座椅，應避免安排坐在服務員上菜的位置。

( )36. 有關階梯行走的禮儀中，下列敘述何者不正確？　(A)上樓梯時男士應禮讓
女士先行　(B)下樓梯時服務員應走在賓客的前方　(C)上樓梯時服務員應
走在賓客的前方　(D)上樓梯應禮讓長者先行。　　　【109-1模擬專二】

解析▶ (C)上樓梯時服務員應走在賓客的後方。

( )37. 下列何者為錯誤的名片禮儀？　(A)由身份較高者先呈遞名片　(B)下屬和
上司一同與賓客會面時，應等上司呈遞完名片後才跟著呈上　(C)交換名片

🎯 解答

33.A　　34.C　　35.C　　36.C　　37.A

後，可先將名片拿在手上，相互交談　(D)言談間自然提及對方姓名、頭銜或公司。　　　　　　　　　　　　　　　　　　【109-1模擬專二】

解析▶ (A)由身份較低者先呈遞名片。

(　　)38. 美麗大飯店提供的美式早餐中，飲品的部份包含：咖啡、茶、巧克力飲品、綜合新鮮果汁、牛奶，請問哪幾款飲料可供虔誠的摩門教徒飲用？
(A)咖啡不能飲用，其它皆可以　(B)咖啡和茶不可以飲用，其它皆可以
(C)只能喝新鮮果汁及牛奶　(D)全部可以飲用。　　　　【109-1模擬專二】

解析▶ 摩門教禁止喝酒、咖啡、茶、可樂等含刺激性及咖啡因飲料，巧克力也不可以吃，故巧克力飲品也不能喝。

(　　)39. 下列四位賓客在餐廳用餐中展現的舉止，哪一位並不合乎餐飲禮儀？　(A)香奈呼女士用餐前先擦掉口紅，避免口紅印殘留在餐巾上或杯口上　(B)蝴蝶忍女士用餐巾的一角按壓自己的嘴角，以去除嘴上的油漬　(C)炭志郎先生請香奈呼女士幫忙傳遞他需要的胡椒罐　(D)善意先生不小心掉落了主餐刀，趕緊跟旁邊的蝴蝶忍女士說聲抱歉，立馬彎下腰去撿拾。

【109-1模擬專二】

解析▶ (D)不慎掉落餐具時，應保持鎮靜，以手勢請服務人員過來，協助拾起或另補餐具，切勿自行彎下腰去撿拾。

(　　)40. 下列哪一種用餐的方式較不符合用餐禮儀的食用方式？　(A)飲用白蘭地時，若盛裝於有腳的氣球杯，則以手指握住杯腳，避免手溫影響酒的溫度
(B)切肉塊時，要橫著肉的纖維來切，將肉塊的纖維切短，感覺上較嫩
(C)使用點心叉和點心匙即可食用所有的甜點　(D)三角形的蛋糕類甜點，應從尖角部位開始食用。　　　　　　　　　　　　【109-1模擬專二】

解析▶ (A)飲用白蘭地時，若盛裝於有腳的氣球杯，則以手掌心捧住杯身，利用手溫進行溫酒。

(　　)41. 下列何者食用日本料理菜餚的方式不正確？　(A)食用握壽司時，可以徒手拿壽司，並以魚片沾取醬油，一口吃掉　(B)食用蕎麥涼麵時，先將蔥花、芥末等倒入醬汁碗拌勻，再用筷子挾一口量的麵條，放入醬汁碗中，沾取後直接入口　(C)成串的烤物，可以直接竹棒咬食，殘餘竹棒，應統一橫放

🎯 **解答**

38.C　　39.D　　40.A　　41.C

擺妥　(D)丼飯也就是蓋飯，食用時將飯上面的菜料、不全熟的蛋汁以及飯拌勻後再吃。　　　　　　　　　　　　　　　　　　　　　　　　【109-1模擬專二】

解析▶ (C)成串的烤物，不可以直接用竹棒咬食，宜先用筷子取下叉在竹棒上的烤物，置於盤中，而後單獨食用，殘餘竹棒，應統一橫放擺妥。

(　)42.電影「麻雀變鳳凰」中，男主角帶不曾上過高級西餐廳的女主角去和朋友餐敘，有關用餐禮儀，下列敘述何者正確？　(A)男主角吃乾煎鱒魚時，吃完一面再翻一面繼續吃　(B)女主角點用Grilled Tenderloin 時，男主角應貼心幫她把肉一次切完，成小塊狀，比較不會燙口　(C)吃帶殼田螺時，女主角會使用到Snail Tong & Snail Fork　(D)吃帶殼田螺時，女主角因為不會使用餐具，田螺不慎飛出去，女主角趕快去撿起來。　　【109-2模擬專二】

解析▶ (A)吃乾煎鱒魚時，不宜翻面，先吃上面的魚肉，再將魚骨挑起，再吃下面魚肉、(B)吃牛排時，切一塊再吃一塊，不宜一次切完，避免降溫及流失肉汁、(D)用餐時，食物或餐具不慎掉落，由服務員協助處理即可。

(　)43.下列哪些菜餚的餐桌佈設，需另附上洗指盅？(1)Crab、(2)Artichoke、(3)Shrimp Cocktail、(4)Mussels、(5)Caviar、(6)Bouillabaisse、(7)Mousse、(8)Oyster、(9)Crêpes Suzette　(A)(1)(2)(4)(5)(8)　(B)(1)(2)(4)(7)(6)(8)　(C)(1)(3)(4)(5)(7)(9)　(D) (2)(3)(4)(6)(7)(8)(9)。　　　　　　　【109-2模擬專二】

解析▶ (1)Crab螃蟹。(2)Artichoke朝鮮薊。(3)Shrimp Cocktail鮮蝦雞尾酒盅。(4)Mussels淡菜。(5)Caviar魚子醬。(6)Bouillabaisse馬賽海鮮湯。(7)Mousse慕斯。(8)Oyster生蠔。(9)Crêpes Suzette蘇珊薄餅。

(　)44.2019 年臺灣被萬事達卡國際組織「全球穆斯林旅遊指數」(Global Muslim Travel Index, GMTI)評比為非伊斯蘭教組織中最佳旅遊目的地第三名，超越德國、澳洲、美國等觀光勝地；為提供適合穆斯林的飲食，臺灣目前致力推行穆斯林餐飲認證。請問下列何者為穆斯林餐廳不會出現的食物？
(A)咖哩羊肉印度甩餅　(B)番紅花豬肉燉飯　(C)印尼炸雞翅　(D)叨沙牛肉串。　　　　　　　　　　　　　　　　　　　　　　　【109-2模擬專二】

(　)45.日本的用餐場合之中，最講究禮儀的包括會席料理、茶懷石料理以及精進料理，下列用餐禮儀何者正確？甲：用餐時可用懷紙擦拭不小心蘸到湯汁的手指、遮掩嘴角或包裹魚骨、乙：吃飯或喝湯時都是以碗就口來享用、

🎯 解答

42.C　　43.A　　44.B　　45.B

丙：吃生魚片時，先吃鮭魚及海膽，最後再吃旗魚、丁：喝味噌湯時，先用右手固定湯碗，並用左手將碗蓋以逆時針方向轉動即可順利取下碗蓋，並優雅地用湯匙喝湯　(A)甲　(B)甲、乙　(C)乙、丙　(D)甲、丙、丁。

【109-2模擬專二】

解析▶ 丙：吃生魚片時，先吃味道淡的旗魚，再吃味道重的鮭魚及海膽、丁：喝味噌湯時，先用左手固定湯碗，並用右手將碗蓋以順時針方向轉動即可順利取下碗蓋。

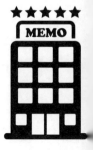

08
CHAPTER
RESTAURANT

餐飲服務方式

8-1　餐桌服務(Table Service)

8-2　自助式服務(Self Service)

8-3　櫃檯式服務(Counter Service)

8-4　客房餐飲服務(Room Service)

趨・勢・導・讀

本章之學習重點：

餐飲有分為需多不同的供餐及服務方式，以餐桌服務為主軸，分為法式服務、英式服務、旁桌服務、俄式服務、美式、中式服務，其不同類型有其特色，也是考試時經常易混淆的觀念，需要熟讀。

1. 了解餐桌服務的分類及特色。
2. 了解各類服務方式的差異性。
3. 了解自助餐的服務特性。
4. 熟悉各項的服務方式特色。

致·勝·關·鍵

 8-1 餐桌服務(Table Service)

餐桌服務的分類，大致可分為二派，一為歐洲（以法國、瑞士為主），二為美國。臺灣早期多採用美國的文獻，但由於目前餐飲服務的主流仍屬歐洲，因此本章節採用歐洲的分類方式，並加註說明與美國的差異。

一、餐桌服務的基本概念

1. 餐廳所提供的服務，需要餐桌椅及服務所需之相關設備，透過服務員的服務讓顧客感受賓至如歸的體驗，如：領檯員引領入座、服務員點餐、服務菜餚菜餚…等。

2. 餐桌服務為大部分餐廳使用的服務方式，講究用餐的環境及氣氛、完善的設備及貼心順暢的服務，是顧客認為最具消費價值的服務型態。

3. 餐桌服務可分為：英式服務(English Service)、法式服務(French Service)、旁桌式服務(Service au Guéridon / Guéridon Service)、俄式服務(Russian Service)、美式服務(American Service)、中式服務(Chinese Service)。

4. 法式服務、英式服務、俄式服務、旁桌式皆屬於銀盤服務(Platter Service)或銀式服務(Silver Service)。

5. 美式服務又稱為「餐盤服務」(Plate Service)或持盤式服務(Plate Service)或手臂式服務(Arm Service)。

二、餐桌服務的操作原則

1. 不跨越原則：不跨越顧客的用餐空間，不打擾客人為原則。

2. 左傳遞(Pass)原則：派送麵包、醬汁，從顧客左側服務。
   右放置(Place)原則：服務菜餚及酒水，從顧客右側服務。

3. 遠手原則：
   * 服務員使用右手→從顧客右側上菜。
   * 服務員使用左手→從顧客左側上菜。

4. 左右手互為傳遞原則：同時端兩盤以上的餐盤，應傳遞到正確的手再進行上菜。

5. 一致性原則：面對不同的顧客，應提供相同的服務方式和內容。

6. 合併服務與收拾原則：服務咖啡應將咖啡杯、底座及咖啡匙，組合成一組才從顧客右側服務，收拾時也整組一起收拾。

7. 以客為尊為最高原則。

＊ 上菜地帶：指上菜時，菜餚應在「顧客人中與胸部之間」的高度。

＊ 服務地帶：服務時在「顧客肩膀與桌角之間」。

三、餐桌服務的種類（以下均以歐洲稱法詮譯）

（一）英式服務 (Service à l' Anglaise / English Service)

源於英國傳統的服務，又稱分菜服務，在美國則稱為「俄式服務」。英式服務的特色為：在於服務人員展示菜餚後再由「服務人員」幫顧客夾派食物至顧客餐盤上。

服務流程	優缺點
1. 從廚房端出銀菜盤給服務人員。 2. 以右手持空餐盤，於顧客「右側」分發空餐盤。 3. 於顧客「左側」以左手持銀菜盤展示菜餚。 4. 服務人員以右手持服務叉匙進行分菜至顧客餐盤中。	**優點** 1. 服務快速、高級，可提供個人化的服務。 2. 菜餚分配份量均勻。 3. 顧客不必動手，可享受到殷勤的服務。 **缺點** 1. 服務人員需有「熟練」的分菜技巧。 2. 易碎食物不適合分菜。 3. 需較多的銀菜盤。 4. 菜餚份量不易掌控。

（二）法式服務 (Service à la Francaise / French Service)

源自於英國貴族家庭聚會，屬於家庭式服務。法式服務又稱為「獻菜服務」、「司膳者服務」(Butler Service)。此種服務在美國則稱為「英式服務」。法式服務的特色在於服務人員展示菜餚完後，再由「顧客」自行挾取菜餚至餐盤中。

服務流程	優缺點
1. 從廚房端出銀菜盤給服務人員。 2. 以右手持空餐盤，於顧客「右側」分發空餐盤。 3. 於顧客「左側」以左手持銀菜盤展示菜餚。 4. 由顧客持服務叉匙「自行取菜」至餐盤中。	**優點** 1. 簡單易學，不需要太多人手及專業服務員。 2. 顧客可任意選擇喜愛的食物及需要量。 **缺點** 1. 顧客取菜時間不一，會影響菜餚的食用溫度。 2. 菜餚份量會分的「不平均」。

＊英式與法式服務的流程相似，差異點在於英式服務是由「服務人員」挾派菜餚，法式服務是由「顧客」自行挾取菜餚。

（三）旁桌式服務 (Service au Guridon / Guridon Service)

　　二十世紀初期César Ritaz所提供的李氏（麗緻）服務最負盛名，又稱為桌邊服務(Side Table Service)、法式西餐服務、推車服務。在美國和德國稱此種服務為「法式服務」。此旁桌服務需要兩位服務員來做專業的顧客服務，為西餐中最豪華且高級的服務。

服務流程	優缺點
1. 在顧客旁約30公分準備旁桌或推車。 2. 將銀菜盤與餐盤放置於服務桌上。 3. 從顧客「左側」以左手持銀菜盤展示介紹菜餚。 4. 由兩名經過訓練的服務員，於旁桌上完成製備或切割並盛盤在餐盤中。 5. 以右手持餐盤，從顧客「右側」上菜。 ＊餐點由右側服務，只有奶油麵包盤(B.B. Plate)、沙拉(Salad)、其他特殊餐碟由左側服務。	**優點** 1. 提供顧客周到的個人服務，顧客能享受到高級的用餐氣氛。 2. 現場具有表演性(showmanship)及專業性服務。 3. 能保持菜餚的最佳溫度。 **缺點** 1. 使用推車服務，需要較大的空間。 2. 服務人員需要較多並需要受過專業的服務訓練，人事成本將增加。 3. 菜餚上的價格會較高。 4. 顧客用餐時間長、座位數少、翻檯率低。

◎ 旁桌服務的特色

　　常見於法式餐廳，旁桌服務能提供個人化服務，具表演性、娛樂性的特色，並展現服務人員熟練的技能，也可使客人用餐時食用到食物的正確溫度。服務人員在旁桌（服務車、推車）上進行攪拌(Tossing)、切割(Carving)、去骨(Boning)、烹調(Cooking)、焰燒(Flambe)及擺盤等服務工作。

表8-1　常見的旁桌服務

類型	說明	適用菜餚
攪拌(Tossing)	進行沙拉醬的調製及攪拌	凱薩沙拉(Caesar Salad)、尼耍斯沙拉(Niçoise Salad)
切割(Carving)	肉類或魚類的切割	牛(Chateaubriand)、羊(Rack of Lamb)、雞(Chicken)、鴨(Duck)、水果類(Fruits)
調理(Making)	現場調理	蝦考克(Shrimp Cocktail)、酪梨蝦仁(Avocado Shrimp)、鮭魚韃靼(Salmon Tartare)、韃靼牛排(Steak Tartare)、義式生牛肉(Beef Carpaccio)

類型	說明	適用菜餚
去骨(Filleting、Boning)	魚類、肉類去骨	Fish(Seabass、Dover Sole、Trout、Cod、Salmon)、烤牛肉、烤肋排、烤羊腿
切薄片(Slicing)		帕瑪森生火腿 Parma ham、煙燻鮭魚 Smoked Salmon
焰燒(Flamb'e)	將肉或水果進行加熱，加酒燃燒	蘇珊薄餅(Crepes Suzette)、火焰黑櫻桃(Cherries Jubilee)、火焰香蕉(Banana Flambé)
擺盤(Plating)		點心畫盤(Plate Decoration)

（四）俄式服務 (Service à la Russe / Russian Service)

俄式服務與旁桌式服務類似，差別在於「俄式服務」在服務桌上只做切割，而「旁桌式服務」則包含了現場烹調、拌沙拉及切割等工作。法國人將俄式服務稱為「旁桌式服務」，美國人則稱之為「修正法式服務」。

服務流程	優缺點
1. 準備旁桌。 2. 將盛裝大塊食材的銀菜盤與餐盤放置於服務桌上。 3. 以右手持空餐盤，於顧客右側分發空餐盤。 4. 從左側以左手持銀菜盤展示菜餚。 5. 若食物須分割，須於旁桌進行後，服務人員再從顧客左側，以左手持銀菜盤，右手持服務叉匙，為顧客挾取菜餚於餐盤上。 6. 又稱為修正法式餐飲服務。	**優點** 1. 服務方式簡單快速，只需一位服務人員。 2. 提供最周到的個人服務，使顧客感覺被受尊重。 **缺點** 1. 需要較寬敞的工作空間。 2. 服務速度較緩慢。

（五）餐盤式服務、持盤式服務 (Service à l'Assiette / Plate Service)

在美國傳統稱法為美式服務(American Service)。美式服務中，所有的烹調和裝飾都是在廚房中完成。服務員一次端送，最多不可超過四盤，而一位服務員可同時服務3～4桌的顧客。

服務流程	優缺點
1. 顧客點餐後，由廚房完成烹調，分別盛裝於餐盤上，由服務人員直接上桌。 2. 除了麵包、沙拉、邊菜及醬汁是由顧客左側服務外，所有菜餚皆為右側以右手持盤上桌。 3. 又稱餐盤式服務(Plate Service)、**手臂式服務（Arm Service）**。	**優點** 1. 服務迅速，節省人力成本。 2. 座位較多，翻檯率也較高。 3. 食物份量易於掌控。 **缺點** 1. 與客人互動少，缺乏個人化服務。 2. 增加廚房的人力及工作時間。

◎ 餐桌服務的服務比較

歐洲 美國 項目	持盤式服務 美式服務	法式服務 英式服務	英式服務 俄式服務	旁桌式服務 法式服務	俄式服務 修正法式服務
服務空餐盤	無	顧客右側	顧客右側	無	顧客右側
使用銀菜盤	無	有	有	有	有
展示菜餚	無	顧客左側	顧客左側	顧客左側	顧客左側
上菜方向	顧客右側	顧客左側	顧客左側	顧客右側	顧客左側
上菜進行	順時鐘方向	逆時鐘方向	逆時鐘方向	順時鐘方向	逆時鐘方向
服務飲料	顧客右側 （順時鐘方向）				
收拾殘杯盤	顧客右側 （順時鐘方向）				
差異性	*傳統美式：左上右下。 *現代餐盤式：右上右下。	1. 由顧客自行取菜。 2. 服務叉匙用法：雙手拿法（左叉右匙）。	1. 由服務人員分菜。 2. 服務叉匙用法：單手拿法（指挾法）。 3. 於顧客左側、左手持銀菜盤、右手持叉匙。	1. 旁桌服務項目：調理、烹調、切割、分菜等服務。 2. 於旁桌分菜後，再從顧客右側上桌。	1. 旁桌服務僅限切割。 2. 同英式服務，於顧客左側，替客人挾取菜於空盤上。

（六）中式服務 (Chinese Service)

	服務流程	優缺點	服務方向
合菜服務	將菜餚直接放置於餐桌上，由顧客自行取用	**優點** 1. 用餐過程中，顧客氣氛融洽。 2. 不需要很多人力。 3. 對服務人員的技術要求不高。 **缺點** 1. 顧客得到較少服務。 2. 桌上菜餚太多時，顯得凌亂。	菜餚由主人右側端上桌
轉檯分菜	將菜餚置於轉檯上，介紹菜餚後，服務員進行分菜	**優點** 1. 提供周到的個人服務。 2. 具有表演性。 **缺點** 1. 容易干擾顧客間的對話。 2. 需為服務人員訓練高度的服務技巧。	服務順序：主賓→其他賓客→主人

服務流程		優缺點	服務方向
旁桌式服務	將菜餚置於轉檯上，介紹菜餚後，將餚端於餐桌旁的旁桌進行分菜，再將菜餚從顧客右側上菜。	**優點** 1. 減少對顧客間談話的干擾。 2. 展現服務人員專業技巧。 **缺點** 1. 需要很多骨盤做服務。 2. 時間花費較長，易影響食物溫度。	服務順序：主賓→其他賓客→主人

考題推演

( ) 1. 下列哪一種服務方式，在上菜餚之前無須先將空盤或空碗放到客人桌上？
(A) American service　(B) English service　(C) French service　(D) Silver service。　　　　　　　　　　　　　　　　　　　【98統測－餐服】

解答 A

解析 (A)美式服務是由廚房完成烹調，分別盛裝於餐盤上，由服務人員直接上桌。

( ) 2. 餐廳服務人員為客人服務醬料時，下列何種服務方式正確？　(A)以左手持醬料盅，從客人左側服務　(B)以左手持醬料盅，從客人右側服務　(C)以右手持醬料盅，從客人左側服務　(D)以右手持醬料盅，從客人右側服務。
　　　　　　　　　　　　　　　　　　　　　　　　　　　　【98統測－餐服】

解答 A

解析 在餐桌的服務原則中，派麵包、派醬汁、沙拉醬皆從客人左側為之。凡將手中所有物品或菜餚直接置於客人桌上時，皆從客人右側為之。（左傳遞，右放置原則）

( ) 3. 下列哪些服務方式需要使用大銀盤？　(A)American service、English service、French service　(B)American service、English service、Russian service　(C)American service、French service、Russian service　(D)English service、French service、Russian service。　　　　　　　　　【99統測－餐服】

解答 D

解析 使用大銀盤的服務方式有：英式服務(English service)、法式服務(French service)、俄式服務(Russian service)。

( ) 4. 餐廳若以plate service 進行服勤時，下列何者係由顧客左側遞送？ (A)
bread (B)coffee (C)dessert (D)soup。 【99統測－餐服】

解答 A

解析 美式服務即持盤式服務(Plate Service)，由服務人員將廚房製備好的菜餚直接
端送到客人面前。

( ) 5. 下列哪一種服務方式，不屬於餐桌式服務(Table Service)？ (A)Buffet
service (B) French Service (C)Guéridon Service (D)Plate Service。

【97統測－餐飲】

解答 A

解析 (A)是屬於自助式服務；(B)French Service（法式服務）；(C)Guéridon
Service（旁桌式服務）；(D)Plate Service（餐盤服務）皆屬於餐桌式服務。

8-2 自助式服務(Self Service)

一、自助餐服務(Buffet Service)

1. 最早由美國人發明，以自助餐檯供餐的型態餐廳。

2. 自助餐是以人數計價，又稱吃到飽(All you can eat)。

3. 不需現場點菜，菜餚事先烹調好擺置於餐檯上，顧客可自行選擇。

4. 當菜餚少於1/3時就應補充菜餚。

5. 服務流程如下：

順　序		說　明
菜餚製備完成，擺置於各餐檯	西式菜餚餐檯	冷盤類、沙拉類、湯類、切肉類、熱菜類、甜點水果類、麵包類、飲料類。
	中式菜餚餐檯	冷盤類、湯類、熱菜類、點心及水果類、飲料類、現場烹調。
布設餐桌		餐桌不擺設餐盤，依菜色將餐盤擺於各餐檯前，餐桌只擺放口布、刀、叉及水杯。
取菜		客人入座後，自行前往餐檯選擇菜餚，再端著菜餚到餐桌上用餐。
收拾		幫客人收拾殘盤，不包含餐刀、餐叉，除非顧客表明不再食用，才收走。

二、速簡餐服務(Cafeteria Service)

1. 速簡餐是以取用餐食的「種類」和「數量」多寡計價。

2. 菜餚事先烹調好擺置於餐檯上,顧客可自行選擇。

3. 顧客選擇完後結帳,自行端著餐盤在用餐區尋找座位進餐。

4. 用餐完畢,顧客可自行收拾殘盤,將餐具送至指定的收集區。

5. 此種速簡餐不需要專業的服務人員,完全屬於自助式。

6. 例如:自助餐便當,自己挾取菜餚,到櫃檯結帳。

三、半自助餐廳(Semi-buffet Service)

1. 兼具餐桌服務的優點,且融合自助服務,以節省人事成本,客人可自由選擇用餐,兼具兩者特長的現代主流服務。

2. 主菜由顧客選擇後服務人員以餐桌服務方式送到客桌上,其他菜餚以自助餐方式呈現。

3. 現點現做可避免浪費,也提高菜餚的品質。

4. 例如:貴族世家牛排館,客人點主餐,其他自助吧可自取。

考題推演

( ) 1. 下列關於buffet service的描述,何者正確? (A)餐食內容選擇有限,顧客未食用完畢的菜餚可以外帶 (B)冷盤、熱食與甜點應放在同一餐檯,方便顧客取用 (C)以取餐的次數作為計價單位,吃得越多費用越高 (D)可以在短時間內,同時供應大量顧客用餐。 【99統測－餐服】

解答 D

解析 因buffet service(自助式服務)已將菜餚事先烹調完畢置於餐檯上,供客人自己選擇,故可在短時間內,同時供應大量顧客用餐。

( ) 2. 下列何種服務型態的餐廳,是依人數的多寡計價,顧客可自行到餐檯選擇自己喜愛的菜餚及決定用量? (A)Table Service (B)Buffet Service (C)Room Service (D)Counter Service。 【97統測模擬－餐服】

解答 B

解析 (A)餐桌服務;(B)自助餐服務;(C)客房餐飲服務;(D)櫃檯服務。

8-3 櫃檯式服務(Counter Service)

在餐廳中設置開放式廚房(Open Kitchen)，前方佈設服務檯，廚師依據顧客點叫內容，現場製作、組合，創造餐飲的視覺效果，也增進與顧客間的互動。

1. 可滿足顧客的個別需求，提供即時性的服務。

2. 可親眼目睹廚師手藝及作業流程，故需聘請擁有超高烹調技藝者。

3. 服務人員少，可降低人事成本。

4. **衛生方面，需以保溫蓋阻隔落塵、飛沫等，讓顧客安心取用。**

5. 點餐檯即是製作餐點的地方，顧客於點餐與取餐的同時，可欣賞色、香、味、形、器的藝術展現。如小型日本料理店之壽司(Sushi)檯、鐵板燒、酒吧均屬之。

顧客於櫃檯點餐、付費，取餐後自行尋找座位用餐，並收拾餐盤。如百貨公司及大賣場的美食街、速食店：

1. 為建立順暢無阻的工作流程，加快點餐速度，餐食常以圖示或是食品模型展示，便利顧客辨識及選擇，以達快速服務的要素。

2. 人力成本大幅降低，形成大眾化價格，進而吸引忙碌的外食人口。

3. 店家多使用半成品，可減少烹調程序。

考題推演

( ) 1. 學校自助餐廳提供各式菜色，讓學生自行持餐盤取用，並至付款處盛飯計價付款，此種服務方式的餐廳，屬於下列何種型態？　(A)自助餐服務餐廳(Buffet Service Restaurants)　(B)外賣餐廳(Take－out Service Restaurants)　(C)速簡餐廳(Cafeteria Service Restaurants)　(D)櫃檯服務餐廳(Counter Service Restaurants)。　　　　　　　　　　　　　　　【96統測－餐飲】

解答 ▶ C

解析 ▶ 速簡餐廳(Cafeteria Service Restaurants)：顧客自行自餐檯取用菜餚，再依所點選的菜餚種類及數量計價。

8-4 客房餐飲服務(Room Service)

一、 客房餐飲服務(Room Service)

1. 指旅館對住宿房客所提供的餐食或飲料的服務，要求將餐食或飲料送至客房，大多以早餐或宵夜為主，屬封閉式服務。

2. 根據房客所填寫的早餐掛單(Door Hanger)或餐飲菜單(Room Service Menu)的內容，用電話或訂單方式點叫。

二、客房餐飲服務的程序

程　序	說　明
點餐	1. 於住宿登記時，詢問顧客是否須客房餐飲服務。 2. 房客可利用客房內的服務鈴叫服務員至客房點菜。 3. 房客可利用專線電話點叫餐點。
登錄叫餐	服務員應詳細記錄日期、房號、點餐內容、用餐時間及房客的特殊需求。
備餐	使用大型托盤或客房餐飲服務車(Room Service Wagon)服務，上面均須鋪設口布或檯布。
服務	1. 服務人員到房門時，要先輕敲房門三下，說聲「客房餐飲服務」，等候回音後，將餐點放置顧客指定地點。 2. 介紹點叫的餐點，如須另行付費，則請顧客簽帳確認，並表示30分鐘後前來收拾。
收拾	服務人員依照約定時間前往收拾。

三、客房餐飲服務應注意事項

1. 在指定送餐時段完成任務。

2. 所有餐食器具在運送過程中需有遮罩處理。

3. 盡量使用個別包裝的奶油、果醬、砂糖。

4. 送至客房後，應打開桌子的活動葉板、安排椅子，如需開瓶服務，亦應完成後方可離去。

5. 服務時須保持禮儀，以客為尊。

6. 收拾時發現餐具短缺或是毀損，應委婉的請房客找回或賠償。

7. 旅館對於客房服務會酌以提高服務費，故菜單上價格應標示清楚，避免產生誤會，其費用為售價加2～3成的服務費。

◎ 補充其他餐飲服務

服務方式	說　明
團膳服務 (Institutional Feeding Service)	在機關團體內，提供給特定的顧客，由服務人員給予固定的份量，由顧客自行找位子用餐並收拾餐盤，如：軍隊、醫院餐廳(Hospital Feeding)、學校餐廳(School Feeding)、公司員工餐廳。
宴會服務 (Banquet Service)	比較正式、講究的餐飲服務。包括菜單、飲料、布置、燈光及進行的程序，都須與宴會部門人員詳細規劃。如：國宴(State Banquet)、婚宴、尾牙。
機艙餐飲服務(In-flight Feeding Service / Cabin Catering Serving)	乘客搭乘飛機，在飛機上所提供的餐點及飲料，依機艙等級不同而有所差異。
公路餐廳／汽車餐飲服務 (Drive-in Service)	設在公路旁，擁有大的停車場地，提供24小時服務，並以乘車旅客為主要的營業對象，如：休息站。
得來速服務 (Drive-throught Service)	餐廳設置營業窗口，提供給專用車道的駕駛人點用並取餐，如：麥當勞得來速。
便利食品服務 (Convenience Food Service)	便利商店所提供的24小時服務，商店中所販售的餐點或微波加熱食品，如：7-11、全家商店。
外帶服務 (Take-out Service / Carry-out Service)	顧客以電話、網路點餐或到商家點餐後，將餐點外帶的服務。
外送服務(Home-delivery Service)	由顧客利用電話或網路訂餐，由店內的人員或外送平台，將餐點送至客人指定地點，如：Foodpanda。
自動販賣機 (Vending Machine Service)	將餐點設置於自動販賣機中，顧客自行投幣購買餐點，常見於學校、休息站，無需雇用服務人員，可節省人事成本，設於人潮多、租金高的地方。
外燴服務(Outside Catering Service)	至顧客指定之場地，製作餐點及服務，如：流水席、辦桌。
流動餐車(Mobile Canteen Service)	車輛改裝提供餐飲服務，如：行動餐車、咖啡車，可隨時更換服務地點。

( ) 1. 一般國際觀光旅館所提供的客房餐飲服務(room service)，以下列哪一個用
餐時段居多？　(A)早餐　(B)午餐　(C)下午茶　(D)晚餐。

【98統測－餐服】

解答 A

解析 客房餐飲服務是針對住宿房客所提供的餐飲或飲料的服務。早、午、晚餐皆
有提供，但以早餐時段最多。

( ) 2. 消費者在電話訂購pizza 後，自行前往店家取餐回家食用，是屬於下列哪
一種服務方式？　(A)drive-through service　(B)family-style service　(C)
home-delivery service　(D)take-out service。　【98統測－餐服】

解答 D

解析 (A)drive-through service（得來速服務）；(B)family-style service（家庭式
服務）；(C)home-delivery service（外送服務）：(D)take-out service（外
賣服務）。

( ) 3. 電影《總鋪師》劇中的廚師應宴客主人之邀，到家中製備餐點宴客，此
類餐飲服務方式屬於下列何者？　(A)Catering Service　(B)Cabin Catering
Service　(C)Banquet Service　(D)Cafeteria Service。　【105-2模擬專二】

解答 A

解析 (A)Catering Service：外燴服務、(B)Cabin Catering Service：機艙餐飲服
務、(C)Banquet Service：宴會服務、(D)Cafeteria Service：速簡餐服務。

實·力·測·驗

8-1　餐桌服務

(　　) 1. American service又可稱為：　(A)drive-through service　(B)plate service (C)Russian service　(D)silver service。　　　　　　　　　　　　【106統測－餐服】

(　　) 2. 使用side table service調製Caesar salad時，是運用下列何種方法？　(A) boning　(B)carving　(C)flaming　(D)tossing。　　　　　　　　【106統測－餐服】

(　　) 3. 關於Gueridon service的敘述，下列何者正確？　(A)又稱為butler service (B)站在顧客的左側分菜　(C)菜餚是由顧客自己夾到餐盤中　(D)Crepes Suzette以此服務方式著名。　　　　　　　　　　　　　　　　【107統測－餐服】

(　　) 4. 以桌邊服務的方式提供燒烤牛排、拿波里義大利麵及火焰薄餅等餐點時，服務人員原則上不會使用到下列哪一種服勤技巧？　(A)boning　(B) carving　(C)cooking　(D)flaming。　　　　　　　　　　　　【107統測－餐服】

(　　) 5. 關於 silver service 的敘述，下列何者正確？　(A)菜餚在廚房完成分菜擺盤後，由服務人員端進餐廳直接上桌的服務方式　(B)其優點是服務人員不需學會單手操持服務叉匙及擺盤的技巧，且適合翻桌率高的餐廳　(C)菜餚在廚房備好後，由服務人員端進餐廳在服務車上為顧客提供分切或現場烹調服務　(D)廚師將烹製完成之多人份菜餚盛裝於大銀盤，擺盤後由服務人員端進餐廳展示給顧客。　　　　　　　　　　　　　　　　【108統測－餐服】

(　　) 6. 服務人員手持醬料盅，以 English service 方式提供牛排醬料，下列敘述何者正確？　(A)由顧客右側介紹醬料內容，並請其自行取用　(B)左手持醬料匙，將醬料淋至菜餚上方或旁邊　(C)直接將醬料盅置於桌面上方，依顧客個人喜好自行取用　(D)由顧客左側服務地帶切入，身體放低，將醬料向前展示。　　　　　　　　　　　　　　　　　　　　　　　【108統測－餐服】

(　　) 7. 當服務人員替顧客點完main course後，以餐盤式的服務方式將main course 送到顧客餐桌，其他appetizer、soup、salad、dessert等都由顧客自取。此種服務方式稱為　(A)cafeteria service　(B)self-service　(C)semi-buffet service (D)side table service。　　　　　　　　　　　　　　　　　【110統測專二】

(　　) 8. 某國際觀光旅館接了一行50人的旅行團，領隊向旅館預訂西式晚餐50份，餐廳提供A、B兩款套餐供團客事先勾選，A、B 兩套餐預訂的份數與菜單內容如下：A套餐30份：Asparagus、Spaghetti、Soufflé。B套餐20份：Ham

---

8-1　　1. B　　2. D　　3. D　　4. A　　5. D　　6. D　　7. C　　8. D

and Melon、Sirloin Steak、Crêpes Suzette。該旅行團在入住前一天，有10位原本選擇A套餐的團員臨時更換為B套餐，關於餐廳供餐當日最終需要備齊的餐具數量，下列何者正確？　(A)dessert spoon＋dessert fork＝70支　(B)steak knife＋dinner fork＝70支　(C)salad knife＋salad fork＝70支　(D)table spoon＋dinner fork＝70支。　　　　　　　　　　【110統測專二】

(　　) 9. 餐廳服務人員手持sauce boat為顧客服務sauce時，下列何種服務方式正確？ (A)以右手持 sauce boat、右腳前左腳後，從顧客左側服務　(B)以左手持 sauce boat、左腳前右腳後，從顧客左側服務　(C)以右手持sauce boat、右腳前左腳後，從顧客右側服務　(D)以左手持sauce boat、左腳前右腳後，從顧客右側服務。　　　　　　　　　　【109統測專二】

(　　)10. 以桌邊服務的方式提供燒烤牛排、拿波里義大利麵及火焰薄餅等餐點時，服務人員原則上不會使用到下列哪一種服勤技巧？　(A)boning　(B)carving (C)cooking　(D)flaming。　　　　　　　　　　【107統測專二】

(　　)11. American service 又可稱為　(A)drive-through service　(B)plate service (C) Russian service　(D)silver service。　　　　　　　　　　【106統測專二】

(　　)12. 有關餐桌服務(Table Service)敘述，下列何者正確？　(A)服務飲料及派送醬汁皆在同一方向進行服務　(B)法式服勤時，菜餚從客人右側呈遞，由服務人員分派至餐盤中　(C)美式服務又稱為Platter Service，服務人員直接持盤上桌，不需進行分菜　(D)英式服勤時，熱空盤從客人右側，順時針服務。　　　　　　　　　　【105-2模擬專二】

解析 (A)服務飲料右側服勤、服務醬汁左側服勤、(B)法式服勤時，菜餚從客人左側呈遞，由客人自行挾取菜餚至餐盤中、(C)美式服務又稱為(Plate Service)持盤式服務，服務人員直接持盤上桌，不需進行分菜。

(　　)13. 「透過桌邊切割或烹調服務，增進顧客用餐時的感官效果」，意指是下列何種餐飲服務方式？　(A)American Service　(B)Family Service　(C) Guéridon Service　(D)Russian Service。　　　　　　　　　　【105-2模擬專二】

解析 (A)American Service：美式服務、(B)Family Service：家庭式服務、(C) Gueridon Service：旁桌服務、(D)Russian Service：俄式服務

(　　)14. 有關各式餐飲服務特點之敘述，下列何者錯誤？　(A)Buffet Service由顧客自行持盤取餐，服務員提供有限服務（如殘盤收拾）　(B)Banquet Service 係依據顧客需求提供量身訂製餐飲服務，使用大量PT人員　(C)Room

🎯 解答
- -
9. B　　　10.A　　　11.B　　　12.D　　　13.C　　　14.C

Service係專為房客提供的餐點傳送服務，由旅館Room Division Dept.提供
(D)Quantity Food Service常見於機關團體，由服務人員為顧客配膳。

【105-3模擬專二】

解析 (A)桌間適宜距離應保持140~200公分、(C)Guéridon（旁桌）為輕便型工作
桌，不具加溫、燃燒功能；專用於Flambé 餐點服勤之工作車以桌邊烹調車
(Flambé Trolley)為主、(D)Cover Plate不用於主菜盛裝，僅為展示定位及提升
價值感。

( )15. 有關Plate Service之敘述，下列何者正確？ (A)菜餚在廚房預先備妥，由
服務員於外場分裝上桌 (B)不需使用Round Tray (C)與顧客有頻繁的互動
接觸 (D)多以Set Menu供應，不提供旁桌切割烹調服務。

【105-3模擬專二】

解析 (A)菜餚在廚房預先備妥及分盤盛裝，再由服務員持盤服務上桌、(B)需使用
Round Tray（圓托盤）服勤送餐、(C)服務迅速，服務員與顧客的互動接觸較少。

( )16. English Service被視為正統餐飲服務方式之代表，下列相關敘述，何者正
確？ (A)服務順序：服務員遞送預熱空盤→服務員展示菜餚→顧客挾取菜
餚 (B)菜餚於廚房製備切割完成，盛裝於Platter進行派送服務 (C)客人點
用Crêpes Suzette可備柑橘酒或白蘭地進行焰燒服務 (D)展示菜餚與上菜前
進方向皆從顧客右側方向進行。 【105-3模擬專二】

解析 (A)菜餚由服務員挾派，非由顧客自行挾取、(C)英式服務無焰燒服務、(D)展
示菜餚與上菜前進方向皆從顧客左側方向進行。

( )17. 餐桌服務(Table Service)為餐飲業常見服務方式，更是顧客公認最具消費
價值的服務型態。有關其服勤類型之敘述，下列何者正確？ (A)Family-
style Service：從賓客右側展示大盤菜餚並由服務員挾派菜餚 (B)Plate
Service：菜餚個別盛裝，從賓客右側端送 (C)Guéridon Service：服務
員展示大盤菜餚後立即調理及盛盤，並從賓客左側端送菜餚 (D)Butler
Service：從賓客左側展示大盤菜餚，並由服務員挾派菜餚。

【106-2模擬專二】

解析 (A)Family-style Service英式服務：從賓客左側展示大盤菜餚並挾派菜餚、(B)
Plate Service 美式服務、(C)Guéridon Service旁桌服務：從賓客右側端送菜
餚、(D)Butler Service司膳者服務（法式服務）：由賓客自行挾取菜餚。

◎ 解答

15.D 16.B 17.B

( )18. 餐桌服務(Table Service)類型中，不需為賓客遞送預熱空盤者為下列何者？
甲、French Service；乙、Chinese Service；丙、American Service；丁、
English Service；戊、Russian Service；己、Side Table Service　(A)乙丙己
(B)丁戊己　(C)甲丙戊　(D)甲乙丁。　　　　　　　【106-2模擬專二】

解析▶ 甲、French Service法式服務；乙、Chinese Service 中式服務；丙、
American Service美式服務；丁、English Service 英式服務；戊、Russian
Service 俄式服務；己、Side Table Service 旁桌服務。

( )19. 有關餐廳服務的過程，下列敘述何者正確？　(A)長方形托盤適合放在托盤
架及於客桌上進行服務　(B)高級餐廳，多以挾盤式服務熱菜盤　(C)婚宴
進行更換骨盤時，應由主人左側開始服務　(D)現場提供桌邊分菜服務時，
以雙手持服務叉匙進行服務。　　　　　　　　　　　【106-3模擬專二】

解析▶ (A)長托盤不可上客桌、(B)熱菜盤多以服務巾墊著服務、(C)骨盤更換應由主賓
右側先行進行。

( )20. 有關餐飲服務方式之敘述，下列何者正確？　(A)法式服務與俄式服務相
同，服務員持銀菜盤並由賓客自行持服務叉匙挾菜　(B)酒會進行時，現場
杯子準備數量約為賓客人數的2倍　(C)旁桌服務常見料理有凱薩沙拉、烤
鴨切割及蘇珊薄餅等　(D)美式服務與中式服務相同，皆由顧客左側上菜、
右側收拾。　　　　　　　　　　　　　　　　　　【106-3模擬專二】

解析▶ (A)法式服務的賓客自行挾菜，俄式服務則由服務員派送菜餚、(B)杯子為賓客
人數的3倍、(D)中式服務為右側上菜、右側收拾。

( )21. 現行常見之餐飲服務型態，最講究用餐環境舒適及暖心服務者，莫過於
Table Service。下列相關敘述，何者錯誤？　(A)English Service被推崇為第
一流的服務方式，多由家長或主人進行切割、分菜，極具家庭用餐氣氛
(B)Side Table Service 具有「Showmanship」特色　(C)Arm Service不需多
餘空間擺置旁桌、服務車，服務簡單方便、迅速，翻桌率較高　(D)Russian
Service可提供Carving、Tossing、Flambé等精緻服勤，被視為最豪華優雅
的服務方式。　　　　　　　　　　　　　　　　　【106-4模擬專二】

解析▶ (D)被視為最豪華優雅的服務方式為旁桌服務(Side Table Service)；Russian
Service（俄式服務）僅提供切割及分菜服務。

 解 答

18.A　　19.D　　20.C　　21.D

(　)22.下列各式Table Service 技巧之敘述，何者正確？ 　(A)Guéridon Service以順時針方向自顧客左側派送麵包 　(B)Plate Service以逆時針方向自顧客右側服務上菜 　(C)Butler Service以逆時針方向自顧客左側展示菜餚，並由顧客右側收拾殘盤 　(D)Family-style Service 以順時針方向自顧客右側展示菜餚，再由顧客左側進行分菜。 　　　　　　　　　　　　　　　　　　　　　【106-4模擬專二】

解析▶ (A)Guéridon Service（旁桌服務）以逆時針方向自顧客左側派送麵包、(B) Plate Service（美式服務、持盤式服務）以順時針方向自顧客右側服務上菜、(D)Family-style Service（英式服務）以逆時針方向自顧客左側展示菜餚與分菜。

(　)23.「法式服務」是一種十分講究禮儀的服務方式，流行於西方社會。服務旨於讓顧客享受到精緻的餐品，盡善盡美的服務和優雅、浪漫的情調。流程包含：甲、服務熱空盤；乙、展示菜盤；丙、由顧客自行挾取菜餚；丁、介紹菜餚內容；戊、保溫菜餚及空餐盤。其正確服務順序應為： 　(A)甲乙丙丁戊 　(B)丙乙甲丁戊 　(C)戊甲乙丁丙 　(D)戊丙乙甲丁。

【106-4模擬專二】

(　)24.下列哪一道菜餚不適合以旁桌服務的方式供應？ 　(A)北平烤鴨 　(B)舒芙蕾 　(C)凱薩沙拉 　(D)韃靼牛排。　　　　　　　　　　【106-5模擬專二】

解析▶ 舒芙蕾，稱作蛋奶酥，是一種源自法國的甜品，經烘焙後質輕而蓬鬆。主要材料包括蛋黃及經打勻後的蛋白。需要經過烘培程序，不適宜在客人旁桌製作。

(　)25.下列哪一種餐桌服務的服務員需要精準的分菜服務及調理、攪拌、切割與去骨的技術？ 　(A)English Service 　(B)Butler Service 　(C)Plate Service (D)Guéridon Service。　　　　　　　　　　　　　　【107-1模擬專二】

解析▶ (A)English Service 英式服務、(B)Butler Service 司膳者（法式）服務、(C) Plate Service 持盤式（美式）服務、(D)Guéridon Service 旁桌服務。

(　)26.志明與春嬌小倆口專程到瑪列‧小巴黎商人餐廳用餐共渡浪漫情人節，服務人員當天以Tableside Cookery方式完成主菜Black Pepper Steak及甜點Crepe Suzette，請問這兩道菜皆使用下列哪一種服勤技巧？ 　(A)tossing (B)carving 　(C)boning 　(D)flaming。　　　　　　　　【107-2模擬專二】

解析▶ (A)攪拌、(B)切割、(C)去骨、(D)引燃烹煮。

◎ 解答

22.C 　　 23.C 　　 24.B 　　 25.D 　　 26.D

( )27. 下列何種類型的餐飲服務，設有座位區供顧客享用美食佳餚？ (A)Cabin Catering Service (B)Mobile Canteen Service (C)Drive-in Service (D) Take-away Service。 【107-2模擬專二】

> **解析** (A)機艙餐飲服務、(B)流動餐車服務、(C)汽車餐飲服務、(D)外帶服務。

( )28. 有關Plate Service之敘述，下列何者正確？ (A)新式美式大多以右手自客人左後方供應飲料 (B)傳統美式服務上菜自客人右後方供應 (C)收拾殘盤時，一律於客人左側收拾 (D)帳單面朝下置於客人左側之桌緣上。

【107-2模擬專二】

> **解析** (A)飲料由顧客右側順時針服務、(B)傳統美式由顧客左側上菜；新式美式則由右側上菜、(C)收拾殘盤皆由右側順時針服務。

( )29. 服務人員為顧客旁桌服務「Crepe Suzette」時，不須準備下列何種材料？ (A)Grand Marnier (B)Coffee (C)Lemon (D)Sugar。 【107-2模擬專二】

> **解析** (A)Grand Marnier香橙干邑白蘭地、(B)Coffee 咖啡、(C)Lemon檸檬、(D)Sugar糖。

( )30. 下列哪一種服務屬於「Plate Service」？ (A)司膳者服務 (B)法式服務 (C)美式服務 (D)管家式服務r。 【107-4模擬專二】

( )31. 下列何者為「Side Table Service」之餐飲服務方式？ (A)現場有焰燒、去骨、切割、攪拌、調理、切片等烹調項目 (B)服務員於顧客右側上空盤，左側展示菜餚 (C)服務員準備銀盤，至顧客左側旁，讓顧客欣賞服務員派送食物 (D)助理服務員在旁桌上現場烹調與分派食物。

【107-4模擬專二】

> **解析** (B)服務員於顧客右側上空盤，左側展示菜餚為英式、法式服務、(C)服務員準備銀盤，至顧客左側旁，讓顧客欣賞服務員派送食物為英式服務、(D)旁桌服務由正服務員在旁桌上現場烹調與分派食物，助理服務端菜上桌。

( )32. 有關各種餐飲服務方式的說明或比較，下列何者不正確？ (A)英式服務是從右側置空盤 (B)英式和法式皆在右側展示菜餚 (C)英式和法式的差異在於英式是由服務人員夾派食物，法式是由顧客自行夾取菜餚 (D)旁桌服

解答

| 27.A | 28.D | 29.B | 30.C | 31.A | 32.B |

務會由正服務人員在旁桌上進行焰燒、去骨、切割等服務,而助理服務員則是由顧客右側持盤上桌,但麵包、醬汁及沙拉從左側供應。

【107-5模擬專二】

解析 ▶ (B)英式和法式皆在左側展示菜餚。

( )33. 有關服務人員服勤的技巧與原則,下列敘述何者不正確? (A)服務地帶是顧客的肩膀與桌角之間 (B)上菜地帶是指顧客的人中與胸部之間 (C)上菜方式常說的右上右下,是指顧客的右邊上菜、右邊撤殘盤 (D)收拾殘盤3S原則依序是Scrap→Separate→Stack。 【108-1模擬專二】

解析 ▶ (D)收拾殘盤3S原則依序為:刮除Scrap→堆疊Stack→分類Separate。

( )34. 有關端盤方法的技巧和原則,下列敘述何者不正確? (A)手心式最多只能一手拿二個盤子 (B)熱盤端法宜使用服務巾墊著,一次雙手最多拿取四個盤子 (C)挾盤式可以左手持3盤,右手持1盤 (D)不論盤子的數量多少,端送一疊盤子時應使用服務巾,以避免雙手直接碰觸到盤子及盤面上。

【108-1模擬專二】

解析 ▶ (B)熱盤端法宜使用服務巾墊著,一次雙手最多拿取三個盤子,左手墊服務巾持兩盤,右手服務巾抓一盤。

( )35. 下列哪一種餐桌服務方式,服務人員需要具備熟練的分菜技巧? (A) English Service (B)American Service (C)French Service (D)Arm Service。 【108-2模擬專二】

解析 ▶ (A)English Service 英式服務,服務人員以大銀盤獻菜後,再以服務叉匙將菜餚夾到客人餐盤中,故服務人員需要具備熟練的分菜技巧、(B)American Service 美式服務、(C)French Service法式服務、(D)Arm Service 手臂式服務,即美式服務。

( )36. 在顧客面前現場製作凱薩沙拉時,服務人員會用到下列哪一個服勤技巧? (A)Carving (B)Tossing (C)Filleting (D)Flambé。 【108-2模擬專二】

解析 ▶ (A)Carving切割、(B)Tossing攪拌、(C)Filleting去骨、(D)Flambé 焰燒。

( )37. 有關「法式服務」之敘述,下列何者錯誤? (A)顧客夾取菜餚的動作不熟練,容易使服務的節奏緩慢 (B)取菜速度慢,較易造成食物溫度改變與菜

🎯 解答

33.D 34.B 35.A 36.B 37.D

餚品質降低　(C)服務簡單，但顧客因不熟悉服務叉匙之使用，容易造成其困擾　(D)服務員夾派菜至餐盤中，菜餚分配份量均勻。

【108-4模擬專二】

解析▶ (D)「英式服務」服務員夾派菜至餐盤，服務迅速，菜餚分配份量均勻。

( )38. 有關旁桌服務的敘述，下列何者不正確？　(A)旁桌準備包含調理(Making)、攪拌(Tossing)、切割(Carving)、去骨(Filleting)、切薄片(Slicing)、烹煮(Flaming)和擺盤的工作　(B)同時需要二位服務員來準備旁桌的菜餚，一位是Commis de Rang，一位是Commis de Suite　(C)適用於小型豪華宴會或高級餐廳的單點服務　(D)法文Guéridon Service，又稱為Side Table Service。　　　　　　　　　　　　　　【108-5模擬專二】

解析▶ (B)同時需要二位服務員來準備旁桌的菜餚，一位是Chef de Rang資深服務員，一位是Commis de Rang助理服務員。Commis de Suite為傳菜員。

( )39. 有關各式餐桌服務的內容，下列何者不符合服務原則？　(A)Guéridon Service原則上採右上右下、順時針服務，而麵包採取左上右下、逆時針服務　(B)Plate Service不會出現秀菜服務，服務快速，翻桌率最高　(C)Butler Service適用於可隨時補菜的家庭宴會　(D)Russian Service可以提供Peach Flambé的服務。　　　　　　　　　　　　　【109-2模擬專二】

解析▶ (A)Guéridon Service旁桌服務、(B)Plate Service美式服務、(C)Butler Service 法式服務、(D)Russian Service俄式服務，可以提供食物切割但無桌邊烹調服務。

8-2　自助式服務

( ) 1. 隨心所欲選擇自己要吃的餐點，這就是自助餐吸引人之處。有關其敘述，下列何者錯誤？　(A)Buffet Service依人次計價，餐點無限量取食　(B)Cafeteria Service依餐點取量計價，提供打包外帶服務　(C)Semi-buffet Service 由賓客點選主餐，其他餐點採套餐式供應　(D)服務員工作內容以補充菜餚、收拾殘盤為主，與賓客少有互動。　　　　【106-2模擬專二】

( ) 2. 有關Cafeteria Service 的敘述，下列何者正確？　(A)餐食內容選擇有限，顧客未食用完畢的菜餚不可以外帶　(B)以取餐的次數作為計價單位，吃

🎯 **解 答**

38.B　　39.D　　8-2　　1. C　　2. B

得越多費用越高　(C)冷盤、熱食與甜點應放在同一餐檯，方便顧客取用
(D)需專業的服務人員，餐點事先烹調好，能有效評估供應量。

【108-3模擬專二】

解析▶ (A) Buffet Service（自助餐服務），餐食內容選擇多樣，顧客未食用完畢的
菜餚不可外帶、(C)冷盤、熱食與甜點分開放置於不同餐檯，方便顧客取用、
(D)無需專業的服務人員，供應量不易評估，容易有剩菜造成浪費。

(　　) 3. 有關自助餐式(Buffet)服務的優點，下列何者正確？　(A)熱食區要掌握食
物的溫度，特別是炸天婦羅一定要加保溫罩保溫　(B)用餐時間有限制，顧
客未食用完畢的菜餚可以外帶避免浪費　(C)以取用食物種類與數量多寡作
為計價方式　(D)沙拉區餐檯佈設，其正確順序為Plate→Relish→Condimen
ts→Dressings。　　　　　　　　　　　　　　　　　【109-2模擬專二】

解析▶ (D)沙拉區餐檯佈設，順序為Plate 餐盤→Relish 生菜→Condiments配料
→Dressings沙拉醬汁。

(　　) 4. 提供吃到飽的自助餐式飲食，近年來受到廣大消費者青睞，對於提供這類
餐飲服務，業者有什麼好處？甲、採購成本大幅降低；乙、節省人力資
源；丙、服務員不須為每位客人點餐；丁、菜色簡單，客人不易抱怨　(A)
甲乙丙　(B)甲乙丁　(C)甲丙丁　(D)乙丙丁。

(　　) 5. 下列關於buffet service的描述，何者正確？　(A)餐食內容選擇有限，顧客
未食用完畢的菜餚可以外帶　(B)冷盤、熱食與甜點應放在同一餐檯，方便
顧客取用　(C)以取餐的次數作為計價單位，吃得越多費用越高　(D)可以
在短時間內，同時供應大量顧客用餐。

(　　) 6. 下列關於「吃到飽」餐廳的敘述，何者不正確？　(A)易養成顧客浪費食物
的習慣　(B)易於控制食材的庫存量　(C)易養成顧客暴飲暴食的習慣　(D)
服務品質易降低。

(　　) 7. 大明到餐廳用餐，服務生送上菜單，請他點選一種主菜，並說明副菜、
沙拉、飲料等為 無限自由取用，這種餐廳是屬於哪一種服務類型？
(A)Buffet service　(B)Cafeteria service　(C)Full service　(D)Semi- buffet
service。　　　　　　　　　　　　　　　　　　　　　【104統測－專一】

🎯 解答

3.D　　　4.A　　　5.D　　　6.B　　　7.A

( ) 8. 下列關於buffet service的敘述，何者正確？ (A)最早起源於歐洲的義大利，我國多數國際觀光旅館皆有提供 (B)可以掌握食材所需的份量，減少食材成本的浪費 (C)以顧客拿取的餐食種類與數量做為計價方式 (D)冷菜與熱菜宜分區擺放，並放置正確的菜卡 【100統測－專二】

( ) 9. 時下流行的「迴轉壽司」餐廳所提供的餐飲服務方式，是屬於下列哪一種？ (A)Buffet Service (B)Cafeteria Service (C)Drive-through Service (D)Drive-in Service 【100統測－專二】

8-3 櫃檯式服務

( ) 1. 下列餐飲服務類別中，何者服務流程為「迎賓→點菜→結帳→取餐」？ (A)Banquet Service (B)Buffet Service (C)Counter Service (D)Cabin Catering Service。 【105-4模擬專二】

解析 (A)宴會服務、(B)自助式服務、(C)櫃檯式服務、(D)機艙餐飲服務。

( ) 2. 下列餐飲服務方式中，何者服務流程為「迎賓→點餐→付款→取餐」？ (A)Buffet Service (B)Institutional Food Service (C)Seated Service (D) Counter Service。 【106-2模擬專二】

解析 (A)Buffet Service 自助餐服務、(B)Institutional Food Service團膳服務、(C) Seated Service餐桌服務、(D)Counter Service 櫃檯式服務。

( ) 3. 下列哪一種餐飲服務方式的人事成本最低？ (A)Carry-out Service (B) Dining Car Service (C)Vending Machine Service (D)Self-Service。 【108-2模擬專二】

解析 (A)Carry-out Service外賣服務、(B)Dining Car Service流動餐車服務、(C) Vending Machine Service自動販賣機服務、(D)Self-Service自助式服務。

( ) 4. 因全球各地傳染病疫情升溫，民眾開始減少到公眾場合用餐的頻率，飯店餐廳業者為了增加民眾用餐意願，可以推出下列何種菜單，避免群聚感染？ (A)Banquet Menu (B)Outside Catering Menu (C)Family Restaurant Menu (D)Outside Order Menu。 【108-4模擬專二】

🎯 解答

8.D 9.B 8-3 1.C 2.D 3.C 4.D

解析▶ (A)Banquet Menu宴會菜單、(B)Outside Catering Menu外燴菜單、(C) Family Restaurant Menu 家庭餐廳菜單、(D)Outside Order Menu外賣菜單。

( ) 5. 時下流行的「迴轉壽司」餐廳所提供的餐飲服務方式，是屬於下列哪一種？ (A)Buffet Service (B)Cafeteria Service (C)Drive-through Service (D)Drive-in Service。

( ) 6. 85℃咖啡連鎖店，是偏向下列哪一種服務方式？ (A)Buffet (B)Counter Service (C)Caferteria (D)Table Service。

( ) 7. 鐵板燒餐廳之製備餐點處就是顧客用餐的地方，原則上是屬於哪一種服務方式？ (A)cafeteria service (B)carving service (C)catering service (D) counter service。 【100統測－專二】

( ) 8. 百貨公司內小吃街的櫃檯式餐飲店，其服務作業流程，下列何者正確？ (A)迎客→點菜→取餐→結帳 (B)迎客→點菜→結帳→取餐 (C)迎客→結帳→點菜→取餐 (D)迎客→取餐→點菜→結帳。

8-4　客房餐飲服務

( ) 1. 關於國際觀光旅館中的 room service，下列敘述何者錯誤？ (A)主要由 front desk receptionist 提供點餐服務 (B)無需設置 room service 獨立專用的廚房 (C)主要服務的對象是 in-house guest (D)可勾選 door menu 進行點餐。 【105統測－餐服】

( ) 2. 下列何種類型的餐飲服務，備有座位方便顧客用餐？ (A)carry-out service (B)delivery service (C)drive-through service (D)in-flight feeding service。 【105統測－餐服】

( ) 3. 下列何種服務類型不需要在現場配置人力？ (A)butler service (B)catering service (C)institutional food service (D)vending machine service。 【108統測－餐服】

🎯 解答

| 5.B | 6.B | 7.D | 8.B | 8-4 | 1. A | 2. D | 3. D |

( ) 4. 關於國際觀光旅館中的 room service，下列敘述何者錯誤？ (A)主要由front desk receptionist提供點餐服務 (B)無需設置room service獨立專用的廚房 (C)主要服務的對象是in-house guest (D)可勾選door menu進行點餐。

【105統測專二】

( ) 5. 請問臺灣人最愛的7-ELEVEN便利商店屬於下列何種服務？ (A)Cabin Catering Service (B)Convenient food Service (C)Institutional food Service (D)Drive-in Service。 【105-4模擬專二】

解析▶ (A)機艙餐飲服務、(B)便利食品服務、(C)團膳服務、(D)汽車餐飲服務。

( ) 6. 冰冰帶著家人一同前往IKEA(簡易式自助餐)餐廳用餐，請問她會在 IKEA(簡易式自助餐)餐廳中看到哪兩種服勤方式？ (A)Buffet/Counter Service (B)Semi-Buffet/Counter Service (C)Take out/Counter Service (D)Cafeteria/Counter Service。 【105-5模擬專二】

解析▶ (A)Buffet（歐式自助餐）／Counter Service（櫃檯式服務）、(B)Semi-Buffet（半自助式）、(C)Take out（外帶）、(D)Cafeteria（簡易式自助餐）。

( ) 7. 高雄縣內門鄉的「總舖師」可說是「頂港有名聲，下港有出名」，是全臺灣總舖師最密集的鄉鎮，可說是臺灣「食神之鄉」，請問臺灣特有的「辦桌」文化，是屬於哪一種餐飲服務方式？ (A)Institutional Food Service (B)Catering Service (C)Banquet Service (D)Take out Service。

【107-2模擬專二】

解析▶ (A) nstitutional Food Service團膳服務、(B)Catering Service外燴服務、(C)Banquet Service宴會服務、(D)Take out Service外賣服務。

( ) 8. 小天一家人暑假到沖繩自駕旅行，午餐是在飛機上享用飛機餐，晚上則是在日本便利商店Lawson 買日式燒肉便當，小天的兒子逛國際通時，因為口渴買了販賣機的果汁享用。隔天中午享用了小天最愛的燒肉放題（吃到飽），下午則在媽媽最愛的星巴克悠閒喝咖啡、吃點心。請依文中敘述的內容及順序，排列小天一家人旅行中遇到的餐飲服務方式？ (A)Cabin Catering Service/Convenience Food Service/Vending Machine Service/Buffet

🎯 解答

4. A	5. B	6.D	7.B	8.A

Service/ Counter Service　(B)In-Flight Service/Convenience Food Service/ Mobile Canteen Service Service/Buffet Service/ Counter Service　(C)In-Flight Service/Convenience Food Service/Vending Machine Service/Buffet Service/Self Service　(D)Cabin Catering Service/Cafeteria Service/Vending Machine Service/Buffet Service/Table Service。　　　　　【107-2模擬專二】

> **解析** In-Flight Service/Cabin Catering Service機艙餐飲服務、Convenience Food Service 即熱即食便利食品服務、Vending Machine Service 自動販賣機服務、Self Service 自助式服務：一種Buffet Service 自助餐服務，另一種為Cafeteria Service 速簡餐服務、Counter Service 櫃檯式服務、Mobile Canteen Service Service流動餐車服務、Table Service 餐桌服務。

(　) 9. 下列哪一種餐飲服務器具或設備，比較不會出現在客房餐飲服務(Room Service)中？　(A)Long Tray　(B)Tray Stand　(C)Sliver Plate　(D)Room Service Wagon。　　　　　【107-2模擬專二】

> **解析** (A)Long Tray長托盤、(B)Tray Stand 托盤架、(C)Sliver Plate 銀菜盤、(D)Room Service Wagon 客房餐飲服務車。

(　)10. 下列何種菜單的特性為「選擇性少，且用電話或門把掛單來點餐」？ (A)Banquet Menu　(B)Cocktail Party Menu　(C)Room Service Menu　(D)Flight Menu。　　　　　【107-4模擬專二】

> **解析** (A)Banquet Menu宴會菜單、(B)Cocktail Party Menu酒會菜單、(C)Door Hanger Menu門把菜單或Room Sevice Menu客房餐飲菜單、(D) Flight Menu空廚菜單。

(　)11. 有關餐廳的各種服勤設備，下列哪些不適合用在客房餐飲服務？(1)Tray Stand、(2)Service Trolley、(3)Room Service Trolley、(4)Side board、(5)Mobile Dish Trolley　(A)(1)(3)(4)　(B)(2)(5)　(C)(2)(4)(5)　(D)(4)(5)。　　　　　【107-5模擬專二】

> **解析** (1)Tray Stand 托盤架。(2)Service Trolley服勤餐車：是一種小型輕便的長方形服務桌。(3)Room Service Trolley客房餐飲推車。(4)Side board 工作服務檯，減少服務生往返餐廳及廚房的時間、體力，方便服務員暫時放置菜餚、殘盤以及儲放餐具及備品的設備。(5)Mobile Dish Trolley手動推車：大量使用餐盤，搬運盤子使用。

 解答

9.C　　　10.C　　　11.D

( )12. 有關各種餐飲服務方式的說明，下列何者不正確？ (A)Carry Out Service 指顧客不必下車就能得到餐飲服務 (B)Cabin Catering Service指機艙的餐飲服務方式 (C)Institutional Food Service指的是團體膳食服務 (D)Mobile Canteen Service 是指由貨車改造的流動餐車，例如：早餐餐車。

【107-5模擬專二】

解析 (A)Drive-through Service指顧客不必下車就能得到餐飲服務；Carry Out Service 是外帶服務。

( )13. 下列哪些餐飲服務，顧客實際上並未在餐廳內用餐？甲、Room Service；乙、Catering Service；丙、Counter Service；丁、Drive-through Service；戊、Cafeteria Service；己、Home-delivery Service (A)乙己 (B)丙戊 (C)甲乙己 (D)甲乙丁己。

【108-2模擬專二】

解析 甲、Room Service 客房餐飲服務，顧客在旅館客房內用餐；乙、Catering Service 外燴服務，在客人指定的地點用餐；丙、Counter Service 櫃檯式服務；丁、Drive-through Service 得來速服務，顧客免下車點餐，將餐點外帶享用；戊、Cafeteria Service 速簡餐服務；己、Home-delivery Service 外送服務，將餐點送到客人指定地點。

( )14. 「Room Service」是屬於下列哪一部門需派員到客房提供的服務？(A)Room Division (B)House keeping (C)Food & Beverage (D)Reception。

【108-3模擬專二】

解析 Room Service是屬於餐飲部門提供的服務。

( )15. 有關「客房餐飲服務(Room Service)」之敘述，下列何者錯誤？ (A)在旅館內隸屬於餐飲部門 (B)屬於免費服務 (C)僅提供旅館內的房客 (D)其提供的餐點以早餐居多，其次為宵夜。 【108-4模擬專二】

解析 (B)客房餐飲服務屬於營業單位，並非免費提供。

( )16. 近年來懶人經濟爆發，民眾只要在家動動手指訂餐，美味的餐點就會送上門，目前國內市場由foodpanda和uber eats兩大外送平台佔最大宗，此種餐飲模式相似於下列哪一種餐飲服務？ (A)Home-delivery Service (B)Carry-out Service (C)Drive-through Service (D)Dining Car Service。

【108-5模擬專二】

 解答

12.A	13.D	14.C	15.B	16.A

解析▶ (A)Home-delivery Service外送服務、(B)Carry-out Service 外賣服務、(C) Drive-through Service 得來速,提供專用車道的駕駛人點餐、(D)Dining Car Service 由車子改造的餐車,是一種流動式的簡易餐飲供應方式。

( )17. 近幾年飛機餐變化與時俱進、繽紛多元,如星宇航空經濟艙餐點,就與連續三年榮獲《The Miele Guide》亞洲美食評鑑指南的燒肉品牌「胡同燒肉」合作,希望將「燒肉香」從地面帶到天空,並聯合臺南人氣冰品「蜷尾家」,計畫在機上推出獨家限定「鐵觀音可可碎片」冰淇淋,預估將成為機上熱門餐點。請問上述內容屬於何種服務? (A)Buffet Service (B)Cabin Catering Service (C)Dining Car Service (D)Vending Machine Service。 【109-2模擬專二】

解析▶ (A)Buffet Service自助餐服務、(B)Cabin Catering Service機艙餐飲服務、(C) Dining Car Service流動餐車服務、(D)Vending Machine Service自動販賣機服務。

🎯 解答

17.B

飲料服務

◆—— 趨·勢·導·讀 ——◆

本章之學習重點：

顧客來餐廳主要目的在於用餐愉快，餐點的美味非常重要，但酒水的搭配能夠使此次的用餐經驗達到高峰，如何讓顧客達到美好的經驗，服務流暢度及專業度都非常重要。

1. 了解餐前酒的特色及服務流程。

2. 了解餐後酒的特色及服務流程。

3. 了解葡萄酒品種、特色、飲用的方法。

4. 培養正確的酒類與菜單的搭配。

5. 熟悉各類飲料的服務技巧。

9-1 餐前酒服務

一、餐前酒的定義：

餐前酒即為開胃酒(Aperitif)，於餐前飲用的酒，為刺激味蕾，增進食慾，特色為苦、澀、不甜。酒精濃度低。

二、常見的餐前酒種類與服務方式

種　類	服務方式
不甜苦艾酒(Dry Vermouth)	1. 冰鎮後純飲用。
苦味酒(Bitters) 如：金巴利(Campari) 　　多寶力(Dubonnet)	2. 使用古典杯，加冰塊飲用(On the Rock)。 3. 加入礦泉水或其他果汁碳酸飲料而飲用。 4. 製成雞尾酒Cocktail。 * 金巴利(Campari)：烈酒為基底加中藥材浸泡，為義大利有名的開胃酒。 * 多寶力(Dubonnet)：加味葡萄酒，為法國有名的開胃酒。
茴香酒 (Anisette)	1. 將酒倒入不加冰塊的平底杯中，另附一杯冰塊。 2. 適合冰涼飲用。 * 茴香酒 (Anisette)：烈酒加茴香浸泡。
強化葡萄酒 (Fortified Wines) 如：不甜的雪莉酒 (Dry Sherry) 不甜的波特(Dry Port)	1. 選用小型的鬱金香型高腳杯。 2. 供應前需冰鎮，服務溫度約10～13℃。
不甜氣泡酒 (Dry Sparkling wine)	1. 使用笛型香檳杯或鬱金香型香檳杯。 2. 供應前需冰鎮，飲用溫度約7～10℃。
餐前雞尾酒或混合酒 (Pre-dinner Cocktail or Mixed Drinks)	供應時將調好的酒，端送給客人。如：曼哈頓(Manhattan)、馬丁尼(Martini)、吉普生(Gibson)。

(　) 1. 開胃酒(Aperitif)適合於餐前飲用，用以刺激味覺以增加食慾，下列哪一款酒不適合用於開胃酒？　(A)苦艾酒(Vermouth)　(B)茴香酒(Anisette)　(C)不甜雪莉酒(Dry Sherry)　(D)甜白酒(Sauternes)。　【98統測模擬－餐服】

解答 ▶ D

解析 ▶ 甜白酒(Sauternes)較適合餐後飲用。

(　) 2. 下列何者不是常見的Aperitif？　(A)Dubonnet　(B)Campari　(C)Dry Sherry　(D)Oloroso。【105-2模擬專二】

解答 ▶ D

解析 ▶ 餐前酒：Dubonnet 多寶力酒、Campari 金巴利酒、Dry Sherry不甜雪莉酒；餐後酒：Port波特酒、Oloroso 甜味雪莉酒。

(　) 3. 有關飲料單的敘述，下列何者錯誤？　(A)Apéritif List包含苦艾酒、不甜雪莉酒、金巴利、多寶力酒等酒　(B)Wine List 包含紅葡萄酒、白葡萄酒、氣泡酒及白蘭地等酒　(C)After-dinner Drink List 包含香甜酒、甜白酒及波特酒等酒　(D)Cocktail List 提供調配混合酒精的飲料。【106-1模擬專二】

解答 ▶ B

解析 ▶ (A)Apéritif List：開胃酒單包含苦艾酒、不甜雪莉酒、金巴利、多寶力酒等酒、(B)Wine List：葡萄酒單包含紅葡萄酒、白葡萄酒、氣泡酒及香檳；白蘭地為烈酒，通常餐後使用，為餐後酒、(C)After-dinner Drink List：餐後酒單包含香甜酒、甜白酒及波特酒等酒、(D)Cocktail List：雞尾酒單提供調配混合酒精的飲料。

9-2 餐中酒服務

一、餐中酒的定義：

又稱佐餐酒，搭配菜餚飲用，西餐佐餐酒以葡萄酒為主，中餐以紹興酒或啤酒為佐餐酒。

二、葡萄酒的基本認識與服務方式

（一）葡萄酒依釀造過程分類

名　稱	釀造過程
紅酒 (Red Wines)	採收→破皮去梗→榨汁→發酵→酒槽中培養→過濾→調配→橡木桶中培養→澄清→裝瓶
薄酒萊新酒 (Beaujolais)	採收→二氧化碳浸皮→榨汁→浸泡→發酵→酒槽中培養→澄清→裝瓶
白酒 (White Wines)	採收→破皮→榨汁→澄清→酒槽中發酵→酒槽中培養與熟成→澄清→裝瓶
氣泡酒 (Sparkling Wines)	採收→榨汁→發酵→培養→添加酒精入發酵溶液→瓶中二次發酵及培養→搖瓶→開瓶去除酒渣→補充和加糖
強化葡萄酒 (Fortified Wines)	葡萄酒液→加食用酒精或中性烈酒使其停止發酵→橡木桶培養

（二）葡萄酒依原料及釀造方式不同分類

分　類	說　明
靜態葡萄酒 (Still Wines / Natural Wines)	又稱為不起泡的葡萄酒，一般稱為佐餐酒(Table Wine)的葡萄酒即屬於此類，酒精濃度為8～14%，主要有分為三種： **分　類 / 說　明** 紅酒(Red Wines) 1. 原料：紅色系葡萄果漿，紅色系葡萄果皮。 2. 果皮中含單寧酸(Tannin)，故紅葡萄酒口感呈現獨特的澀味。 3. 一般紅酒陳5～6年最適合飲用，但仍視品種而定。 4. **適飲溫度15～18℃。** 白酒(White Wines) 1. 原料：白色系葡萄、去皮的紅色系葡萄果漿。 2. 呈綠色或金黃色，口感較無澀味。 3. 只需1～3年陳熟時間。 4. **適飲溫度10～12℃。** 玫瑰紅酒(Rose Wines) 1. 原料：白色系葡萄、紅色系葡萄果漿。 2. **適飲溫度10～12℃。**
氣泡葡萄酒 (Sparkling Wines)	1. 葡萄酒發酵時，把發酵中的二氧化碳密閉在酒瓶中，使其具有氣泡。 2. 基本酒精濃度為9～14%，碳酸氣的壓力為3～6個氣壓左右。 3. **香檳(Champagne)唯有法國香檳區合法規定的才稱之。**
強化葡萄酒 (Fortified Wines)	**雪莉酒(Sherry)、波特酒(Port)為其代表，**因在發酵過程中或發酵完成後，添加了白蘭地，而使酒精度數達到18%左右。

分　類	說　明
混合葡萄酒 (Blended Wines)	1. 也稱為「加香料葡萄酒」(Aromatized Wines)，是以葡萄酒作為基酒，加入各種藥草、香料、色素或果汁，所釀製而成香味濃郁的葡萄酒。 2. 例如：苦艾酒(Vermouth)、多寶力酒(Dubonnet)。

＊ 薄酒萊新酒(Beaujolais)

1. 薄酒萊產區位於法國勃根地(Burgundy)之最南端。

2. 薄酒萊紅酒根據其葡萄園位置，劃分為三個等級，由下而上是：

Beaujolais 薄酒萊

Beaujolais Villages 優等薄酒萊村莊

Beaujolais Crus 優等薄酒萊

3. **每年十一月份的第三個星期四，全世界會同步推出薄酒萊新酒。**薄酒萊新酒是採用浸泡方式釀造，利用葡萄本身的重量壓力和發酵所產生熱能，以保存更多果味，減少丹寧酸的吸收，是故薄酒萊新酒具有豔麗的紫紅色澤和清新的果香味。

4. 如何飲用薄酒萊？

(1) 適飲溫度為10～14℃。

(2) 開瓶後立即可喝，不必醒酒。

(3) 開瓶後盡快於短時間喝完，第一次未喝完的酒於冰箱中約可保存3天，開瓶後應以3天內喝完為宜。

(4) 僅適合新鮮時飲用，通常上市後三個月左右已不能喝了。

(5) 最適宜之搭配食物以口味輕、淡的食物為原則，例如：

① 德國香腸、鵝肝醬。

② 生菜沙拉、涼菜。

③ 雞肉、豬肉、小牛肉，但避免重口味的醬汁。

④ 腥味不重的海鮮。

⑤ 輕乳酪。

（三）葡萄酒的服務

1. 在法國餐廳中，都有**葡萄酒的專業服務員**(Sommelier / Wine Butler / Chef de Vin)。

2. 葡萄酒的服務流程：傳送菜單→接受點酒→展示驗酒→調整酒溫→開瓶→過酒→醒酒→試飲→倒酒→後續服務。

3. 傳送菜單→點完主餐後，從主人右側將菜單給客人。

步　驟	說　明
傳遞酒單	顧客點完主餐後，從主人右側給予酒單。
接受點酒	1. 依據顧客所點的菜餚、偏好或可接受的價位，進行合理的推薦。 2. 依據顧客人數點選，一瓶酒（750毫升）、小瓶裝（375毫克）或單杯。 3. 若點二瓶以上的葡萄酒，其飲用原則為： 　(1) 先喝白酒，再喝紅酒。 　(2) 先喝淡酒，再喝濃酒。 　(3) 先喝新酒，再喝陳酒。 　(4) 先喝酒精低的酒，再喝酒精高的酒。 　(5) 先喝有氣泡，再喝無氣泡。
展示驗酒	1. 服務員站立於點酒顧客右前方。 2. 酒籤朝向顧客，說明酒的產地、名稱、年份、葡萄品種，確認無誤才準備調整酒溫。 ＊ 若為陳年老酒常有沈澱物(Sediments)，須使用酒籃(Wine Basket)或酒架(Wine Stand)，故移動時要小心，避免產生混濁。
調整酒溫	1. 紅酒： 　將紅酒斜放酒籃或醒酒架上，直至紅酒溫度回溫達15～18℃再飲用（時間約20分鐘）。 2. 白酒： 　將白酒放入已裝2/3～3/4冰塊和水的冰酒桶中。 　＊ 酒瓶放置於冰桶中（冰塊和水），每降低1℃需3分鐘。 　＊ 若需快速冷卻，可在冰塊中加入粗鹽。 　＊ 飲用溫度為7~10℃
開瓶	1. 依開瓶程序將軟木塞取出，服務員利用口布由內向外擦拭瓶口，不能讓軟木塞屑掉入酒瓶中。 　＊ 陳年紅酒需醒酒，故須先開瓶，葡萄酒和空氣進行呼吸作用，提前約20-30分。 　＊ 白酒需先冰鎮，至接近飲用時間再開瓶。 　＊ 陳年紅酒須在酒籃或酒架中開瓶，白酒則直接在冰酒桶中開瓶。 2. 葡萄酒開瓶器(Corkscrew)：又稱葡萄酒師刀、酒鑽，簡稱開酒器。 　＊ 開瓶器有下列種類： 　(1) 海馬刀開瓶器，美觀輕捷，實用且不費力，侍酒師隨身攜帶的開瓶器，又稱侍者之友「Waiter's Friend / Waiter's Tool」，如圖9-1。 　(2) 蝴蝶型開瓶器-用物理學的槓桿原理，設計出帶雙臂的造型，價格便宜，美觀大方，使用簡單，如圖9-2。 　(3) 薄片型開瓶器(Ah-So)－適合陳年老酒瓶，酒塞也不斷老化，變得脆弱，主要由2個一長一短的鐵片組成。，如圖9-3。 　(4) 螺旋開瓶器－傳統的開瓶器之一，其結構簡單，帶有一個螺絲錐，操作簡便，價格便宜，但比較費力。如圖9-4。

步　驟	說　明
	小刀　酒鑽　酒扣　4cm 🛎 圖9-1　　🛎 圖9-2　　🛎 圖9-3　　🛎 圖9-4
過酒	1. 瓶中有沉澱物的陳年紅酒才需過酒。 2. 將葡萄酒從酒瓶中倒入另一個新的過酒器(Wine Decanter)，又稱為換瓶 (Decant)。 3. 需準備酒藍、陳年紅酒、醒酒瓶、蠟燭、打火機、紅酒杯、服務巾。 4. 目的：①去除酒中的沉澱物(sediment)；②加速紅酒呼吸；以散發酒的香氣；③ 增加「秀」的功能。
試飲	1. 將開好的軟木塞放在盤子上，放置客人右側請顧客檢視。 2. 再主人的酒杯中倒入約1oz的酒（倒酒提起時，轉瓶口約15°，以防酒液滴落）。 3. 請主人試飲，確認酒的品質無誤才進行倒酒。 4. 品嚐紅酒的四個步驟(4S)： 　　觀色(Sight)→轉動酒杯、搖酒(Swirl)→聞香氣(Smell)→啜飲(Sip)
倒酒	倒酒服務由主賓或女士為優先服務，主人最後。 紅酒的倒法： ＊ 標籤朝上，以倒1/2杯為原則。 ＊ 注意陳年紅酒有沉澱物，倒酒時動作應緩慢。 白酒倒法： ＊ 白酒從冰桶中取出，利用口布擦拭瓶身，從客人右側倒酒。 ＊ 標籤朝上，以不超過1/3杯為原則。 ＊ 倒完酒，將酒瓶放回冰桶中。

三、香檳的基本認識與服務方式

1. 香檳酒(Champagne Wine)是葡萄酒的一種，在氣泡酒中有「酒中之王」之稱。

2. **只有在法國香檳區生產的才是正統的香檳酒。非法國香檳區生產的，只能稱之** Sparkling Wine或Bubbly Wine（氣泡酒）。

3. 釀香檳所使用的三種葡萄有：

(1) 黑皮諾(Pinot Noir)：屬紅葡萄，占所有種植葡萄的35%。

(2) 皮諾莫尼耶(Pinot Meunier)：屬紅葡萄，占所有種植葡萄的39%。

(3) 夏多內(Chardonnay)：屬白葡萄，占所有種植葡萄的26%。

4. 香檳的飲用：

(1) 可搭配任何菜餚，餐前、餐中、餐後皆可飲用。

(2) 應放在碎冰下冰鎮至攝氏7～12℃時，開瓶飲用為最佳。

(3) 飲用時所用的杯子有笛型香檳杯和鬱金香型香檳杯兩種。

四、香檳的服務

氣泡酒的服務：點酒→驗酒→調整酒溫→開瓶→斟酒。

步　驟	過程說明
點酒	依據顧客需求，點用氣泡酒。
驗酒	1. 取拿氣泡酒時避免搖晃酒瓶、服務員站立於點酒顧客右前方。 2. 酒籤朝向顧客，介紹酒名、產地、年份、葡萄酒品種，待主人確認無誤後才準備後續服務。
調整酒溫	將氣泡酒置於冰酒桶中降溫，因氣泡酒瓶身較厚，故降溫時間較長。
開瓶	<table><tr><td>1. 一般開氣泡酒，不須用開瓶器，撕開瓶口的金屬套。</td><td>2. 一手握緊瓶身，一手將鎖住的鐵線轉開。</td><td>3. 將鐵線環及金屬蓋一起拿掉。</td></tr><tr><td>4. 將酒瓶稍微傾斜在45度的角度，一手握住瓶塞，一手慢慢旋轉瓶身，瓶塞就會自然脫出，而不會激起泡沫。</td><td>5. 俟瓶內的氣壓彈出軟木塞後，繼續微壓軟木塞，同時避免酒液噴灑到他人，應繼續以45度的角度拿酒瓶。</td><td>6. 握住瓶身下凹槽，採二段式倒法，先倒三分之一，待氣泡消失後，再倒滿至酒杯的三分之二。</td></tr></table>

280

步　驟	過程說明
倒酒	1. 為防止沖出過多氣泡，倒酒時，瓶口與杯口的距離越小越好，但不能碰觸酒杯。 2. 倒氣泡酒多採二段式倒法，即氣泡上升到杯口時即停止倒酒，待酒泡消散後再倒第二次。 3. 氣泡酒的份量約杯子的八分滿。 4. 使用笛型香檳杯（　）或鬱金香型香檳杯（　）。

考題推演

( ) 1. 服務陳年葡萄酒時，為了避免顧客飲用到沉澱物，可將瓶中的酒先倒入下列何種器皿？　(A)wine cellar　(B)wine cooler　(C)wine decanter　(D)wine holder。　　　　　　　　　　　　　　　　　　　【99統測－餐服】

解答 ▶ C

解析 ▶ (C)wine decanter（過酒器）。

( ) 2. 下列關於葡萄酒試酒服務的描述，何者錯誤？　(A)由女士優先試酒　(B)試酒目的在於了解所點葡萄酒是否變質　(C)顧客試酒時，倒入其杯中的酒量約1盎司(ounce)　(D)試酒先後步驟依序為觀色澤、聞香氣、嚐其味。　　　　　　　　　　　　　　　　　　　　　　　　　　　　　　【99統測－餐服】

解答 ▶ A

解析 ▶ 原則上試酒是由點酒的顧客為之，若點酒的為女士，可轉請在座的男士試飲。

( ) 3. 餐食與佐餐酒搭配得宜時，更能突顯出美食的滋味，有關葡萄酒與菜餚搭配的敘述，下列何者較不適宜？　(A)生蠔可搭配清淡型白酒或香檳　(B)藍黴乳酪適合搭配甜白酒　(C)犢牛肉適合搭配濃郁型紅酒　(D)鴨肉以搭配紅酒較適宜。　　　　　　　　　　　　　　　　　　　　　　　　【105-1模擬專二】

解答 ▶ C

解析 ▶ (C)犢牛肉適合搭配清淡型紅酒。

( ) 4. 有關葡萄酒的敘述，下列何者錯誤？ (A)香檳的氣泡來自製作過程保存的 CO_2 (B)紅酒的單寧酸是來自果皮，發酵過程浸皮時間越長，單寧含量越高 (C)服務甜白酒時，適飲溫度較低，杯內可加冰塊降溫最快 (D)玫瑰紅適宜的飲用溫度約在9～12℃。　　　　　　　　　　【105-2模擬專二】

解答 ▶ C

解析 ▶ (C)服務甜白酒時，適飲溫度較低，杯內不可直接加冰塊，需使用冰酒桶降溫。

( ) 5. 「燒肉觀止餐廳」提供佐餐酒單供顧客點選，酒單中不會有何類產品？(A)Red Wine　(B)White Wine　(C)Champagne　(D)Liqueurs。

　　　　　　　　　　　　　　　　　　　　　　　　　　　【105-4模擬專二】

解答 ▶ D

解析 ▶ 香甜酒不屬於佐餐酒，很多餐廳會指定月份提供。(A)紅酒、(B)薄萊酒、(C)香檳、(D)香甜酒。

9-3 餐後酒服務

一、餐後酒的定義

食用完主菜後所飲用的酒，功用為消除油膩，其特色為甜度較甜、酒精濃度較高（約35~40%），可搭配甜點、咖啡。

二、常見的餐後酒的種類與服務方式

種　類	服務方式
甜點酒 (Dessert Wine)	1. 雪莉酒(Sherry)－西班牙國寶酒，使用鬱金香杯，常溫供應。 2. 波特酒(Port)－葡萄牙國寶酒，使用波特酒杯，常溫供應。 3. 馬德拉酒(Madeira)－葡萄牙馬德拉群島的馬姆齊品種釀製，使用波特酒杯，常溫供應。 4. 瑪莎拉酒(Marsala)－使用波特酒杯，常溫供應。 5. 甜白酒(Sweet Wine)－ 　　* 貴腐酒－感染貴腐菌的葡萄釀成，產於法國、德國、匈牙利。 　　* 冰酒(Ice Wine，德Eiswein)－葡萄因天氣寒冷脫水結霜，產於德國、加拿大，使用白酒杯，冰鎮4～7℃供應。 6. 氣泡酒(Sparkling Wine)－使用香檳杯，冰鎮7～10℃供應。

種　類	服務方式
利口酒 （Liqueur）	1. 利口酒又稱香甜酒(Cordial)、「液體寶石」酒精濃度大約介於 15~40%。 2. 飲用方式： 　(1)純飲-使用香甜酒杯，常溫。 　(2)加碎冰(Frappé)的雞尾酒杯。 　(3)加冰塊(On the Rocks)飲用，以古典杯供應。 　(4)調成雞尾酒，例如：Angel's Kiss、 Grasshopper。
白蘭地酒 （Brandy）	1. 純飲，使用白蘭地杯，利用手溫加熱酒的溫度，使其散出酒氣。 2. 空杯加溫後倒酒服務。 3. 加礦泉水或冰塊飲用。 4. 調成雞尾酒，例如：B&B、Side Car。
威士忌 （Whisky）	純飲(Neat)－使用純飲杯(Shot Glass)，常溫供應。 加冰塊(On the Rocks)飲用-使用古典杯供應。 加礦泉水-使用高飛球杯(High Ball)供應。

考題推演

（　　）1. 開胃酒(Aperitif)適合於餐前飲用，用以刺激味覺以增加食慾，下列哪一款酒不適合用於開胃酒？　(A)苦艾酒(Vermouth)　(B)茴香酒(Anisette)　(C)不甜雪莉酒(Dry Sherry)　(D)甜白酒(Sauternes)。　【98統測模擬－餐服】

解答▸ D

解析▸ 甜白酒(Sauternes)較適合餐後飲用。

9-4　其他飲料服務

一、啤酒的基本認識與服務方式

1. 啤酒(Beer)：有「液體麵包」、「液體維生素」、「液體蛋糕」之稱。

2. 啤酒的原料：啤酒花(Hops)、水、麥芽、酵母(yeast)。

3. 啤酒的製造過程：

製麥→糖化→發酵→熟成（後發酵）→過濾→製品包裝

> * 製麥
> 洗淨的大麥浸入麥桶槽內，嚴密的溫度、溼度控制下，讓大麥適度發芽（綠麥芽），用熱風乾燥為製麥。在製麥工程中，大麥發芽時有酵素生存，變成容易溶解的狀況，能保有啤酒特有的色、香。

(1) 依發酵的方法分類

麥汁冷卻後加入酵母至發酵桶進行主發酵。依使用酵母的型態可分為上面發酵啤酒及下面發酵啤酒。

發酵方法	說　明
表面發酵 （上發酵）	1. 發酵時的溫度(15～22℃)，酵母會浮至液體表面，並在發酵槽上層發酵，稱為上層發酵，這時釀造出來的啤酒稱為艾爾型(ale)啤酒 2. 目前臺灣有進口的Oberdorfer（德製）、手工精釀的啤酒即屬之。
底部發酵 （下發酵）	1. 發酵時的溫度(5～10℃)，發酵在發酵槽底部進行，稱為底層發酵，釀造所得的啤酒稱為拉格型(lager) 2. 目前市面之Beck's（德製）、Asahi（日製）、Kirin（日製）、海尼根、百威等大量製造的啤酒即屬之。
自然發酵	1. 採用天然酵母，在20℃左右溫度中長時間發酵。 2. 目前世界上以比利時所製之Mort系列啤酒屬之。

(2) 依顏色分類

利用啤酒中殘留之糖份，於低溫下繼續發酵，產生不可缺少的飽和碳酸氣，並釀成具成熟風味的啤酒。

分　類	說　明
淡色啤酒	(1) 麥芽添加的未經強熱烘焙釀造，口感清爽。 (2) 如：臺灣啤酒、Heineken（荷製）、青島啤酒、Tiger（新加坡製）、Kirin（日製）、San Miguel（菲製）、Bud（美製）、Lite（美製）、Miller（美製）均屬之。
深色啤酒	麥芽經強熱烘焙，味道濃厚。 如：英國的黑啤酒，代表品牌有Young's、Oatmeal1、Stout、Guinness。

4. 啤酒的服務

(1) 桶裝生啤酒服務

A. 服務員取用乾淨的杯子。

B. 按壓啤酒機，將杯子斜45度角，杯口靠近啤酒出口，裝大部分的酒不要使泡沫太多，七分滿後再將杯子直立，杯中泡沫與啤酒比例為2:8（黃金比例）。

C. 服務員利用托盤將啤酒從顧客右側服務。

* 注意控制碳酸氣的壓力大小，以免空氣雜質進入啤酒中，影響品質（桶裝啤酒應擁有充分而穩定的壓力）。

(2) 瓶裝罐裝啤酒的服務

A. 服務員利用托盤由顧客右方先遞上杯墊，擺放啤酒杯（需冰鎮）。

B. 標籤面向客人，在客人面前開瓶。

C. 從顧客右側，左手拿起酒杯倒酒，杯中泡沫與啤酒比例為2:8（黃金比例）。

D. 剩餘的啤酒放在顧客右側，標籤朝向客人。

(3) 啤酒貯存的注意事項

A. 貯存時須避免陽光直射。

B. 須直放，以免瓶蓋跟啤酒酒液接觸。

(4) 啤酒飲用的注意事項

A. 倒入杯中的啤酒避免放置過久，啤酒花(Hops)和空氣作用後，會漸漸產生苦味。

B. 不適合加入冰塊同飲，以免冰塊稀釋酒精濃度。

(5) 何謂生啤酒、熟啤酒

A. 生啤酒

a. 將初釀的啤酒，於0℃低溫貯藏，使啤酒因殘留酵母逐漸成熟，並使二氧化碳融入啤酒，漸漸調合成特別風味，此階段稱之為「後發酵」。

b. 經過後發酵的啤酒，以低溫過濾，除去酵母後，會呈現透明琥珀色液體，此即為「生啤酒」。

c. 啤酒越新鮮越好喝，生啤酒保存時間約7～18天

d. 飲用溫度約2～3℃最佳，無須加冰塊。

e. 飲用生啤酒適合使用馬克杯(Beer Mug)盛裝，使用前須冰杯。

B. 熟啤酒

a. 將裝生啤酒的容器完全浸泡在60～65℃左右的溫水中，將有效抑止酵母的活動，成為一般飲用之啤酒（熟啤酒）。

b. 熟啤酒保存時間較長，約6個月～2年。

c. 飲用溫度以8℃左右最佳，無須加冰塊。。

d. 飲用熟啤酒使用皮爾森杯(Pilsner Glass)盛裝，使用前須冰杯。

二、紹興酒的基本認識服務方式

（一）紹興酒的認識

1. 紹興酒的原料

　　紹興酒為釀造酒，又稱黃酒，以浙江紹興最為有名。主要原料有糯米、小麥、水及菌種等四種，酒精濃度約15～16.5%。

原　料	說　明
糯　米	使用圓糯米、蓬萊米為原料。
小　麥	供製麥麴，方法係將小麥磨碎，細度約為原料1/4，再接種菌，使其繁殖。
水	水質與酒之品質關係密切。

2. 紹興酒的喝法：

　　(1) 紹興酒的喝法有：冷藏、常溫、加溫。

　　(2) 隔水加熱到38～40℃，紹興酒的香氣可完全呈現，口感更順暢。

　　(3) 冬天時，可加入薑汁和紅糖一起加熱後飲用；夏天時，可添加話梅、梅子粉、檸檬片、細薑絲食用。

（二）紹興酒的服務方式

　　準備烈酒杯及公杯、排列於轉台外緣，公杯裝7～8分滿，杯嘴朝左。

1. 提供倒酒服務：

　　(1) 主賓先倒酒，最後為主人。

　　(2) 從顧客右側，以右手持公杯依序倒酒至8分滿。

2. 無提供倒酒服務：轉台上所提供的公杯及烈酒杯，由顧客自行倒酒。

三、咖啡的基本認識與服務方式

（一）咖啡的基本認識

　　咖啡生長在南北緯約25度之間的熱帶、副熱帶內，是最適合栽種咖啡的區域。三大咖啡栽培生長地區分別為：亞洲太平洋、拉丁美洲及非洲區域。咖啡生產國約有六十餘國，其中中南美約占60%，其次非洲、阿拉伯約占30%，其餘的10%則分布於亞洲各國及各多數島嶼。

THE BEST COFFEE COMES FROM THE BEST GROWING CLIMATES, KNOWN AS

THE BEAN BELT

1 PAPUA NEW GUINEA
Semi-sweet chocolate aroma, cocoa flavor with hints of cherry. Medium body, quick finish.

8 ETHIOPIA
Rich blueberry aroma, cocoa and spice flavor, medium body and clean finish.

PRIME COFFEE-GROWING REGIONS FORM A BELT ROUGHLY BOUNDED BY THE TROPICS OF CANCER AND CAPRICORN. THESE AREAS OFFER PERFECT CONDITIONS FOR GROWING COFFEE BEANS.

2 BRAZIL
Slightly spicy, nutty aroma, nutty base, carmel notes. Full body, clean finish.

3 SUMATRA
Aroma of dried fruit and nuts, full syrupy body, deeply sweet finish.

4 HONDURAS
Sweet molasses aroma and flavor, full body and lingering sweet finish.

5 PERU
Bright, fruity aroma, lightly fruity flavor with a clean finish.

6 GUATEMALA
Sweet, tart aroma, lightly fruity flavor. Light body and clean finish.

7 COLUMBIA
Nutty aroma, caramel flavor, Medium body and heavy finish

圖9-1　咖啡生產分布圖

　　主要的栽培種為阿拉比卡種(Arabica)和羅姆斯達種(Robusta)，其中阿拉比卡種在世界咖啡產量中，約佔有三分之二的比例。

（二）咖啡的種類

項目	Arabica（阿拉比加）	Robusta（羅姆斯達）
產量	約占世界總產量的70～80％	約占世界總產量的20～30％
生豆形狀	顆粒較小，外型橢圓扁平形	顆粒較大，外型較短橢圓形
裂縫	為彎曲狀	為直線狀
葉片	葉長約15公分，葉片成橢圓形，葉片較尖，葉片表面成深綠色有光澤	葉長約10～20公分，葉面表面有鼓起，且呈波浪般起伏
味道	香味特佳，味道均衡，咖啡因含量較少	香味較差，苦味強，酸度又不足，且咖啡因含量較阿拉比加種高
適合環境	海拔400～2500公尺的山坡地	平地到海拔400公尺的高度
主要產國	南美的巴西、哥倫比亞、中美洲諸國、加勒比海的哥斯大黎加、瓜地馬拉、牙買加、墨西哥以及衣索比亞、肯亞、坦尚尼亞、葉門、夏威夷、菲律賓、印度、印尼、巴布亞新幾內亞等。	烏干達、象牙海岸、剛果、薩伊、安哥拉、夏威夷、印度、印尼（爪哇）、菲律賓等。

（三）咖啡的烘焙程度 (Roasting)

美國精品咖啡協會(SCAA)推動以紅內線測定的焦糖化分析數值(Agtron Number)來判定烘焙程度，其數值從0～100，數值越高表示焦糖化低、色澤灰白、烘焙越淺，反之，數值低代表焦糖化高、色澤黑亮、烘焙越深。

咖啡烘焙度為美式術語淺烘焙、中烘焙、深（重）烘焙，其中又可細分8個階段，而烘焙程度的差異隨不同地區又有不同看法，以下淺略介紹烘焙程度與風味：

項　目	說　明
1. 輕度烘焙 (Light Roast)	1. 又稱「淺烘焙」。 2. 烘焙程度淺，豆表呈淡肉桂色，帶青澀味，目前市面上少見。
2. 淺度烘焙 (Cinnamon Roast)	1. 又稱「肉桂烘焙」。 2. 僅將咖啡豆做適度而輕微的煎焙，使咖啡豆呈淡色，留有強烈的酸味。
3. 中度烘焙 (Medium Roast)	1. 又稱「微中烘焙」。 2. 將咖啡豆煎焙至呈褐色，提出咖啡的原味，香醇、酸味。為大眾喜愛的烘焙法。
4. 中度微深烘焙 (High Roast)	1. 又稱「濃度烘焙」 2. 將咖啡豆煎焙至淡褐色，其咖啡豆香氣濃郁、口感厚實。
5. 中深度烘焙 (City Roast)	1. 又稱「城市烘焙」。 2. 為多數的烘焙標準，均勻地呈現香醇、酸味及香味，大眾最喜愛的烘焙程度。
6. 深烘焙 (Full City Roast)	1. 又稱「深城市烘焙」。 2. 豆表呈褐色，口感沉穩飽滿、苦味較酸味強勁、餘韻回甘，香氣飽滿 3. 適合冰咖啡、黑咖啡使用。
7. 重度烘焙 (French Roast)	1. 又稱「法式烘焙法」。 2. 咖啡豆的顏色略帶黑色，表面有油質出現，苦味及濃度加深。 3. 適合調配冰咖啡及義大利濃縮(Espresso Coffee)。
8. 極深烘焙 (Italian Roast)	1. 又稱「義式烘焙」。 2. 咖啡豆烏黑透亮，表面有油亮，帶濃厚苦味。 3. 適用於義式濃縮咖啡(Espresso)。

（四）咖啡豆的研磨

項　目	說　明
細研磨	1. 粒子大小約為30～32 Mesh。 2. 適用於義大利濃縮咖啡(Espresso Coffee)、土耳其咖啡、濾掛式咖啡、摩卡壺。

項　目	說　明
中研磨	1. 粒子大小約為24～28Mesh。 2. 適用於法蘭絨滴落法、綿紙滴落法、電動煮壺以及虹吸式沖泡法。
粗研磨	1. 粒子大小約為18～22Mesh。 2. 適用於法式濾壓壺、冰滴壺。

Mesh（表示粒子大小的單位，Mesh數越小，代表粒子越大）。

（五）咖啡沖煮的方法

項　目	說　明
滴漏式	1. 濾紙沖泡法(Paper Drop) 　(1)用於少量的咖啡沖泡。 　(2)將濾紙放置於濾杯上，再將濾杯放於杯上沖泡。 2. 法蘭絨沖泡法(Flannel Drop) 　(1)用於沖泡大量的咖啡及冰咖啡。 　(2)方法與濾紙沖泡相同。 3. 電動滴濾式咖啡機 (Coffee Maker) 　多用於家庭或辦公室。
虹吸式 (Syphon)	1. 利用虹吸原理。 2. 適用於咖啡專門店。
蒸氣加壓式	1. 摩卡壺(Moka) 　(1)利用蒸氣壓力，瞬間將咖啡液抽出。 　(2)適用於家庭或咖啡專賣店。 2. 義式濃縮咖啡機 　(1)專門製作Espresso咖啡的機器。 　(2)利用高壓蒸氣在短時間萃取香濃咖啡。
濾壓壺	1. 壺身為玻璃圓筒狀，蓋子上附一支可壓縮的金屬濾網。 2. 適用於家庭。

（六）咖啡的服務方式

1. 杯具準備

　(1) 熱咖啡：瓷器咖啡杯、咖啡碟、咖啡匙。

　(2) 冰咖啡：玻璃杯。

2. 服務方式如下

項　目	服務說明
高級正式餐廳 單點咖啡服務	1. 服務員取托盤，將咖啡杯組及所附材料準備好。 2. 由顧客右側遞上咖啡杯組，糖盅及奶盅放置中間。 3. 服務員右手持咖啡壺，由顧客右側倒咖啡約8分滿。

項　目	服務說明
宴會服務	1. 餐桌已擺放咖啡杯組、糖盅及奶盅。 2. 服務員右手持咖啡壺，由顧客右側倒咖啡約8分滿。
餐廳附餐服務	1. 將糖盅、奶盅置於餐桌適當位置。 2. 將倒好的咖啡組，從顧客右側服務。
冰咖啡服務	1. 將調製好的冰咖啡由顧客的右側服務。 2. 需附上杯墊、吸管、攪拌棒，另附果糖或蜂蜜。

四、茶的基本認識與服務方式

（一）茶的基本認識

從新鮮的茶葉到包裝完成的茶包需經過的程序為：採茶菁→日光萎凋→萎凋與浪菁→殺菁→揉捻→團揉→解塊→乾燥→包裝。

步　驟	功　能
採茶菁	採收以嫩葉與嫩芽為主，一般為一心兩葉至三葉。茶菁的完整度關係到茶葉製造的品質，採茶過程中不能損傷葉片，否則將會降低茶葉的品質。
日光萎凋	將採摘下來的茶菁攤曬於日光之下，以陽光的熱能加速葉片中水分的蒸發，減少細胞水分含量，以利在室內萎凋時，進行發酵作用。
萎凋與浪菁	將日光萎凋後之茶菁靜置於室內，使葉緣細胞破損，以利於發酵，除去茶中苦澀及菁味，並引出茶葉特有的香氣與滋味，待發酵至適當程度即可停止。
殺菁	當茶菁發酵至所需程度時，以高溫破壞酵素的活性，抑制茶葉發酵，並因茶葉水分含量減少而使葉質柔軟。
揉捻	利用機械的力量使茶葉轉動相互摩擦，讓茶葉的汁液流出黏附在芽葉的表面，除了有整形的作用，更利於沖泡時茶湯滋味的釋出。
團揉	茶葉揉捻後，進行布球揉捻，為茶葉成形的重要過程。
解塊	揉捻後的茶葉會結塊，需要經過攪拌機攪散團塊，以利茶葉顆粒均勻，形狀緊結美觀，發散一部分的水氣與熱氣，讓茶葉不致變紅。
乾燥	利用溫度使茶葉中水份蒸發，降低含水量至4％以下，以利於包裝儲存。乾燥也有助於去除菁味‧澀味，及改善茶葉香氣和滋味。
包裝	利用真空包裝以保持茶葉新鮮度，延長儲存及銷售時間。

（二）依「發酵」程度區分不同的茶類

發酵之前必須經過萎凋的程序，才會到發酵的步驟，發酵是一種氧化作用，就是將茶青接觸空氣，讓茶青的每個細胞引起化學作用。在萎凋過程中，茶青會產生出香

氣，隨著製茶種類的不同，萎凋處理的時間，溫度也會不同。可分為完全發酵茶、半發酵茶及不發酵茶。

未發酵茶因沒有經過發酵工序，保留了鮮葉的天然物質，茶多酚含量較高，收斂性也較強，發酵茶發酵程度越高，兒茶素含量也會因氧化關係而越少，茶多酚含量減少。

種　類	說　明	茶湯顏色
不發酵茶（綠茶）	碧螺春、龍井、珠茶、眉茶、煎茶、珠芽等。	淺綠色、碧綠色
部分發酵茶	1. 輕發酵茶：如：清茶、白茶。 2. 中發酵茶：如：凍頂烏龍、鐵觀音、水仙、武夷等。 3. 重發酵茶：如：白毫烏龍（東方美人茶）。	黃綠色、藤黃色 淺褐色、深褐色 琥珀色
全發酵茶	各類的紅茶。	亮紅色、深紅色
後發酵茶	又稱重發酵茶，如普洱茶。	深褐色、琥珀色

（三）茶的沖泡方法

1. 基礎沖泡法

泡茶 三要素	說　明			
用量	(1) 大桶茶的用量：茶的標準泡法為3公克的茶葉＋150c.c.水→泡5～6分鐘。 (2) 小壺茶的用量：茶葉為緊壓塊狀形1/5壺，緊結形1/3壺，半球形1/2壺，膨鬆形2/3壺。			
水溫	各類茶葉沖泡所需之水溫			

類別	溫度	適用茶葉
高溫	95℃～沸水	完全發酵茶（紅茶）、陳年茶（普洱茶）、中重發酵茶（鐵觀音、水仙、凍頂、武夷茶）。
中溫	90～95℃	輕發酵茶（清查、白茶、香片）。
低溫	85～90℃	不發酵茶、綠茶（龍井、珠茶、眉茶、碧螺春、煎茶、玉露等）。

時間
(1) 使用蓋碗杯：按照標準茶的泡法。 (2) 小壺茶：小壺茶沖泡時間如下。

泡數	半球、膨鬆、溫潤泡	前項無溫潤泡	密實、緊結、無溫潤泡
第一泡	1分鐘	1′ 15″	1′ 15″
第二泡	（+15秒）1′ 15″	1′ 15″	1′
第三泡	（+25秒）1′ 40″	1′ 40″	1′ 15″
第四泡	（+35秒）2′ 15″	2′ 15″	1′ 40″

2. 各式泡茶的方法

種　類	說　明
宜興式 （功夫茶）	取茶→賞茶→溫壺→置茶→溫潤泡→沖泡→淋壺→計時→溫杯→乾壺→倒茶→奉茶→品茗→茶底
瓷　壺	溫杯、溫壺→置茶→沖熱水→計時→注入茶杯
沖茶器	溫杯、溫壺→置茶→沖熱水→套上濾網活塞→燜3分鐘→注入茶杯
茶　包	溫杯→加熱水→放茶包→燜1～2分→取出

（三）茶的服務

種　類	服務方式		
紅茶的服務	**項　目**	**說　明**	
	客人單點	1. 茶具組、糖盅及奶盅放在托盤上。 2. 糖盅及奶盅放公共區，由顧客右側遞上紅茶杯組。 3. 由顧客右側進行倒茶服務。	
	宴會服務	1. 事先在顧客右方放上茶杯。 2. 由顧客右側進行倒茶服務。	
	餐中附餐	1. 將沖泡好的茶倒入杯中，放在托盤上。 2. 由顧客右側遞上紅茶。	
中式茶的 服務	**項　目**	**說　明**	
	中餐廳	餐前茶	迎接賓客。 以清香型茶為主。
		餐後茶	為送客茶，去除口腔油膩。 以口味厚重、後韻持香的茶為主。
	港式飲茶	顧客選擇喜好的茶葉種類後，由服務員現場泡茶，再送至顧客餐桌，由顧客自行取用。	
	茶餐廳	茶沖泡好由服務人員送至餐桌上。	
	茶藝館	提供整套的完整茶具，顧客以宜興式自行泡茶。	

五、其他飲料服務

項　目	注意事項
果汁	方式一：1. 使用大型的玻璃杯裝盛，另附吸管、杯墊。 　　　　2. 將調好的果汁，**由顧客右側供應。**
	方式二：1. 常見於中、西宴席。 　　　　2. 顧客右前方已擺放高腳水杯或平底高杯。 　　　　3. 服務員由顧客右側倒果汁。
碳酸飲料	以托盤將顧客點選的罐裝（瓶裝）飲料，連同玻璃杯、杯墊，由顧客右側服務，在顧客面前開罐，將飲料倒入玻璃杯中。 ＊ 注意事項： 1. 供應前應先冰鎮。 　　　　　　　 2. 開瓶前不可搖動，以避免飲料噴灑到顧客。
水　礦泉水	1. 以托盤將顧客點選的礦泉水，於顧客面前介紹後開瓶。 2. 由顧客右側倒入杯中。（礦泉水宜冷藏備用） 3. 未倒完的水，放在桌上讓顧客使用。
冰水	1. 水杯事前擺放在餐桌上，顧客坐定位後，即可服務冰水。 2. 冰水中可加入檸檬片，以增加香氣，冬天可以溫水代之。 3. 顧客的冰水少於半杯時，即為顧客添加，無限量供應。
牛奶　熱牛奶	隔水加熱至65℃，以咖啡杯組供應另附糖盅。
冰牛奶	冷藏4℃，以玻璃杯供應。

考題推演

( ) 1. 關於啤酒品牌與其原出產國家的配對，下列何者錯誤？ (A) Heineken：荷蘭 (B) Kirm：日本 (C) Miller：美國 (D) Tiger：德國。 【98統測－餐服】

解答 D

解析 (D)Tiger（老虎）之出產國是新加坡。

( ) 2. 服務啤酒時，其泡沫與液體的比例，應該是多少最適合？ (A)1：9 (B)2：8 (C)4：6 (D)5：5。 【99統測－餐服】

解答 B

( ) 3. 欲要突顯紹興酒的香氣，採用何種方式處理最好？ (A)隔水加熱溫過 (B)冷凍過後 (C)一般室溫保存 (D)冷藏過後。 【91餐服技競模擬】

解答 A

解析 紹興酒一般在室溫飲用，但若加溫到35～40℃時，其更能激發其酒香，口感更順暢。

( ) 4. 關於下列泡茶步驟的先後順序，何者正確？甲、賞茶；乙、倒茶；丙、置茶；丁、沖泡 (A)甲、乙、丁、丙 (B)甲、丙、丁、乙 (C)丙、乙、丁、甲 (D)丙、丁、甲、乙。 【98統測－餐服】

解答 B

解析 宜興式（小壺）泡茶步驟：賞茶→溫壺→置茶→溫潤泡→沖泡→計時→溫杯→乾壺→倒茶→奉茶→品茗→賞茶底。

( ) 5. 下列關於非酒精性飲料服務的描述，何者正確？ (A)服務冰牛奶時，可於杯口裝飾檸檬片，以增添美感 (B)迎賓茶應選用口味濃郁、喉韻較佳的茶 (C)顧客點用black coffee時，不需提供糖 (D)服務礦泉水時，需於杯中添加冰塊。 【99統測－餐服】

解答 C

解析 (A)服務冰牛奶時，不能以檸檬片裝飾杯口。

(B)迎賓茶應選口味淡雅，清香茶為主。

(D)服務礦泉水時，杯中不宜添加冰塊。

實·力·測·驗

9-1 餐前酒服務

( ) 1. 關於餐食與飲料搭配的敘述,下列何者正確?甲、為了促進食慾,服務人員可以建議客人在餐前飲用 ice wine 做為開胃酒;乙、食用鴨肉料理時可搭配紅酒,是因為酒中的 tannin 具有軟化肉質纖維的作用;丙、用餐完畢後飲用 digestif 有助於去除油膩、幫助消化,因此可建議客人飲用 cream sherry　(A)甲、乙　(B)甲、丙　(C)乙、丙　(D)甲、乙、丙。

【105統測－餐服】

( ) 2. 關於sparkling wine服務的敘述,下列何者正確?　(A)斟酒時應以右手持瓶,並從顧客右側服務　(B)服務陳年sparkling wine,應以decanter醒酒　(C)開瓶時為考量顧客安全,宜將瓶口朝向自己　(D)宜先撕開鋁箔後,再用cork screw拔取軟木塞。　【107統測專二】

( ) 3. 餐廳提供酒類服務時,下列敘述何者正確?　(A)客人用餐時點了高級香檳當佐餐酒,服務員應準備Champagne Saucer　(B)用餐前的開胃酒一般建議使用酒精度較低且口味略為dry的雞尾酒　(C)若客人點了甜白酒和年輕的紅酒,葡萄酒服務員供應前需準備醒酒　(D)服務啤酒時宜在酒中加入冰塊,以保持啤酒適飲溫度。　【106-4模擬專二】

解析▶ (A)Champagne Saucer 常用來製作香檳酒塔;佐餐香檳酒應選用Champagne Flute(或Champagne Tulip)、(C)陳年紅酒才需醒酒、(D)啤酒供應時在酒中加入冰塊會稀釋酒精的濃度。

( ) 4. 下列酒類如依其選用先後順序排列,正確者為何?甲、Chardonnay;乙、Vermouth;丙、Merlot;丁、Pousse Café　(A)甲→乙→丙→丁　(B)甲→乙→丁→丙　(C)乙→甲→丙→丁　(D)乙→丙→甲→丁。　【109-2模擬專二】

解析▶ Vermouth苦艾酒(餐前酒)→Chardonnay(白酒)→Merlot(紅酒)→Pousse Café普施咖啡(餐後酒)。

🎯 解答

| 9-1 | 1. C | 2. A | 3. B | 4. C |

9-2 餐中酒服務

( ) 1. 下列何者不是品嚐葡萄酒的步驟之一？ (A)look (B)smell (C)taste (D)touch。 【105統測－餐服】

( ) 2. 關於品嚐紅葡萄酒4S的順序，下列何者正確？甲：sight；乙：sip；丙：smell；丁：swirl (A)甲→丙→乙→丁 (B)甲→丁→丙→乙 (C)乙→甲→丙→丁 (D)丙→丁→甲→乙。 【106統測－餐服】

( ) 3. 關於sparkling wine服務的敘述，下列何者正確？ (A)斟酒時應以右手持瓶，並從顧客右側服務 (B)服務陳年sparkling wine，應以decanter醒酒 (C)開瓶時為考量顧客安全，宜將瓶口朝向自己 (D)宜先撕開鋁箔後，再用cork screw拔取軟木塞。 【107統測－餐服】

( ) 4. 各款葡萄酒均有其適飲溫度，試問下列哪一款酒的適飲溫度最低？ (A)年份波特酒 (B)陳年紅酒 (C)甜白酒 (D)薄酒萊新酒。【105-4模擬專二】

( ) 5. 為清楚推薦及介紹葡萄酒，請選出何者為法定產區所標示名稱？ (A)CHU BOURGEOIS SUP RIEUR (B)CHATEAU REYSSON (C)APPELLATION HAUT-MEDOC CONTRÔLÉE (D)MIS EN BOUTEILLE AU CHATEAU。 【105-5模擬專二】

解析 ▶ (A)CHU BOURGEOIS SUP RIEUR（優質中級酒莊）、(B)CHATEAU REYSSON（酒莊名稱）、(C)APPELLATION HAUT-MEDOC CONTRÔLÉE（法定產區產定AOC）、(D)MIS EN BOUTEILLE AU CHATEAU（在酒莊內裝瓶）。

( ) 6. 賓客如點用Cabernet Sauvignon(Vintage 2000)佐餐，服務人員應備侍酒器具，除了Corkscrew，還需哪些？甲、Wine Bucket；乙、Wine Basket；丙、Decanter；丁、Lighter（打火機）；戊、Salt；己、Candle Holder (A)甲丙戊己 (B)乙丙丁己 (C)甲丙丁戊 (D)乙丁戊己。 【106-2模擬專二】

解析 ▶ 甲、Wine Bucket冰酒桶；乙、Wine Basket紅酒籃；丙、Decanter醒酒器；戊、Salt鹽；己、Candle Holder蠟燭檯。

( ) 7. 阿信準備在春節調製Alcoholic Beverage做為用餐飲料，下列選項何者正確？ (A)使用Virgin Mary作為Aperitif (B)Fino Sherry口感偏甜，適合搭

解答

9-2　1. D　2. B　3. A　4. C　5. C　6. B　7. C

配甜點做為餐後酒　(C)Moet&Chandon選用Brut 搭配法國三大珍寶　(D)小牛肉口感細嫩，適合搭配Cabernet Sauvignon Vintage2002突顯風味。

【106-3模擬專二】

解析 ▶ (A)純真瑪莉為無酒精、(B)不甜雪莉適合餐前酒、(C)Moet&Chandon為酩悅香檳適合搭配開胃菜、(D)小牛肉適合搭配清淡型紅酒。

(　) 8. 有關葡萄酒之敘述，下列何者錯誤？　(A)Chablis 以Chardonnay品種釀製的白酒聞名於世　(B)Beaujolais Nouveau以100%Gamay品種釀製，並於每年11 月第3個星期四全球同步銷售　(C)Sherry採Solera System存放，木桶由下至上堆疊，最底層者為酒齡最短　(D)Fortified Wine以Still Wine為基酒，加入Brandy或特製酒精來延長保存時間，酒精濃度約14～24%。

【106-3模擬專二】

解析 ▶ (C)Solera System木桶存放方式，由下至上為酒齡長至酒齡短。

(　) 9. 近年來「葡萄酒」已成為國人佐餐首選，餐廳業者紛紛投入葡萄酒市場經營及侍酒職人培訓，以滿足消費者所需，並拓展新商機。有關葡萄酒服務知識之敘述，下列何者錯誤？甲、葡萄酒理想的儲存溫度為59°F~64.3°F，濕度為65～75%；乙、展示驗酒應明確告知客人酒標、包裝完整性，及酒品正確性，毋須擦拭瓶身；丙、Vermouth、Sparking Wine、Campari、Grand Marnier為適宜的Apéritif推薦選擇；丁、顧客點選二款以上葡萄酒，飲用原則可建議先喝Merlot 再喝Champagne；戊、Beaujolais Nouveau侍酒時，需備置冰桶冰鎮服勤　(A)甲乙丙丁戊　(B)乙丙戊　(C)乙丁戊　(D)甲丙丁。

【106-4模擬專二】

解析 ▶ 甲、葡萄酒理想的儲存溫度為10°C(50°F)~15°C(59°F)；丙、Grand Marnier（格蘭‧瑪麗亞柑橘酒）為香甜酒，適合作餐後酒推薦；丁、飲用原則應先喝起泡（Champagne 香檳）後不起泡的（Merlot梅洛紅酒）。

(　)10. 有關各國代表菜餚與餐酒配對，下列何者錯誤？　(A)英國炸魚薯條—Sparkling Wine　(B)波雅克小羔羊—Rose Wine　(C)德式酸菜豬腳—Port (D)法國三大珍味—Champagne。　　　　　　　　　【107-3模擬專二】

解析 ▶ 小羔羊的肉質為嫩粉紅色澤，故可以使用紅酒、粉紅酒、香檳或是濃郁型的白酒搭配。餐酒搭配的訣竅：搭配顏色相同的酒食，如紅酒配紅肉、白酒配

🎯 解 答

8.C　　9.D　　10.C

白肉、香檳百搭；而較不適合搭配「葡萄酒」的餐食為酸味強烈（如含有酒醋、酸黃瓜）的食物，則可以使用啤酒搭配。

( ) 11. 有關Corkscrew開瓶器的說明，下列敘述何者正確？ (A)蝴蝶形開瓶器；適用於陳年葡萄酒，最能保持軟木塞的完整 (B)侍者之友；屬於專業型的開瓶器，餐廳最常見的開瓶器 (C)兩片式（薄片型）開瓶器；較費力，軟木塞易因受力不均而斷裂 (D)T字型開瓶器；最輕鬆省力，一般家庭最常使用。 【107-4模擬專二】

> 解析 ▶ (A)蝴蝶形開瓶器；最輕鬆省力，一般家庭最常使用、(C)兩片式（薄片型）開瓶器；適用於陳年葡萄酒，最能保持軟木塞的完整、(D)T字型開瓶器；較費力，軟木塞易因受力不均而斷裂。

( ) 12. 下列四位業餘品酒愛好者，分別對於葡萄酒服勤有不同的見解，請問哪一位的看法並不正確？ (A)陳橘說：一般紅酒在展示驗酒後，即可開瓶，就是一面醒酒一面調溫 (B)陳其賣說：通常白酒或玫瑰紅酒會從冰桶取出擦拭後，在餐桌上開瓶，不必醒酒 (C)楊秋星說：愈陳年的紅酒，需要醒酒的時間愈短 (D)韓國魚說：陳年紅酒含單寧較多，飲用前20~30 分鐘在酒籃開瓶，即「醒酒」。 【107-5模擬專二】

> 解析 ▶ (C)愈陳年的紅酒，需要醒酒的時間愈長。

( ) 13. 稚玲和先生到La Cocotte by Fabien Verge法式餐廳用餐，為了慶祝結婚周年想要點一瓶剛上市的Beaujolais 來搭配餐點，請問該餐廳所提供正確的葡萄酒服務流程為下列何者？ (A)呈遞酒單→展示驗酒→放置酒杯→調整酒溫→開瓶→試酒→斟酒 (B)呈遞酒單→放置酒杯→展示驗酒→調整酒溫→開瓶→試酒→斟酒 (C)呈遞酒單→展示驗酒→調整酒溫→放置酒杯→開瓶→醒酒及過酒→試酒→斟酒 (D)呈遞酒單→放置酒杯→展示驗酒→調整酒溫→開瓶→醒酒及過酒→試酒→斟酒。 【108-2模擬專二】

> 解析 ▶ Beaujolais紅酒為新酒，未經陳年故不需醒酒及過酒。

( ) 14. 葡萄酒開瓶器的種類繁多，當顧客點選陳年葡萄酒時，侍酒師在考量其軟木塞較脆弱的情況下，選用下面哪一種開瓶器較可以避免軟木塞破碎？ (A)Waiter's Corkscrew (B)Butterfly Corkscrew (C)Two-pronged Extractor (D)Ashwood-handled Corkscrew。 【108-2模擬專二】

🎯 解答

11.B　　12.C　　13.B　　14.C

解析▶ (A)Waiter's Corkscrew侍者型開瓶器，最常見、(B)Butterfly Corkscrew蝴蝶型開瓶器，多為家庭用、(C)Two-pronged Extractor 兩片式開瓶器，以兩片金屬片左右晃動下壓軟木塞與瓶頸的兩側縫隙，較不易使軟木塞破碎、(D)Ashwood-handled Corkscrew T 字型開瓶器，使用上較吃力。

( )15. 有關各種葡萄酒與食物的搭配，下列何者最不適合？ (A)薄酒萊新酒搭配鹽烤鱈魚或碳烤明蝦 (B)甜白酒搭配風乾牛肉或濃郁的藍黴乳酪 (C)冰酒搭配巧克力或水果乾 (D)香檳搭配水果派或蛋糕。 【108-2模擬專二】

解析▶ (A)薄酒萊新酒是年輕紅酒，應搭配紅肉較為適合，鹽烤鱈魚或碳烤明蝦適合搭配白酒。

( )16. 有關Sparkling wine服務的敘述，下列何者正確？ (A)斟酒時服務員應以右手持瓶，並從顧客右側服務 (B)服務陳年Sparkling wine，應以Decanter醒酒 (C)宜先撕開鋁箔後，再用Waiter's Friend拔取軟木塞 (D)開瓶時考量顧客安全，宜將瓶口朝向自己。 【108-3模擬專二】

解析▶ 服勤氣泡葡萄酒時，服務員應以右手持瓶，從顧客的右側進行倒酒的服務。

( )17. 有關「葡萄酒飲料順序」之敘述，下列何者正確？甲、先喝白酒或淡粉紅酒，再喝紅酒；乙、先喝甜的酒，再喝不甜的酒；丙、先喝年份輕的酒，再喝年份老的酒；丁、先喝不起泡的酒，再喝氣泡酒；戊、先喝淡的酒，再喝較為濃烈的酒；己、適宜一次點選多樣葡萄酒飲用 (A)甲乙丙 (B)甲丙戊 (C)乙丁己 (D)丁戊己。 【108-4模擬專二】

解析▶ 乙、先喝不甜的酒，再喝甜的酒；丁、先喝氣泡酒，再喝不起泡的酒；己、不適宜一次點選多樣葡萄酒飲用。

( )18. 身為一位專業的侍酒師，在進行調整葡萄酒酒溫時，下列作法何者不正確？ (A)白酒或氣泡酒可置於冰酒桶中降溫，冰水中可加入鹽巴 (B)紅酒可以置於室溫中約20分鐘，回溫到15～18°C (C)氣泡酒所需冷卻的時間比白酒短 (D)調溫時，不可在酒中加冰塊，或用熱水浸泡，或直接放冷凍庫加速冷卻。 【108-5模擬專二】

解析▶ (C)氣泡酒所需冷卻的時間比白酒長，因為氣泡酒的適飲溫度較低，瓶身也比較厚，故冷卻的時間比較長。

🎯 解答

15.A 16.A 17.B 18.C

( )19. 艾力克斯是寶愛西餐廳的Sommelier，依照賓客所點的主餐，會提供建議搭配的葡萄酒及葡萄品種，下列組合中，何者最不適當？ (A)Cod Steak—Cabernet Sauvignon (B)Oyster—Champagne (C)Chocolate Cake—Sauternes (D)Smoked Salmon—Chardonnay。 【109-2模擬專二】

解析▶ (A) Cod Steak鱈魚—Cabernet Sauvignon卡本內蘇維農紅酒、(B) Oyster生蠔—Champagne香檳、(C)Chocolate Cake巧克力蛋糕—Sauternes法國的甜白酒、(D)Smoked Salmon煙燻鮭魚—Chardonnay 夏多內白酒。

( )20. 依餐廳提供Muscat 白酒的服務流程排列，下列何者正確？甲、點酒；乙、開瓶；丙、倒酒；丁、試酒；戊、秀酒；己、調整酒溫 (A)甲→乙→己→丙→丁→戊 (B)甲→戊→己→乙→丁→丙 (C)甲→己→丙→戊→乙→丁 (D)甲→己→丁→乙→丙→戊。 【109-2模擬專二】

( )21. 有關飲料的基本服務技巧，下列敘述何者正確？ (A)供應可樂時，應先幫客人開好瓶，等待氣泡消失後再服務上桌 (B)服務玫瑰紅棗枸杞茶時，準備已點燃蠟燭的保溫爐、玻璃壺及花茶杯組上桌，先為客人倒一杯，再將壺放在爐座上保溫 (C)飲料服務的3R 原則為Refill、Remove、Reuse (D)在高級西餐廳裡，餐後客人點了一杯愛爾蘭咖啡，最適當的服務是在吧台製作完成後，再端送到客人面前。 【109-2模擬專二】

解析▶ (C)飲料服務的3R原則為Refill 重新注滿、Remove喝完撤走杯子、Replace喝完詢問再一杯。

9-3 餐後酒服務

( ) 1. 關於西餐餐後甜點與飲料服務的敘述，下列何者正確？ (A)Irish coffee僅限以catering service的方式服務 (B)甜點應從顧客的右側服務，飲料則從左側服務 (C)服務人員在送甜點與飲料前，宜使用crumb scoop站在顧客的左側清理桌面的麵包屑 (D)餐後甜點若為三角形的切片蛋糕，服務時應將蛋糕的尖端以12點鐘的方向朝向顧客。 【107統測－餐服】

( ) 2. 下列菜餚「魚子醬 碳烤菲力牛排 巧克力蛋糕」與酒的搭配，何者正確？ (A)Vermouth→White Wine→Sherry (B)Champange→Red

解答

19.A	20.B	21.B	9-3	1. C	2. B

Wine→Port　(C)Dubonnet→Red Wine→Brandy　(D)Champange→Red Wine→Vermouth。　　　　　　　　　　　　　　【106-3模擬專二】

解析▶ (A)苦艾酒→白酒→雪莉酒、(B)香檳→紅酒→波特酒、(C)多寶力酒→紅酒→白蘭地、(D)香檳→紅酒→苦艾酒。

(　　) 3. 下列哪一種酒不適合搭配甜點，做為餐後酒？　(A)Oloroso Sherry　(B)Eiswein　(C)Port　(D)Rosso Vermouth。　　　【107-2模擬專二】

解析▶ (A)Oloroso Sherry甜味雪莉酒、(B)Eiswein冰酒、(C)Port波特酒、(D)Rosso Vermouth 甜味苦艾酒—適合做為開胃酒。

(　　) 4.下列哪一種酒適合搭配舒芙蕾做為Digestif？甲、Fino Sherry；乙、Oloroso Sherry；丙、Sauternes；丁、Rosso Vermouth；戊、Dry Vermouth　(A)甲丙　(B)乙丙　(C)丙丁　(D)丙戊。　　　　　　　　　【107-3模擬專二】

解析▶ 甲、Fino Sherry：不甜雪莉酒；乙、Oloroso Sherry：甜味雪莉酒；丙、Sauternes：蘇玳貴腐甜白葡萄酒；丁、Rosso Vermouth：甜味苦艾酒；戊、Dry Vermouth：不甜苦艾酒。餐前酒Aperitif：甲、丁、戊；餐後酒Digestif：乙、丙。

9-4　其他飲料服務

(　　) 1. 中餐廳服務紹興酒時，通常不會提供下列何種配料給客人？　(A)話梅　(B)蒜片　(C)薑絲　(D)檸檬片。　　　　　　　　　【101統測－餐服】

(　　) 2. 泡茶的主要三大要素是茶葉用量、水溫及　(A)品種　(B)器皿　(C)時間　(D)濕度。

(　　) 3. 有關全發酵茶的敘述，下列何者錯誤？　(A)泡出來的茶湯是朱紅色的　(B)泡出來的茶湯是綠中帶黃顏色　(C)沖泡的水溫宜在90℃　(D)紅茶是屬於全發酵茶。　　　　　　　　　　　　　　　　　【110統測－餐服】

(　　) 4. 有關牛奶加熱與服務的敘述，下列何者錯誤？　(A)加熱時，牛奶以隔水加熱方式進行　(B)加熱時，牛奶以直接倒入鍋中方式進行　(C)服務時，熱牛奶以咖啡杯盛裝　(D)服務時，須另附糖盅給客人。

【101統測模擬－餐服】

🎯 解答

3. D　　4. B　　9-4　　1. B　　2. C　　3. B　　4. B

( ) 5. 顧客欲點一杯不含酒精的咖啡,服務人員應推薦下列哪些品項? (A) Irish coffee、Mexico iced coffee、Pousse café (B)Macchiato coffee、Vienna coffee、Con Panna (C)Mexico iced coffee、Royal coffee、Vienna coffee (D) Macchiato coffee、Mesdames coffee、Royal coffee。 【109統測專二】

( ) 6. 茶葉的發酵是指茶菁內的酵素作用,由多酚氧化將茶葉的多元酚類加以組合且轉化,使茶具有特殊的物質。以下所述發酵的多寡對茶湯的影響,何者不正確? (A)香氣隨著發酵的增加,其變化為:花香→草香→麥芽糖香→熟果香 (B)顏色隨著發酵的增加,氧化程度愈多,顏色愈紅 (C)發酵愈多,茶單寧分解愈多 (D)發酵愈多,香氣愈淡。 【105-1模擬專二】

解析 (A)隨著發酵的增加,其變化為:草香→花香→熟果香→麥芽糖香。

( ) 7. 茶葉因製程的不同,可變化出各式不同成品,經「採菁→殺菁→揉捻→後發酵→乾燥」製程製作的茶品為何? (A)綠茶 (B)青茶 (C)紅茶 (D)黑茶。 【105-1模擬專二】

( ) 8. 近代品茗方式中極具風味的宜興式品茗法,其沖泡的步驟依序為下列何者? (A)賞茶→溫壺→置茶→溫潤泡→溫杯→沖泡→計時→乾壺→分茶→奉茶→品茗 (B)溫壺→賞茶→置茶→溫潤泡→溫杯→沖泡→計時→乾壺→分茶→奉茶→品茗 (C)賞茶→溫壺→置茶→溫潤泡→溫杯→計時→沖泡→分茶→乾壺→奉茶→品茗 (D)溫壺→賞茶→置茶→溫杯→溫潤泡→沖泡→計時→奉茶→乾壺→分茶→品茗。 【105-1模擬專二】

( ) 9. 「皮卡Pub」週年慶當日招待每位顧客一杯雞尾酒之后—「曼哈頓」(Manhattan);此類優待活動專業吧台用語為何? (A)House Brand (B) Chaster (C)On the House (D)Call out。 【105-2模擬專二】

解析 (A)House Brand 店家挑選品牌、(B)Chaster 伴隨飲料;即搭配純飲酒品一起附上的贈飲,一般為礦泉水、茶或其他軟性飲料、(C)On the House 免費贈飲、(D)Call out 酒吧打烊。

( )10. 下列咖啡煮器使用的咖啡豆研磨細度,由細至粗依序排列正確為何?甲、濾壓式咖啡壺;乙、虹吸式咖啡壺;丙、土耳其式咖啡;丁、義式摩卡壺 (A)丁丙乙甲 (B)丁丙甲乙 (C)丙丁甲乙 (D)丙丁乙甲。 【105-2模擬專二】

 解答

5. B   6. A   7. D   8. A   9. C   10.D

( )11. 隨著「以酒佐餐」觀念逐漸被民眾接受後，各式餐食與飲料搭配更顯多元；下列有關之敘述，何者正確？甲、2017 年產製的Dubonnet 適作餐後酒品項；乙、Fino、Dry Vermouth 為傳統常見的Apéritif；丙、豬肉、雞肉、海鮮或風味較淡的料理，宜搭配如Chardonnay之酒品　(A)甲、乙　(B)甲、丙　(C)乙、丙　(D)甲、乙、丙。　　　　　　　　【105-3模擬專二】

解析 甲、Dubonnet（多寶力）以葡萄酒為基酒，加入奎寧等香料和藥草調配而成，餐前飲用可增進食慾，常作餐前酒品項。

( )12. 有關餐廳飲料服勤之敘述，下列何者錯誤？　(A)客人點用香檳王Dom Pérignon Vintage佐餐，服務員需備Corkscrew及Decanter　(B)服務紹興酒需備Carafe　(C)服務單品或綜合咖啡，常以「持壺傾倒」方式服務，其他則為整杯服務　(D) Mineral Water服務前需冰鎮，並從顧客右側服務上桌。

【105-3模擬專二】

解析 (A)香檳王Dom Pérignon Vintage（唐培里儂）為香檳，服勤時不需過酒，故無需準備Decanter（醒酒器）。

( )13. 有關咖啡研磨與咖啡煮具之配對，下列何者正確？

研磨程度	粒子大小	咖啡煮具
(1)粗研磨	(4) 30~32 Mesh	(7)土耳其咖啡
(2) 中研磨	(5) 24~28 Mesh	(8)摩卡壺
(3) 細研磨	(6) 18~20 Mesh	(9)虹吸式咖啡煮具

(A)(1)、(4)、(8)　(B)(2)、(5)、(8)　(C)(3)、(6)、(9)　(D)(3)、(4)、(7)。

【105-3模擬專二】

解析 (A)(1)(4)(8)、(B)(2)(5)(9)、(C)(3)(4)(7)

( )14. 有關咖啡烘焙程度及其特性之敘述，下列何者正確？　【105-3模擬專二】

烘焙程度	英文	咖啡特性
(A)淺烘焙	Cinnamon Roast	酸性強，香氣中含有青草味
(B)城市烘焙	City Roast	咖啡豆表面有油脂出現，完全無酸味
(C)市區烘焙	Full City Roast	以苦味為主，適合沖泡冰咖啡
(D)強烘焙	High Roast	苦味強，感覺不出酸味，香氣濃郁

解析 (A)Light Roast、(B)苦味比酸味重、(D)法式烘焙French Roast。

🎯 解答

11.C　　　12.A　　　13.D　　　14.C

( )15. 有關港式飲茶「茶水」服勤之敘述，何者正確？　(A)由服務員點選茶葉
(B)由顧客右側倒茶　(C)有分迎賓茶及餐後茶　(D)茶水倒完，需請Waiter
添加熱水。　　　　　　　　　　　　　　　　　　【105-4模擬專二】

解析▶(A)由顧客點選茶葉、(C)從頭到尾一致同一種茶、(D)只要顧客將茶壺上蓋打
開、Waiter便會添加熱水。

( )16. 關於烘焙程度對咖啡的影響，下列敘述何者錯誤？　(A)酸味和烘焙程度呈
反比　(B)重量與烘焙程度呈反比　(C)體積與烘焙程度呈反比　(D)咖啡因
含量與烘焙程度呈反比。　　　　　　　　　　　　【105-4模擬專二】

( )17. 咖啡萃取就是將咖啡粉的成分溶解於水中，再透過不同的處理方法將水與
粉分離。選擇萃取方式與咖啡粉粗細有重要關聯，下列何組萃取方式和粉
粗細配對皆為正確？萃取方式：甲、Flannel Drip；乙、Plunger Pot；丙、
Ibrik；丁、Cold Water Drip；戊、Moka Pot。研磨程度：ㄅ、粗研磨；
ㄆ、中研磨；ㄇ、細研磨　(A)甲ㄆ、乙ㄆ、丁ㄇ、戊ㄅ　(B)乙ㄇ、丙
ㄆ、丁ㄅ、戊ㄇ　(C)甲ㄆ、乙ㄅ、丙ㄇ、戊ㄇ　(D)乙ㄇ、丙ㄅ、丁ㄇ、
戊ㄆ。　　　　　　　　　　　　　　　　　　　　【105-5模擬專二】

解析▶甲、Flannel Drip 濾布濾滴式；乙、Plunger Pot 濾壓壺；丙、Ibrik土耳其咖
啡壺；丁、Cold Water Drip 冰滴式；戊、Moka Pot義式摩卡壺。

( )18. 有關附餐咖啡飲料服勤之敘述，下列何者正確？　(A)最佳的端送溫度為
65°C　(B)如為黑咖啡，僅需附糖盅服務　(C)杯具宜選用骨瓷杯，且杯口
直立外翻者為佳　(D)應從顧客右側端送或續杯傾倒。　【106-2模擬專二】

( )19. 有關賓客點用啤酒（罐裝）佐餐服勤之敘述，下列何者錯誤？　(A)預先冷
藏，並加冰塊維持2°C～3°C 適飲溫度服務之　(B)持托盤端送並從賓客右
側服務　(C)宜擺設Pilsner Glass 於水杯右下方　(D)以酒液與泡沫8：2 比
例傾倒，可延緩啤酒出現苦味。　　　　　　　　　【106-2模擬專二】

( )20. 《瘋臺灣全明星》主持人Oli和Janet這天來到了寶島臺灣日月潭，Janet向
Oli推薦臺灣好茶—台茶18 號紅玉，並採訪製茶業者了解日月潭好茶的製茶
過程，請問下列何者才是有關日月潭名茶的正確過程？　(A)採菁—殺菁—

◎ 解答

15.B　　16.C　　17.C　　18.D　　19.A　　20.B

揉捻－後發酵－乾燥　(B)採菁－室內萎凋－揉捻－補足發酵－乾燥　(C)採菁－殺菁－揉捻－乾燥　(D)採菁－萎凋－殺菁－揉捻－乾燥。

【106-2模擬專二】

> **解析** (A)採菁－殺菁－揉捻－後發酵－乾燥：黑茶、(B)採菁－室內萎凋－揉捻－補足發酵－乾燥：紅茶／日月潭名茶是紅茶，台茶18 號、(C)採菁－殺菁－揉捻－乾燥：綠茶、(D)採菁－萎凋－殺菁－揉捻－乾燥：青茶。

(　　)21. 約翰從英國來到臺灣後，對於「有經過常溫發酵、麥芽經高溫烘烤後再釀製」的家鄉啤酒念念不忘，聰明的你（妳）可以告訴他，有可能是下列何款啤酒？　(A)海尼根(Heineken)　(B)健力士(Guinness Stout)　(C)麒麟(Kirin)　(D)可樂娜(Corona)。　　　　　　　　【106-3模擬專二】

> **解析** (A)(C)(D)為色淺清淡、低溫發酵慢的下層發酵啤酒、(B) Porter、Stout 常見於色深味濃、常溫發酵快的上層發酵啤酒。

(　　)22. 有關飲料服務之敘述，下列何者正確？　(A)美式咖啡較常以早餐、自助餐的方式供應　(B)客人杯中Martini 不足1/2時，可主動詢問是否再來一杯　(C)白毫烏龍茶屬於重發酵，應使用100°C高溫沖泡　(D)常見威士忌的飲用方式有Frozen、Neat、On the Rocks。　　　　　　【106-3模擬專二】

> **解析** (B)1/3、(C)烏龍茶的芽茶多、葉片嬌嫩，宜用80~85°C 的溫度沖泡、(D)凍飲適用伏特加。

(　　)23. 適宜的飲用溫度可突顯飲料最佳的口感和風味，下列飲品適飲溫度之敘述，何者為宜？　(A)Coffee Latte/80～85°C　(B)Red Wine/25～28°C　(C)Sparking Wine/12～15°C　(D)Sweet White Wine/4～7°C。

【106-3模擬專二】

> **解析** (A)拿鐵65°C、(B)紅酒15～18°C、(C)氣泡酒6～8°C、(D)甜白酒4～7°C。

(　　)24. 有關Ale、Lager釀製方式的敘述，下列何者正確？　(A)Ale採用Top Fermentation，發酵完後酵母沉於底部　(B)Ale酒精濃度比Lager Beer還低　(C)上層發酵法為常溫發酵，溫度介於10～21°C，下層發酵法為低溫發酵，溫度介於3～9°C　(D)下層發酵法發酵後期，酵母會浮在酒液表面，故其酒液以深色酒居多。　　　　　　　　　　　　　　　　　【106-3模擬專二】

🎯 解答

21.B　　22.A　　23.D　　24.C

解析 (A)Ale 發酵完畢，酵母會浮於表面、(B)因為傳統Ale 發酵溫度高，故成品酒精濃度比低溫發酵的Lager Beer 還高、(D)下層發酵法其酵母會沉於底部，以淺色酒居多。

( )25.有關顧客點用Non-alcoholic Beverage服務之敘述，下列何者正確？甲、顧客點用Black Coffee，不需附搭牛奶，僅需提供糖；乙、Sparkling Water宜預先冰鎮，再使用Goblet 盛裝，於顧客面前開瓶；丙、Caramel Fappuccino宜附搭冰沙吸管、杯墊；丁、Milk Tea以Coffee Cup盛裝，附搭底盤、小匙及糖盅；戊、顧客指定On the Rocks，需以Rock Glass 盛裝　(A)甲乙丙丁(B)乙丙丁戊　(C)甲丁戊　(D)乙丙戊。　　　　　　　【106-4模擬專二】

( )26.有關「部分發酵茶」的製作過程及其製程效用之配對，正確之組合配對為何？製作過程：甲、殺菁；乙、烘焙；丙、萎凋；丁、揉捻。製程效用：ㄅ、調整茶菁發酵至適宜的程度；ㄆ、藉由高溫破壞茶菁酵素的活性；ㄇ、將茶葉細胞之汁液附於茶葉表面，使沖時易於溶出；ㄈ、將茶葉乾燥定型，以利保存　(A)甲ㄆ、乙ㄇ　(B)乙ㄆ、丙ㄇ　(C)丙ㄅ、丁ㄇ　(D)甲ㄈ、丁ㄆ。　　　　　　　　　　　　　　　　　　　　　【106-4模擬專二】

解析 ㄅ、等待茶菁發酵至適宜的程度→丙、萎凋；ㄆ、藉由高溫破壞茶菁酵素的活性→甲、殺菁；ㄇ、將茶葉細胞之汁液附於茶葉表面，使沖時易於溶出→丁、揉捻；ㄈ、將茶葉乾燥定型，以利保存→乙、烘焙。

( )27.下列哪一種飲料的供應方式不適當？　(A)啤酒加冰塊飲用　(B)飲用香檳時，香檳杯先冰杯　(C)威士忌加水飲用　(D)香甜酒加碎冰飲用。　　　　　　　　　　　　　　　　　　　　　　　　　　　　【106-5模擬專二】

解析 啤酒不適合加冰塊，因為冰塊一融化，就會沖淡啤酒的味道，讓風味大大降低。

( )28.製作茶葉的過程中，「使茶葉轉動相互摩擦，造成芽葉部分組織細胞破壞，汁液流出黏附在芽葉表面」，屬於下列哪一項製程？　(A)萎凋　(B)殺菁　(C)揉捻　(D)發酵。　　　　　　　　　　　　　　【107-1模擬專二】

( )29.茶葉發酵是指茶菁內的酵素作用，而茶葉發酵程度對茶湯的影響，下列何者錯誤？　(A)發酵愈多，代表氧化程度愈高，顏色就愈紅　(B)隨著發酵

🎯 **解答**

25.D　　26.C　　27.A　　28.C　　29.B

程度的增加，香氣會由草香轉變為花香，再轉變為麥芽糖香，最後是熟果香　(C)發酵愈多，茶單寧分解愈多　(D)發酵程度愈低的茶湯，香氣愈濃。　　　　　　　　　　　　　　　　　　　　　　　【107-1模擬專二】

解析 (B)香氣：草香→花香→熟果香→麥芽糖。

(　　)30. 茶葉依發酵程度及外形等因素決定其沖泡溫度，下列哪一種沖泡溫度最低？　(A)碧螺春　(B)鐵觀音　(C)白毫烏龍茶　(D)紅茶。

【107-1模擬專二】

解析 (A)碧螺春：75℃、(B)鐵觀音：95～100℃、(C)白毫烏龍茶：80～85℃、(D)紅茶：90～100℃。

(　　)31. 不同發酵程度的茶有著不同的製茶過程，下列哪一個製茶步驟是任何一種茶都具備的程序？　(A)萎凋　(B)殺菁　(C)發酵　(D)乾燥。

【107-2模擬專二】

解析 綠茶：茶菁→炒菁（蒸菁）→揉捻→初乾→乾燥。
黃茶：茶菁→炒菁→悶黃→揉捻→初乾→乾燥。
白茶：茶菁→萎凋→輕烘→輕揉→初乾→乾燥。
青茶：茶菁→日光萎凋→室內靜置及攪拌→炒菁→揉捻→初乾→乾燥。
紅茶：茶菁→萎凋→揉捻→發酵→乾燥。
黑茶：茶菁→殺菁→揉捻→渥堆→乾燥。

(　　)32. 咖啡粉研磨等級為Turkish Grind，較適合以哪一種方式沖煮？甲、土耳其咖啡壺；乙、法式濾壓壺；丙、Espresso；丁、虹吸式　(A)甲、丙　(B)甲、丁　(C)乙、丙　(D)乙、丁。　　　　　　　　　　　　　【107-3模擬專二】

解析 咖啡粉研磨等級為Turkish Grind 為極細研磨；依咖啡粉由細到粗，分別為：土耳其咖啡壺、Espresso＞虹吸式＞法式濾壓壺。

(　　)33. 有關非酒精性飲料之服務方式，下列敘述何者較不適合？　(A)新鮮的柳橙汁，以可林杯或高飛球杯盛裝，需要附吸管與杯墊　(B)熱牛奶隔水加熱至65～70度，以咖啡杯組盛裝，另附糖盅　(C)碳酸飲料開瓶前勿晃動，準備的杯子內可放冰塊，供顧客使用　(D)熱阿華田，以可林杯或高飛球杯盛裝。　　　　　　　　　　　　　　　　　　　　　　　【107-4模擬專二】

解析 (D)熱阿華田，以馬克杯盛裝較合適。

 解答

30.A　　　31.D　　　32.A　　　33.D

(　　)34. 有關非酒精性飲料服務的敘述,下列何者正確? (A)服務氣泡礦泉水時,需於杯中添加冰塊與裝飾檸檬片 (B)迎賓茶應選用口味清香型、喉韻較佳的茶,並以紫砂壺沖泡小杯供應 (C)顧客點用Black Coffee時,不需提供糖 (D)服務冰牛奶時,可於杯口裝飾檸檬片,以增添美感。

【108-3模擬專二】

解析 (A)服務氣泡礦泉水時,應事先冰鎮,不需於杯中添加冰塊、(B)迎賓茶應選用清香型的清茶為主,如香片、包種茶等,以大型瓷壺沖泡或蓋碗茶杯供應為佳、(D)服務冰牛奶時,無須裝飾檸檬片,以玻璃杯盛裝即可

(　　)35. 有關餐食與飲料搭配的敘述,下列何者正確?甲:用以刺激味蕾、促進食慾,服務人員可以建議客人在餐前飲用Eiswein做為Apéritif、乙:食用Veal搭配紅酒是因為酒中的Tannin具有軟化肉質纖維的作用、丙:用餐完畢後可建議客人飲用Digestif,因此建議客人飲用Oloroso 有助於去除油膩、幫助消化、丁:Liqueur顏色多樣、氣味芬芳、味道香甜,非常適合飯後飲用或搭配咖啡 (A)甲、丁 (B)乙、丙 (C)丙、丁 (D)甲、乙、丙。

【108-3模擬專二】

解析 Eiswein冰酒,口感為甜味,一般安排在餐後飲用。Veal為小牛肉,建議食用時可搭配白酒Digestif餐後酒。

(　　)36. 有關「乳品飲料服務」之敘述,下列何者錯誤? (A)加熱牛奶,不須隔水加熱,直接倒入鍋中高溫加熱 (B)可直接純飲,不須再添加冰塊 (C)冰牛奶以平底玻璃杯或可林杯服務 (D)熱牛奶以咖啡杯盛裝,服務時需附糖盅。

【108-4模擬專二】

解析 (A)加熱牛奶,須隔水加熱,不可直接倒入鍋中加熱。

(　　)37. 客人進入茶行想要選購茶葉,希望茶行老闆提供試喝,但店裡的飲水機 加熱器剛好壞了,水溫只維持在攝氏85度左右,在還沒來得及修復前,老闆應該先沖泡哪幾種茶葉讓客人試喝比較適當?甲、凍頂烏龍茶;乙、高山茶;丙、文山包種茶;丁、白毫烏龍茶 (A)甲丁 (B)乙丙 (C)丙丁 (D)甲乙丙丁。

【108-5模擬專二】

解析 凍頂烏龍茶及高山茶適合攝氏95 度左右的水沖泡

 解答

34.C　　35.C　　36.A　　37.C

( )38. 有關部份發酵茶的製造步驟中，應有的步驟有哪些？ㄅ、採菁；ㄆ、萎凋；ㄇ、發酵；ㄈ、殺菁；ㄉ、揉捻；ㄊ、乾燥　(A)ㄅㄈㄉㄊ　(B)ㄅㄇㄈㄉㄊ　(C)ㄅㄆㄇㄉㄊ　(D)ㄅㄆㄇㄈㄉㄊ。　【109-1模擬專二】

( )39. 有關綠茶的特性，下列敘述何者不正確？　(A)綠茶含有少量兒茶素與葉綠素　(B)綠茶沒有萎凋的步驟　(C)綠茶的茶湯呈現青綠色　(D)綠茶有豐富的維生素C。　【109-1模擬專二】

解析▶ (A)綠茶含有大量兒茶素與葉綠素茶葉中含豐富的多元酚類，又稱茶單寧，具有優異的抗氧化效果，兒茶素便是其中主要的一種，占80％的比例，它具有苦澀味，在沖泡大部份都會溶於茶湯中，對茶湯滋味影響很大。

( )40. 有關中式功夫泡茶使用的茶具功用及泡茶方式，下列敘述何者錯誤？　(A)將茶葉放入茶荷是為了觀賞茶葉的外觀　(B)運壺的目的是將茶壺沿著茶船運轉2~3圈，為了刮乾壺底水分　(C)倒茶時，是將茶湯倒入茶海中，使茶色濃淡平均，待茶末沉澱再倒入聞香杯中　(D)聞香是指品茶前，先用鼻聞聞香杯中茶湯的味道。　【109-1模擬專二】

解析▶ (D)聞香是先將聞香杯的茶倒入品茗杯中，再用聞香杯聞茶的香氣，並非聞裝有茶湯的聞香杯。

( )41. 有關啤酒服勤之敘述，下列何者正確？　(A)點罐裝啤酒→放杯墊、擺放Mug Glass→開瓶→傾斜法倒酒　(B)熟啤酒保存期限較生啤酒短，臺灣海產店常見品牌為Heinken，為荷蘭品牌　(C)啤酒杯中泡沫與啤酒的比例以2：8最棒　(D)啤酒要冰冰的才好喝，杯子內放入冰塊降低溫度。　【109-2模擬專二】

解析▶ (A)點罐裝啤酒搭配皮爾森啤酒杯、(B)熟啤酒保存期限較生啤酒長、(D)啤酒飲用前冰涼再喝，不要放入冰塊。

 解 答

38.D	39.A	40.D	41.C

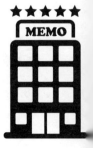

餐廳服務流程

◆━━ 趨・勢・導・讀 ━━◆

本章之學習重點：

中式餐廳及西式餐廳的服務流程不同，從顧客到餐廳的迎賓、帶位、奉茶、點餐、服務菜餚、結帳到送客，一連串的服務流程都需要有專業訓練，服務員的服務流程流暢度，能夠讓顧客感受到餐廳的專業性。

1. 了解中餐服務的流程。

2. 了解西餐服務的流程。

3. 了解宴會服務的服務流程。

4. 培養良好的工作態度及服務技巧。

10-1 中餐廳服務流程

迎賓問候→帶位入坐→奉茶→增減餐具→攤口布→呈遞菜單→點菜及配菜→服務酒水→服務菜餚→餐中服務→服務甜點→結帳→送客。

服務流程	人　員	工作事項
迎賓問候	領檯員 接待員	1. 面帶微笑，見賓客接近約為3～4步時，主動向顧客打招呼，表示歡迎之意。 2. 詢問是否訂位。
帶位入座	領檯員 接待員 服務員	1. 帶位 (1)顧客如有訂位，直接帶領顧客到預訂的位置；如無訂位，依顧客人數、喜好選擇適當的桌位。 (2)引導顧客時，須五指併攏指示方向、先行於顧客前方，並告知「請往這邊走」。 (3)行走時，領檯員應走在顧客左前方約2～3步的距離，以指示前進方向。 (4)遇到階梯時，提醒顧客注意。 2. 入座： (1)**服務員應以雙手拉椅，以左側入座，並注意主賓、女士、長者為優先對象。** (2)若發生顧客不喜歡所安排的座位而要求更換時，服務員應向顧客表示會留意安排更佳的座位。
奉茶	服務員	顧客入座後，從客人右側奉上熱茶或冰水。
增減餐具	服務員	依實際用餐人數增加或減少餐具，以托盤，從客人右側服務。
攤口布	服務員	賓客就坐後，等女主人或長者動作，再打開口布，並放置在顧客大腿上。
呈遞菜單	服務員	**由顧客右側雙手呈遞菜單，主賓、長者與女士優先，主人最後。**

服務流程	人　員	工作事項
配菜及點菜	領班 服務員	1. 配菜： 　(1)配菜時應注意賓客人數、預算。 　(2)服務人員應對於菜單內容、作法及特色有深入了解，才能做詳細介紹。 　(3)先技巧地了解主人的身分及用餐的性質。 2. 點菜：在顧客都點完菜後，服務員須複誦一遍菜餚名稱及數量，以確定菜餚項目，開立點菜單(Captain order)，點菜單一式三份： 　(1)第一聯：廚房聯，作為製作菜餚的依據。 　(2)第二聯：櫃檯聯，作帳使用。 　(3)第三聯：顧客聯，留於餐桌上，作為服務依據。
服務酒水	服務員	服務酒水後，即可準備叫菜和走菜。
服務菜餚	服務員	1. **上菜與收盤原則：** 　(1)主賓優先服務。 　(2)女士優先於男性主賓。 　(3)年長者優先於年輕者。 　(4)職位最高者開始上菜。 　(5)主人最後服務。 2. 中餐服務菜餚四個階段

階段	說　明	
傳菜	由傳菜員將廚房製備好的菜餚，連同佐料一起端到服務桌，交由服務人員服務。	
上菜	(1) 由主人右邊將菜盤端上轉檯。 (2) 傳統菜餚擺放原則為：	

一中心	二平放	三三角	四四方	五梅花
○	○○	○ ○○	○○ ○○	○ ○○○ ○○

秀菜	菜盤端到轉檯上後，服務員以右手順時鐘方向轉動轉檯，介紹菜餚的名稱。	
分菜	轉檯 上分菜	服務人員面對顧客，以雙手持服務叉匙，迅速、敏捷的進行分菜。以主賓右側開始，順時針方向開始分菜。
	旁桌 分菜	(1) 秀菜完畢，至旁桌進行分菜。分菜完成，再由顧客右側進行上菜。 (2) 未分配完的菜餚改裝小盤上桌。 (3) 分菜順序：配菜→主菜→醬汁。

服務流程	人　員	工作事項
		注意事項： 1. 若有勾芡等湯汁應最後再淋上。 2. 每服務一道菜即應更換一套乾淨的服務叉匙。 3. 中式羹湯分菜，每碗裝約七分滿即可。 4. 所分菜餚有剩餘時，連同大餐盤置於轉檯上，供顧客自行取食。 5. 中餐宴會為客人服務全魚時，以客人方向應魚頭朝左，魚腹向內。
餐中服務	服務員	客人右側更換骨盤、客人左側更換毛巾、補充飲料與酒水。
服務甜食	服務員	1. 清除桌面殘盤，只留下水杯，準備新的骨盤及餐具。 2. 甜湯由服務人員服務，甜點和水果由顧客自取。 3. 詢問顧客對餐點的滿意度。
結帳	出納員 服務員	結帳方式有：

現金(Cash)	現金交易時請顧客確認金額。
信用卡(Credit Card)	服務人員要核對顧客的信用卡簽帳單。
支票(Check)	除非主管背書或事先與餐廳主管聲明大額交易外，否則不收個人支票。
客房簽帳 (House Ledger)	觀光飯店中，客房以房間鑰匙簽章用餐，該筆費用轉到客房的住房費用中，待要退房時再一起結帳。
外客簽帳、轉公司帳 (City Ledger)	持有簽約公司的專屬證件或公司行號的人員才能簽外客簽帳，統一時間在向公司一併申請費用。 多與I.O.U.（帳款簽認單）一併使用。
員工福利／優惠折扣 PE (Personal Entertainment)	餐廳主管能夠享有公司的折扣優惠，結帳時。應在員工帳單上簽名，再由薪資中扣除。
公關業務招待 E.N.T (Entertainment)	公關用，由主管招待貴賓、記者等，做為公司行銷用。
主管簽單／公司自用 HU(house use)	員工因公務擔誤用餐所使用的誤餐費用。

服務流程	人　員	工作事項
送客	領檯員 接待員	留意是否有物品忘記攜帶，引導顧客至門口，至顧客離開餐廳。
收拾	服務員 服務生	1. 將殘盤完全的送到洗滌組清洗。 2. 整理桌面以供下一次使用。
重新布置	服務員 服務生	1. 重新布置桌面擺設，迎接下一位客人。 2. 「Tear-Down」，宴會結束後的整理工作。

考題推演

( ) 1. 下列關於中餐分菜服務的描述，何者正確？ (A)桌上分菜應與顧客多交談，以顯示親切 (B)桌上分菜可展現專業分菜技巧 (C)桌邊分菜會造成座位擁擠、干擾顧客 (D)桌邊分菜不需要進行秀菜服務。 【99統測－餐服】

解答▶ B

解析▶ (A)分菜時宜注意安全、衛生，故不應與顧客談話。(C)(D)桌邊分菜會先行秀菜，再進行分菜。

( ) 2. 服務員上菜與收盤的服務順序，下列何者正確？ (A)主人須先服務 (B)席中有男士者，男士優先 (C)年長者優於年輕者 (D)主賓殿後。

【95統測－餐飲】

解答▶ C

解析▶ 上菜與收盤原則：
(A)主賓優先服務。
(B)女士優先於男性主賓。
(D)主人殿後。

( ) 3. 關於餐廳領檯人員安排座位的原則，下列敘述何者錯誤？ (A)情侶盡量安排坐於餐廳較隱密之處 (B)攜有幼童同行的顧客，適合安排於入口處附近 (C)光鮮亮麗及裝扮時髦的顧客，適合安排於餐廳顯眼處 (D)餐廳剛開始營業時，盡量安排顧客坐在入口前段較顯眼的地方。 【99統測－餐服】

解答▶ B

解析▶ (B)攜帶幼兒的顧客，應安排在角落或隱蔽處，避免孩童奔走吵到其他顧客，小孩更不要安置在上菜口周邊，以維護他們的安全。

( ) 4. 有關中餐服務方式之敘述，下列何者正確？ (A)服務順序：主人、女士、主賓，年長者最後 (B)菜餚遞送：上菜→傳菜→秀菜→分菜 (C)出菜原則：先冷後熱、先燒後炒、先清淡後味濃 (D)應先服務果汁酒水再服務小菜及調味醬料。 【105-3模擬專二】

解答▶ D

解析▶ (A)服務順序：主賓、年長者、女士，主人最後、(B)菜餚遞送步驟：傳菜→上菜→秀菜→分菜、(C)出菜原則：先冷後熱、先炒後燒、先清淡後味濃。

(　　) 5. 對於顧客點餐確認開立之Captain Order，不需送交何者？　(A)顧客　(B)廚房　(C)櫃檯　(D)會計。　　　　　　　　　　　　　　　【105-4模擬專二】

[解答]▶ C

10-2　西餐廳服務流程

　　迎賓問候→帶位入座→攤口布→倒水→點開胃酒→服務開胃酒→呈遞菜單→接受點菜→呈遞酒單接受點酒→調整餐具→遞送麵包→上冷開胃菜→佐餐酒服務→服務菜餚（湯→熱開胃菜→沙碧→主菜）→餐中整理桌面→上餐後點心、飲料→結帳→送客→收拾桌面。

服務流程	人　員	工作事項
迎賓問候	領檯員	1. 面帶微笑，見賓客接近約為3～4步時，主動向顧客打招呼，表示歡迎之意。 2. 詢問是否訂位。
帶位入座	領檯員 服務員	1. 帶位 　(1)顧客如有訂位，直接帶領顧客到預訂的位置；如無訂位，依顧客人數、喜好選擇適當的桌位。 　(2)引導顧客時，須以五指併攏指示方向、先行於顧客前方，並告知「請往這邊走」。 　(3)行走時，領檯員應走在顧客左前方約2～3步的距離，以指示前進方向。 　(4)遇到階梯時，提醒顧客注意。 　*　帶位原則： 　‧ 行動不便的安排在餐廳的入口處。 　‧ 獨自用餐的客人安排在窗邊或吧檯前。 　‧ 團體聚會安排在餐廳後段或包廂。 　‧ 情侶或談論公事的旅客安排在安靜的角落。
		2. 入座 　(1)服務員應以雙手拉椅，顧客左側入座，主賓、女士、長者為優先對象。 　(2)若發生顧客不喜歡所安排的座位而要求更換時，服務員應向顧客表示會留意安排更佳的座位。
攤口布	服務員	賓客就坐後，等女主人或長者動作，再打開口布，並放置在顧客大腿上。

服務流程	人　員	工作事項
倒水	服務員	手持水壺，自顧客右側倒水服務，水倒8分滿。 夏天服務冰水；冬天服務溫水。
點用開胃酒 服務開胃酒	服務員	1. 瓶裝開胃酒，如法國多寶力、義大利金巴利、西班牙雪莉酒、不甜苦艾酒。 2. 調配雞尾酒，如馬丁尼、吉普生、曼哈頓、羅伯羅伊、鏽釘子。
呈遞菜單 接受點菜	資深服務員或領班	**1. 由顧客右側呈遞菜單。** 2. 點菜：在顧客都點完菜後，服務員須複誦一遍菜餚名稱及數量，以確定菜餚項目。
呈遞佐餐酒單、點酒	服務員	提供酒單，依主餐推薦顧客適合的佐餐酒。 以紅酒配紅肉、白酒配白肉為原則。
調整餐具	服務員	依據顧客餐點的需要，增加或減少餐具。
派送麵包	服務員	從左側派送麵包，應無限供應直到上甜點之前。
上冷開胃菜、開胃酒	服務員	冷開胃菜的量少且精緻，有開胃、刺激味蕾的功用。
服務佐餐酒	服務員	包括驗酒、調整酒溫、開瓶、試酒、斟酒、品嚐。
服務菜餚	服務員	依序提供湯品→熱開胃菜→沙碧(Sorbet)→主菜。
餐中清理桌面	服務員	1. 收拾餐盤、餐具、酒杯，桌面收拾。 2. 利用麵包屑斗(Crump Scoop)從客人左側清理桌上麵包屑。 3. 留下水杯、點心餐具，桌面收拾。
服務餐後點心、飲料	服務員	1. 如為套餐中的附餐，直接服務即可。 2. 餐後飲料為咖啡、紅茶。 3. 正式西餐在最後會提供白蘭地與雪茄的服務。
結帳	出納人員 服務員	制訂帳款的處理原則如下： 　| 結帳方式 | 說　明 | 　|---|---| 　| 住客簽帳(Guest Ledger, House Ledger) | 觀光旅館住房的顧客以出示房間鑰匙號碼簽帳用餐，並於退房後，櫃檯才一同將帳單交給顧客。 | 　| 公司轉帳(Company Ledger)、外客掛帳(Credit Ledger Account, City Ledger) | 由訂房公司派員或由付款人至旅館，簽認所應為旅客支付的部分於簽帳單(I Owe You, I.O.U.)，再由旅館開立發票至該公司收款。 | 　| 減讓(Rebates) | 顧客於消費後，持公司所發行的抵用券、減價券等結帳，並依照券上所列舉之條件給予減讓優惠。 |

服務流程	人　員	工作事項	
		結帳方式	**說　明**
		折扣(Discount)	旅館有時為了促銷業績會給予訂房者房租優惠，或是房租以外的優惠，如：贈送餐券。
		公司招待帳 (Company Entertainment, ENT)	公司主管為了促銷業績，會給予熟客一些優惠，如：招待水果、飲料、點心。
		主管優惠折扣(Personal Entertainment, PE)	公司主管對相當熟識的常客或業務上的朋友，給予本身可折扣的額度。
		公司自用(House Use, HU)	主管本身因誤餐緣故而在公司內用餐，甚至住宿。
送客	領檯員 接待員	留意顧客是否有物品忘記攜帶，引導顧客至門口歡送顧客離開。	
收拾	服務員 服務生	1. 將殘盤完全的送到洗滌組清洗。 2. 整理桌面，以供下一次使用。	
重新布置	服務員 服務生	重新布置桌面擺設。	

*翻檯率(Turnover Rate)餐廳常以翻桌率作為評估獲利的指標，所以餐廳的翻桌率越高，營收越高。

考題推演

(　　) 1. 西式餐廳的服務人員，最適合在下列哪一個時機，呈遞葡萄酒單給客人？
(A)客人入座之後立即呈上　(B)客人入座並服務茶水之後呈上　(C)與菜單同時呈上　(D)客人點完菜之後隨即呈上。　　　　　　【98統測－餐服】

解答▶ D

解析▶ 西餐的服務流程：
迎賓問候→帶位入座→攤口布→倒水→點餐前飲料→服務餐前飲料→呈遞菜單→接受點菜→呈遞酒單及接受點酒→調整餐具→派送麵包、奶油→服務冷開胃菜→服務葡萄酒→服務湯品→服務菜餚→餐中清理桌面→服務餐後點心、飲料→結帳→送客。

( ) 2. 爸爸、媽媽、兒子三人，上西餐廳用餐慶祝兒子幼稚園畢業，服務人員送了三份濃湯，正確的送餐順序為？ (A)爸爸→媽媽→兒子 (B)媽媽→兒子→爸爸 (C)兒子→爸爸→媽媽 (D) 兒子→媽媽→爸爸。 【93統測－餐飲】

解答▶ D

解析▶ 送餐順序：小孩→長者→女士→男士。

( ) 3. 顧客食用內含煙燻鮭魚、洋蔥湯、沙碧、菲力牛排、蛋糕及咖啡之套餐時，撤除麵包盤最好時機是哪時候？ (A)收洋蔥湯時一起撤除 (B)收沙碧時一起撤除 (C)收菲力牛排時一起撤除 (D)收蛋糕時一起撤除。

( ) 4. 下列何者不是餐廳常見的結帳方式？ (A)Cash (B)Skip Account (C)House Use (D)House Ledger。 【105-2模擬專二】

解答▶ B

解析▶ (A)Cash現金、(B)Skip Account 逃帳、(C)House Use 公司自用、(D)House Ledger 客房簽帳。

( ) 5. 西餐服務流程中，下列敘述何者錯誤？ (A)應為迎賓→帶位入座→攤開口布→服務茶水→呈遞Menu (B)Show Plate應於服務甜點前撤除 (C)菜餚上菜及收拾順序均應以女士優先於男士 (D)收拾主餐後，服務員可使用Crumb Scoop 整理桌面。 【105-2模擬專二】

解答▶ B

解析▶ 餐桌上的Show Plate，最慢應在主餐前收走。

10-3 下午茶服務流程

　　傳統的下午茶時段介於午晚餐之間的下午茶(Afternoon tea)。一般只有王室和貴族才能夠擁有的奢侈品，當時英國上流社會的早餐都很豐盛，午餐時的餐點通常都較為簡便，而晚餐是交際、宴請賓客或一天之中全家相聚的時刻，因此晚餐是最隆重的一餐；由於社交晚餐通常要到晚間八點左右才開始，所以漫長的等待時間，下午茶時間約在下午2~5點之間，邀集好友共享茶點和好茶，藉此聚會聯絡感情逐漸成為一種流行。

一、下午茶的服務流程

迎賓問候→帶位入坐→服務茶水→攤口布→呈遞菜單→接受點餐→服務飲料→服務點心→結帳→送客。

服務流程	人員	工作事項
迎賓問候	領檯員 接待員	1. 面帶微笑,見賓客接近約為3~4步時,主動向顧客打招呼,表示歡迎之意。 2. 詢問是否訂位。
帶位入座	領檯員 接待員 服務員	1. 帶位 　(1)顧客如有訂位,直接帶領顧客到預訂的位置;如無訂位,依顧客人數、喜好選擇適當的桌位。 　(2)引導顧客時,須五指併攏指示方向、先行於顧客前方,並告知「請往這邊走」。 　(3)行走時,領檯員應走在顧客左前方約2~3步的距離,以指示前進方向。 　(4)遇到階梯時,提醒顧客注意。 2. 入座: 　(1)服務員應以雙手拉椅,並注意主賓、女士、長者為優先對象。 　(2)若發生顧客不喜歡所安排的座位而要求更換時報務員應向顧客表示會留意安排更佳的座位。
服務茶水	服務員	顧客入座後,從客人右側倒茶水,冬天熱茶、夏天冰水。
攤口布	服務員	賓客就坐後,等女主人或長者動作,再打開口布,放置在顧客大腿上。
呈遞菜單	服務員	由顧客右側雙手呈遞菜單,主賓、長者、女士優先,主人最後。
接受點餐	領班 服務員	1. 服務人員應對於菜單內容、作法及特色有深入了解,才能做詳細介紹,了解主人的身分及用餐的性質,再給予適時推薦。 2. 點菜:在顧客都點完菜後,服務員須複誦一遍菜餚名稱及數量,以確定菜餚項目。 3. 開立點菜單(Captain Order),一式三份: 　第一聯－廚房聯,作為製作菜餚的依據。 　第二聯－櫃台聯,作為店家作帳用。 　第三聯－顧客聯,放在餐桌上作為服務依據。
服務飲料	服務員	1. 將客人的飲料從客人右側上桌,如有茶壺應放於保溫台上,倒一半茶湯在客人的茶杯中,並附上砂糖或鮮奶。 2. 下午茶專用的茶葉多為錫龍、大吉嶺和阿薩姆為主,若是奶茶則是多使用伯爵茶。

服務流程	人員	工作事項
服務點心	服務員	1. 三層蛋糕放置於客人的飲料前方，說明點心的內容及食用的順序（由下往上食用，自鹹點→甜點）。 三層盤的擺放順序為： (1) 甜點類，各式小蛋糕、水果塔、餅乾、馬卡龍等精緻甜點 (2) 英式鬆餅司康(scone)配上果醬和英式濃縮奶油(clotted cream) (3) 鹹的點心和三明治，白土司夾煙燻鮭魚／火腿／煙燻雞肉加上生菜、法式鹹派 *食用順序：(3)→(2)→(1) 2. 上菜與收盤原則： (1)主賓優先服務。 (2)女士優先於男性主賓。 (3)年長者優先於年輕者。 (4)職位最高者開始上菜。 (5)主人最後服務。
結帳	出納員 服務員	同中餐結帳流程
送客	領檯員 接待員	留意顧客是否有物品忘記攜帶，引導顧客至門口顧客離開餐廳。
收拾	服務員 服務生	1. 將殘盤完全的送到洗濟組清洗。 2. 整理桌面以供下一次使用。
重新布置	服務員 服務生	重新布置桌面擺設。

考題推演

( ) 1. 小美約朋友去喝下午茶，請問以下順序何者有誤？ (A)下午茶時間很悠閒可以用餐到為下午2點到下午5點 (B)喝下午茶可欣賞茶具的精緻度 (C)三層蛋糕盤使用順序由上往下食用 (D)基本上搭配的茶為紅茶為主。

解答▶ C

解析▶ 三層蛋糕盤使用順序應由下往上食用。

( ) 2. 服務員帶位的原則，何者為錯？ (A)為行動不便的安排在餐廳的入口處(B)獨自用餐客人安排在吧檯前 (C)團體聚會安排在餐廳、包廂 (D)情侶或談論公事的旅客安排在吧檯前。

解答 D

解析 情侶或談論公事的旅客安排在角落。

( ) 3. 客人點餐後會服務員利用POS機開立點菜單(Captain Order)，將開立的哪一聯放在顧客桌上，當作服務的依據？ (A)廚房聯 (B)顧客聯 (C)櫃台聯 (D)作帳聯。

解答 B

10-4 宴會廳服務流程

一、定義

1. 針對一群重要人物、顧客或特殊的聚會，提供比較正式、講究的餐飲服務。

2. 必須事前規劃，包括菜單、飲料、佈置、燈光及進行的程序，都須與宴會部門人員詳細規劃，使顧客能留下難忘的經驗。

二、種類

1. 依菜式分類

   (1) 中餐宴會：使用中式餐具，選用中式菜餚，採用中式服務。

   (2) 西餐宴會：布設西餐檯面、使用西餐餐具，食用西餐餐食，按西方禮儀，採用美式或英式餐桌服務的方式服務顧客。

2. 依規模分類

   (1) 小型宴會：10桌以下的宴會。

   (2) 中型宴會：10～30桌的宴會。

   (3) 大型宴會：30桌以上的宴會。

3. 宴會名稱

種　類	說　明
國宴 (State Banquet)	1. **國家元首為了國家的慶典或是歡迎外國元首來訪所舉行的正式宴會。** 2. 特點： (1)需遵守國際禮儀，並有一定的程序。 (2)與會者身分經過篩選，需盛裝出席，著正式禮服。 (3)屬於高雅隆重的高級宴會，常會安排樂隊演出。 (4)菜餚應具有本國及地方特色。 (5) 可安排具有國家特色的表演活動。
喜宴	1. **結婚喜宴為最常見，文定之喜亦屬於此類，規模較小。** 2. 特點： (1)多為中大型宴會。 (2)多使用紅色或粉紅色之吉祥色。 (3)菜餚名稱講究討吉祥喜氣，如「鴻運四喜」、「年年有餘」、「百年好合」。
生日宴	1. 紀念出生而舉辦的宴會，以老年人居多，**一般又稱為壽宴**。另外嬰兒出生滿月，國人舉辦的滿月酒，也屬於生日宴的一種。 2. 特點： (1)菜色形式上要能表現祝壽之意。 (2)菜餚選擇要以滿足生日者的需求。 (3)可配合安排生日蛋糕。
迎賓、歡送宴	1. 專指宴請遠道而來的賓客，或是歡送離職或即將遠行的朋友所舉辦的宴會。 2. 特點： (1)多屬小型宴會。 (2)宴會環境為單獨的空間較佳，避免影響其他客人。
商務宴會	1. 專為洽談商務、聯絡感情、建立友誼所舉行的宴會。 2. **宜事先了解對方特點，迎合喜好，尤其注重隱密性，使協議、洽談能在良好的環境中進行，以滿足顧客的需要。**
慶典宴會	1. 為慶賀各種典禮活動或慶祝場合所舉辦的宴會，如開業、開工、同學會、謝師宴、慶功宴。 2. 服務以簡潔為主，為突顯主題，會特別布置，可安排敬賀詞，來賓舉杯慶賀。
節慶宴會	中國人特有的習俗，如吃尾牙、喝春酒。

4. 依時間分類

　(1) 早餐會：早晨所舉辦的會議。

　(2) 午宴：在中午時間所舉辦的宴會。

　(3) 晚宴：在晚餐時間所舉行的宴會，是最常見的宴會類型。

　(4) 宵夜型宴會：於歐美國家，常在晚上欣賞完音樂會或是歌劇之後所舉辦的餐會。

5. 依形式分類：正式餐會、茶會、酒會、自助餐會、園遊會。

宴會的種類
- 依菜式分類
  - 中餐宴會
  - 西餐宴會
- 依規模分類
  - 小型宴會
  - 中型宴會
  - 大型宴會
- 依目的分類
  - 國宴
  - 喜宴
  - 生日宴
  - 迎賓、歡送宴
  - 商務宴會
  - 慶典宴會
  - 節慶宴會
- 依時間分類
  - 早餐會
  - 午宴
  - 晚宴
  - 宵夜型宴會
- 依形式分類
  - 正式餐會
  - 茶會
  - 酒會
  - 自助餐會
  - 園遊會

6. 宴會廳(Banguet Room)之服務人員多為計時人員(Part Time, PT)。

7. Tear-down：宴會結束後的收場工作。

8. Turn-over：換場、翻場、轉場，指不同宴會之間的轉換場地布置工作。

三、會議服務

1. 場地類型：

類　型	說　明
教室型排列法 (Schoolroom/Classroom Shape)	1. 適用於需要書寫或作筆記的會議、講習會。 2. 桌子前後距離約90cm、走道約120cm。
戲院型排列法 (Theater/Cinema/Auditorium Shape)	1. 適用於不需要作筆記或參加人數過多，無法擺設桌子時的排列法。 2. 椅與椅間距約10cm，前後排椅距約70～90cm，走道120cm。

類　型	說　明
會議型排列法 (Conference-style Seating)	U字型排列法	適用在與會人數不多的會議場合。所有與會的人員圍坐於U型的外圍或兩邊，中間則為主席的位置。
	口字型排列法	所有的與會人員都圍坐在口字型桌的四邊外側。
	一字型排列法	適合人數較少的小型會議。

2. 相關設備：視聽設備、擴音設備、音響設備、翻譯設備。

考題推演

(　) 1. 下列關於宴會服務的描述，何者正確？ 　(A)接受大型宴會預訂時，可以要求顧客簽訂宴會合約書 　(B)應支付保證桌數的全額費用作為宴會訂金 　(C)火焰秀是最適合宴會開場使用的表演 　(D)菜單以宴會當天現場點菜為服務原則。 【99統測－餐服】

解答 A

解析 (B)訂金多寡，會視收取總餐價之某百分比為訂金。
(C)宴會開場，宜注意安全性，一般會有出菜秀。
(D)菜單應於訂席洽談時，即商訂好。

(　) 2. 舉辦宴會時，其呈現方式與酒會相似，通常是為一個特殊目的而舉辦，並無安排座位，且多以服務人員提供點心或飲料，請問這是屬於哪一種宴會形式？ 　(A)Reception 　(B)Garden Party 　(C)Tea Party 　(D)Luncheon。 【105-1模擬專二】

解答 A

解析 (A)Reception：招待會、(B)Garden Party：園遊會、(C)Tea Party：茶會、(D)Luncheon：午宴。

(　　) 3. 有關Banquet Service，下列敘述何者錯誤？　 (A)由Reservation Clerk 負責
填寫紀錄　 (B)飯店提供餐會型、會議型及酒會型等三種場地　 (C)與顧客
簽約後，發送Captain Order至各個部門　 (D)活動結束，應主動聯繫顧客並
了解服務品質及顧客滿意度。　　　　　　　　　　　　　　【105-2模擬專二】

解答 ▶ C

解析 ▶ (C)與顧客簽約後，發送Event Order/Function Order至各個部門。

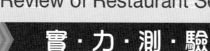

實·力·測·驗

10-1 中餐廳服務流程

( ) 1. 關於中式餐桌擺設，下列敘述何者正確？ (A)個人用味碟置於骨盤左上方 (B)公用之調味醬匙柄宜朝右擺放 (C)進行餐具擺設時，宜先擺放筷子以方便定位 (D)銀湯匙置放於筷子左方、瓷湯匙置放於筷子右方。

【104統測專二】

( ) 2. 服務中式菜餚「乾燒大明蝦」時，下列敘述何者正確？ (A)宜於賓客食用此道菜餚前，從左側更換新毛巾 (B)宜於賓客食用完此道菜餚後，從左側更換新毛巾 (C)宜於賓客食用此道菜餚前，從左側更換新骨盤 (D)宜於賓客食用完此道菜餚後，從左側更換新骨盤。 【104統測專二】

( ) 3. 服務人員呈遞菜單給顧客時，下列何者是最好的方式？ (A)從顧客右側，以左手呈遞 (B)從顧客右側，以雙手呈遞 (C)從顧客左側，以右手呈遞 (D)從顧客左側，以雙手呈遞。 【105統測－餐服】

( ) 4. 餐廳依照桌號紀錄客人人數、點菜內容以及其他相關資料，並作為廚房菜餚準備與出納登錄結帳憑據之正式表單，稱為： (A)captain order (B)service order (C)table list (D)table plan。 【105統測－餐服】

( ) 5. 餐飲服務人員為顧客王小明攤口布，下列原則何者正確？ (A)以右手從其左邊拿起口布，至其左後方以雙手攤開 (B)以右手從其右邊拿起口布，至其右後方以雙手攤開 (C)以左手從其左邊拿起口布，至其左後方以雙手攤開 (D)以左手從其右邊拿起口布，至其右後方以雙手攤開。

【106統測－餐服】

( ) 6. 下列何款杯具最適合預先擺設在中式小吃之餐桌上？ (A)水杯 (B)茶杯 (C)烈酒杯 (D)紅酒杯。 【106統測專二】

( ) 7. 依中式菜餚桌上分菜之原則，分派蒜香肋排燴時蔬至骨盤的順序，下列何者正確？甲：佐料與湯汁。乙：時蔬。丙：肋排 (A)甲→乙→丙 (B)乙→丙→甲 (C)丙→甲→乙 (D)丙→乙→甲。 【106統測專二】

解答

| 10-1 | 1. B | 2. B | 3. B | 4. A | 5. B | 6. B | 7. B |

( ) 8. 餐廳客滿時,會將欲候位的顧客姓名、用餐人數與時間、聯絡電話等資訊,登記在何種表單上? (A)guest list (B)information list (C)standing list (D)waiting list。 【107統測－餐服】

( ) 9. 關於中餐宴席服務之敘述,下列何者正確?甲:進行全魚服務時,不可以切斷魚頭及魚尾;乙:以右手持圓托盤由顧客右側進行骨盤更換;丙:由顧客左側將毛巾置於其左側的毛巾碟上;丁:顧客需以手接觸到菜餚時,宜提供洗手盅 (A)甲、乙 (B)甲、丙 (C)乙、丁 (D)丙、丁。 【108統測－餐服】

( )10. 餐廳結帳付款方式中,下列何者是I.O.U.的敘述? (A)餐廳經理用主管身份,以較優惠的價格或折扣款待親友用餐 (B)員工因處理公務而延誤正常用餐時間,餐廳所提供的特定免費餐食 (C)顧客持有簽帳公司許可證件在消費明細單上簽名,並請餐廳主管在帳單上簽名確認 (D)房客在飯店附屬的餐廳用餐後,出示房卡在帳單上簽上房號與姓名,餐費會在退房時與住宿費一併計算。 【108統測－餐服】

( )11. 關於中餐餐桌上分菜服務的敘述,下列何者正確? 甲:分菜後,宜從主賓開始遞送菜餚。乙:避免羹湯類打翻,每份宜盛4～5分滿。丙:每分一道菜,宜使用一套乾淨的服務叉匙。丁:分菜後若有剩餘菜餚,宜立即詢問顧客是否打包 (A)甲、丙 (B)甲、丁 (C)甲、乙、丙 (D)乙、丙、丁。 【109統測專二】

( )12. 有關中餐宴席服務作業之敘述,下列何者錯誤? (A)菜餚派送順序應為冷菜→熱菜→大菜→點心→水果 (B)主賓應優先服務,主人殿後 (C)主賓右側為服務員最佳上菜位置 (D)服務酒水如為紹興酒,宜加溫提供,並附話梅、檸檬、薑汁或紅糖供賓客搭配飲用。 【106-2模擬專二】

解析 (C)主人右側為服務員最佳上菜位置。

( )13. 有關中餐宴席服務作業之敘述,下列何者錯誤? (A)從賓客左側遞送乾淨的擦拭毛巾 (B)賓客結帳後才能執行Turn Over作業 (C)筷架應於服務甜湯及水果前撤除 (D)從賓客右側遞送更換新骨盤。【106-2模擬專二】

解析 (B)待賓客結帳離開後,才能執行Turn Over(翻檯、轉桌)作業。

◎ 解答

8. D　　9. D　　10. C　　11.A　　12.C　　13.B

（　）14. N Hotel公關人員於自家餐廳宴請長期合作對象，做為年終尾牙之感謝餐會，請問Cashier應如何協助同事結帳？　(A)I.O.U　(B)ENT　(C)House Use　(D)PE。　【106-3模擬專二】

> **解析** ▶ (A)外客簽帳／轉公司帳(City Ledger/I Owe You)：簽約公司多在月底收款、(B)餐廳招待(Entertainment)：因業務或公關需要而宴客時，所採用的付費方式、(C)公司自用／餐廳員工自用(House Use)：員工誤餐費、(D)主管優惠折扣／私人招待(Personal Enterainment)：員工私人招待親朋好友之用。

（　）15. 有關中餐服務流程之敘述，下列敘述何者正確？　(A)安排位置時，應將活潑熱鬧、穿著亮麗者安排在餐廳明顯處　(B)替賓客配菜時，應以最貴的菜餚為優先考量　(C)分菜順序應以主菜為優先，再由配菜及醬汁之搭配　(D)砂鍋盛裝魚頭湯品，為了節省時間可由服務巾服務上桌。

【106-3模擬專二】

> **解析** ▶ (B)應以賓客人數、預算及用餐時間而做菜色推薦、(C)分菜順序：配菜→主菜→醬汁、(D)砂鍋類或是湯類菜餚，應由底盤服務上桌。

（　）16. 餐廳營業過程中，下列哪位服務人員會接觸到Table Plan？　(A)Captain　(B)Greeter　(C)Expediter　(D)Chef de Vin。　【106-3模擬專二】

> **解析** ▶ (A)領班與服務員協助點單在點菜單、(B)接待員、(C)傳菜生、(D)侍酒師。

（　）17. 有關中式服務流程中的服務方式，下列何者錯誤？　(A)中式服務菜餚的四個階段為傳菜－上菜－秀菜－分菜　(B)桌上分菜時，先分配菜，再分主菜，接著加佐料，淋湯汁　(C)位上是指高級的桌菜，會以個盅及個盤的方式供應　(D)分菜後所剩的菜餚，可以先放在旁桌，待客人需要時，再為客人挾取菜餚服務。　【106-5模擬專二】

> **解析** ▶ 分完菜後，若有剩餘的菜餚，應裝於小盤置於轉檯上，供賓客自行取用。

（　）18. 引導賓客入座時，下列座位安排的原則何者最恰當？甲、最重要的賓客：餐廳中央座位；乙、夫婦或情侶等成對賓客：較安靜或角落座位；丙、親朋好友聚會的賓客：餐廳最佳座位；丁、老幼或殘障的賓客：進出較方便的座位　(A)甲乙　(B 乙丙　(C)乙丁　(D)丙丁。　【107-1模擬專二】

> **解析** ▶ 甲、最重要的賓客：餐廳最佳座位；乙、夫婦或情侶等成對賓客：較安靜或角落座位；丙、親朋好友聚會的賓客：餐廳中央座位；丁、老幼或殘障的賓客：進出較方便的座位。

🎯 **解答**

14.B	15.A	16.A	17.D	18.C

19～23題為題組

為了慶祝母親節，傑倫一家人（傑倫媽媽、昆玲、傑倫女兒小周周）前往智業法式西餐廳用餐，餐廳事先知道有VIP貴賓到來，已事先安排好坐位，並進行基本餐具擺設。當天，傑倫媽媽主餐點了蛋煎起司鯛魚排，傑倫的主餐是黛安娜火焰牛排、昆玲的主餐是法式嫩煎雞排，經侍酒師推薦後，傑倫還點一瓶玫瑰紅酒來搭配主餐，附餐飲料則是三杯熱拿鐵咖啡。用餐過程服務員依點菜內容依序上菜收盤，提供良好精緻的優質服務，結帳時，傑倫以信用卡付款，發現結帳金額較預期的少，原來是餐廳經理招待玫瑰紅酒，傑倫為表感謝餐廳提供精緻的服務，也特別和經理及服務員簽名並合影留念。

( )19. 領檯員應將傑倫一家人安排坐於何處的位置較為適當？ (A)安排於角落或較隱密的座位 (B)安排於窗邊安靜且視野好的位置 (C)安排於出入口的座位，方便進出 (D)安排於吧檯或開放廚房旁，看得到內場人員的製備餐點及飲料。 【107-2模擬專二】

解析▶ (A)傑倫一家是藝人又有小孩，安排於角落或較隱密的座位，較不會引起注意，小孩也不會干擾其他用餐客人。

( )20. 領檯員帶位入座時，應先請傑倫一家人的哪位貴賓先行入座，為他拉開椅子？ (A)4歲的小周周 (B)傑倫媽媽 (C)傑倫 (D)昆玲。

【107-2模擬專二】

解析▶ (B)帶位入座長者及女士優先。

( )21. 由於餐廳事先已為傑倫預約的餐桌擺設基本餐具，請問服務員點餐後應該為哪位客人重新調整餐具？ (A)傑倫媽媽 (B)傑倫及傑倫媽媽 (C)昆玲 (D)傑倫、傑倫媽媽及昆玲。 【107-2模擬專二】

解析▶ (B)基本餐具擺設是主餐刀叉、麵包盤、奶油刀、水杯。傑倫媽媽主餐是起司鯛魚排，需調整為魚刀叉，而傑倫的主餐是黛安娜火焰牛排，需調整為牛排刀，昆玲的主餐是法式嫩煎雞排，使用主餐刀叉，不用調整。

( )22. 侍酒師在主餐前為傑倫一家人進行酒類服勤，先進行酒類介紹、調整酒溫、開酒、試酒、倒酒的專業服務，請問進行試酒時，侍酒師應該請哪一

🎯 解答

19.A　　20.B　　21.B　　22.C

位試酒較適合？　(A)侍酒師自己試　(B)傑倫媽媽　(C)傑倫　(D)昆玲。

解析▶ (C)侍酒師在進行試酒服務時，可以請主人或點酒的賓客試酒。

(　)23.請問餐廳經理招待的玫瑰紅酒，在餐廳的付款記錄上應登錄為何者？　(A)
Drink Vouchers　(B)City Ledger　(C)ENT(Entertainment)　(D)House Use。

解析▶ (A)Drink Vouchers飲料卷、(B)City Ledger 外客簽帳、(C)
ENT(Entertainment)餐廳招待、(D)House Use 餐廳員工或公司自用。

(　)24.飯店餐廳經常會有促銷或招待優惠，因此在帳單簽上招待的方式，下列何
者配對正確？甲、ENT；乙、PE；丙、HU；丁、Voucher。ㄅ、「業務
招待」；ㄆ、「優惠券」；ㄇ、「主管優惠折扣」；ㄈ、「公司自用」
(A)甲ㄅ、乙ㄇ、丙ㄈ、丁ㄆ　(B)甲ㄇ、乙ㄆ、丙ㄅ、丁ㄈ　(C)甲ㄅ、乙
ㄈ、丙ㄇ、丁ㄆ　(D)甲ㄇ、乙ㄈ、丙ㄅ、丁ㄆ。　　【107-4模擬專二】

解析▶ 甲、ENT「Entertainment業務招待」；乙、PE「Personal Entertainment主
管優惠折扣／私人招待」；丙、HU「Houser use 公司自用」；丁、Voucher
「優惠券」。

(　)25.有關中餐服務流程的說明與細節，下列何者不正確？　(A)「叫菜」是指服
務員在點完菜，將點菜單送進廚房，廚房著手準備烹調　(B)「走菜」是指
顧客準備開始用餐，服務員通知廚房，立刻完成烹調最後手續　(C)中餐服
務菜餚的程序為傳菜→上菜→秀菜→分菜　(D)分菜的步驟是先分主菜→分
配菜→淋湯汁→加佐料。　　　　　　　　　　　　【107-5模擬專二】

解析▶ (D)分菜的步驟是先分配菜→主菜→加佐料→淋湯汁。

(　)26.餐廳服務員依照桌號紀錄客人人數、點菜內容以及其他相關資料，以作為
廚房菜餚準備與出納登錄結帳憑據的正式單據，稱之為何？　(A)captain
order　(B)service order　(C)table list　(D)table plan。　【108-3模擬專二】

(　)27.中餐宴會為客人服務全魚時，如以客人方向為主，應：　(A)魚頭朝右，
魚腹向外　(B)魚頭朝右，魚腹向內　(C)魚頭朝左，魚腹向外　(D)魚頭朝
左，魚腹向內。　　　　　　　　　　　　　　　　【108-3模擬專二】

🎯 解答

23.C　　24.A　　25.D　　26.A　　27.D

( )28. 旅館或餐廳主管在其所屬餐廳內用餐時，所簽的誤餐費帳單稱之為何？(A)
House Use (B)Net Price (C)Entertainment (D)Personal Entertainment。

【108-2模擬專二】

解析 (A)HU(House Use)館內主管因公自用、(B)NET(Net Price)不含服務費的實收價、(C)ENT(Entertainment)招待、款待、(D)PE(Personal Entertainment)個人的公關招待、主管優惠折扣。

10-2 西餐廳服務流程

( ) 1. 進行西餐服務時，下列何時是撤除B.B. plate之最佳時機？ (A)上湯品前 (B)上主菜前 (C)上甜點前 (D)上甜點後。 【104統測專二】

( ) 2. 服務人員於點餐後，應視菜單內容重新調整餐具擺設，下列作法何者正確？ (A)宜自接待檯取用需要擺設的餐具 (B)宜徒手拿取餐具以提升服務效率 (C)顧客右側多餘不用的餐具，應從其右側撤離 (D)為使流程一致，所有餐具皆由顧客右側補放。 【105統測－餐服】

( ) 3. 關於西式餐飲服務的敘述，下列何者正確？ (A)服務人員不應站在顧客左側清除麵包屑 (B)B. B. plate於收拾主菜後或服務餐後點心前才收走 (C)napkin ring應該在顧客用完餐，離開餐廳後再予以撤除 (D)sherbet通常在主菜之後提供，主要功能是調整口內的味覺。 【106統測－餐服】

( ) 4. 下列何者為西式餐廳服務人員於用餐服勤時，所會使用到的品項？ (A)crumb scoop、pepper mill (B)finger bowl、table runner (C)glass cover、table cloth (D)water pitcher、top cloth。 【108統測專二】

( ) 5. 餐廳結帳付款方式中，下列何者是I.O.U.的敘述？ (A)餐廳經理用主管身份，以較優惠的價格或折扣款待親友用餐 (B)員工因處理公務而延誤正常用餐時間，餐廳所提供的特定免費餐食 (C)顧客持有簽帳公司許可證件在消費明細單上簽名，並請餐廳主管在帳單上簽名確認 (D)房客在飯店附屬的餐廳用餐後，出示房卡在帳單上簽上房號與姓名，餐費會在退房時與住宿費一併計算。 【108統測專二】

🎯 解答

28.A　　10-2　　1.C　　2.C　　3.B　　4.A　　5.C

(　　) 6. 西式餐飲服務進行過程中，顧客用完全部餐點但尚未離開前，下列何者原則上不應撤除？　(A)bread plate　(B)napkin ring　(C)salt and pepper shaker　(D)water goblet。　【109統測專二】

(　　) 7. 關於西餐麵包服務與其食用的禮儀，下列敘述何者正確？　(A)服務人員應從顧客的正前方服務麵包　(B)服務人員宜於點完餐後再進行派送麵包的動作　(C)麵包宜先抹上奶油，再以奶油刀切成小塊食用　(D)麵包盤與奶油刀宜在上主菜之前撤除，以淨空桌面讓顧客享用菜餚。　【109統測專二】

(　　) 8. 有關西餐服務流程之敘述，下列何者錯誤？　(A)B.B. Plate擺設至收拾Hot Appetizer時才能撤除　(B)服務完Apéritif後再呈遞菜單接受點菜　(C)顧客享用完Main Course，即可撤除Salt & Pepper Shakers　(D)客人如需點用White Wine，服務流程依序為：呈遞酒單→展示驗酒→調整酒溫→試酒。　【105-3模擬專二】

解析▶ (A) B.B. Plate擺設至收拾主餐時（服務點心前）才能撤除。

(　　) 9. 有關餐廳點餐服務之敘述，下列何者正確？　(A)菜單呈遞應從顧客左側進行，並以雙手呈遞之　(B)顧客點用單杯Whiskey Straight Up，宜在撤餐並清理桌面後，再服務此酒　(C)點餐後，應視菜單內容重新調整餐具擺設，多餘餐具應由顧客正前方一併撤除　(D)由Greeter開立Captain Order。　【105-3模擬專二】

解析▶ (A)菜單呈遞應從顧客右側進行、(C)右側多餘餐具應由顧客右側撤除，左側則由左側撤除、(D)由Captain／Head Waiter（領班）或Senior Waiter／Senior Servicer（資深服務員）服務點菜，開立Captain Order。

(　　)10. 金秀賢與Angela 至「茹絲葵牛排館餐廳」用餐，要求菲力牛排三分熟，服務員應如何註記其點餐需求？　(A)Bleu/Raw　(B)Saignant/Medium Rare　(C)A point/Medium　(D)Bien Cuit/Well Done。　【105-4模擬專二】

解析▶ (A)生的、(B)3分熟、(C)5分熟、(D)全熟。

(　　)11. 有關服務人員呈遞菜單的原則，下列何項正確？　(A)由顧客左側，以雙手呈遞　(B)服務夫婦時，應先遞給男士　(C)需要遞給兒童菜單　(D)應優先遞給主賓、女士或長者。　【105-4模擬專二】

🎯 解答

6. D　　7. B　　8. A　　9. B　　10. B　　11. D

( )12.有關西餐宴席服務作業之敘述，下列何者正確？ (A)餐前酒單應於賓客入座前呈遞 (B)賓客入座後即需調整餐具(Adjust Cover) (C)服務主餐前應將Cover Plate與Hot Appetizer Plate同時撤除 (D)服務飲料前應將椒鹽罐撤除。 【106-2模擬專二】

解析▶ (A)餐前酒單應於賓客入座後呈遞、(B)點餐後才需調整餐具(Adjust Cover)、(C)Cover Plate（定位盤）、Hot Appetizer Plate（熱前菜盤）、(D)服務點心前才撤除。

( )13. 下列餐廳常見的服務項目，依一般標準作業流程執行，其先後順序為何？甲、服務茶水；乙、開立點菜單；丙、迎賓問候；丁、呈遞菜單；戊、引導入座；己、餐點推薦 (A)丁丙戊甲乙己 (B)丁戊己乙甲丙 (C)丙丁戊己甲乙 (D)丙戊甲丁己乙。 【106-2模擬專二】

( )14.有關西餐服務流程之敘述，下列何者正確？甲、接受顧客點菜時，為推薦Today's Special 最佳時機；乙、服務餐後點心前宜先刮除桌面麵包屑，點心叉匙如預先擺設於餐桌，須將點心匙移至顧客右手邊，點心叉移至客人左手邊；丙、服務Dessert 時，表示所有菜餚皆服務完成；丁、菜單如有Cold Appetizer、Soup、Hot Appetizer、Main Course等內容，Show Plate最佳撤收時機是與Hot Appetizer Plate同時撤收；戊、為顧客進行點菜時，應先完成桌面餐具調整(Adjust Cover) (A)甲乙丙丁 (B)乙丙丁戊 (C)甲丁戊 (D)乙丙戊。 【106-4模擬專二】

解析▶ 戊、為顧客進行點菜時，應先備妥菜單(Menu)及點菜單(Captain Order)。

( )15.「任職於信鏵牛排館的王經理招待自己家人到自家餐廳用餐，結帳時王經理在員工簽帳單上簽名，故家人這桌享有餐費7 折優惠」，請問這種付款方式稱之為何？ (A)House Use (B)Personal Entertainment (C)City Ledger (D)House Ledger。 【108-2模擬專二】

解析▶ (A)House Use餐廳員工自用／公司自用、(B)Personal Entertainment主管優惠折扣／私人招待、(C)City Ledger外客簽帳／轉公司帳、(D)House Ledger客房轉帳。

( )16. 有關翻檯率(Turn Over Rate)之敘述，下列何者為正確選項組合？甲：翻檯率愈高時，表示顧客總數愈低、乙：翻檯率愈高時，表示顧客總數愈高、

🎯 解答

12.C   13.D   14.A   15.B   16.A

丙：翻檯率愈高時，表示顧客停留在餐廳的時間相對較短、丁：翻檯率愈高時，表示顧客停留在餐廳的時間相對較長　(A)乙、丙　(B)乙、丁　(C)甲、丙　(D)甲、丁。　　　　　　　　　　　　　　　　　　　　　　【108-3模擬專二】

10-3 下午茶服務流程

(　) 1. 有關英式下午茶的敘述，下列何者正確？　(A)下午茶時段分為Afternoon Tea、Low Tea　(B)三層點心架由上往下吃、由鹹往甜吃　(C)沖泡紅茶可同時加入檸檬、牛奶、糖　(D)茶具材質以骨瓷的品質最佳。

【106-1模擬專二】

> **解析** (A)下午茶時段分為Afternoon Tea(Low Tea)和High Tea、(B)三層點心架由下往上吃、由鹹往甜吃、(C)沖泡紅茶不可同時加入檸檬、牛奶。

(　) 2. 英式下午 點心的吃法，何者正確？　(A)由上而下，由甜而鹹，由淡而濃　(B)由下而上，由鹹而甜，由淡而濃　(C)由上而下，由鹹而甜，由濃而淡　(D)由下而上，由甜而鹹，由淡而濃。

> **解析** 由下而上，由鹹而甜 ，清淡到濃厚。三層架中的點心從下而上分別為：三明治、英式鬆餅Scone、小蛋糕及水果塔。依照味覺清淡到濃厚，從鹹的三明治開始，至越來越甜的鬆餅及蛋糕甜點。

(　) 3. 下午茶供應時間通常為14:00～17:00，正式英式下午茶通常會使用 High Tier Stand盛裝食物，試問哪些餐點會放於中間層？　(A)Cake　(B)Sandwich　(C)Scone　(D)Cream or Jam。

(　) 4. 有關英式下午茶的禮儀，下列敘述何者不正確？　(A)三層點心盤由下而上食用　(B)飲料加糖時，直接取用糖罐中的糖匙取糖　(C)紅茶杯所附的湯匙，僅拿來攪拌使用　(D)喝茶時，先在杯中倒茶湯，再加牛奶，最後才放砂糖。

(　) 5. 下列何者不是餐廳 briefing 的主要作用？　(A)分配工作及責任區域　(B)檢討前一日營業狀況　(C)說明當日促銷菜單與注意事項　(D)於餐廳前列隊迎接第一位顧客光臨。　　　　　　　　　　　　　　　　　　　【100統測－專二】

🎯 解答

10-3	1. D	2. B	3.CD	4. D	5. D

10-4　宴會廳服務流程

(　　) 1. 關於餐廳與宴會之服務與作業,下列敘述何者正確? 甲、鐵板燒屬於 self-service 的一種。乙、buffet service 餐廳須準備較大量的食材。丙、catering service 的菜單內容易受場地、設備的影響而改變。丁、banquet 作業流程為:確認與簽約→發佈宴會通知單→執行服務→結帳→追蹤及建檔　(A)甲、乙、丙 (B)甲、乙、丁 (C)甲、丙、丁 (D)乙、丙、丁。

【104統測專二】

(　　) 2. 有關Buffet-Service之服務敘述,下列何者錯誤? 　(A)餐廳可提早準備餐點,顧客入座後,不需等候即可開始享用　(B)為避免客人久候,菜餚量低於 即需補充　(C)餐檯菜餚依菜色類型擺放,服務補菜動線應與顧客取餐動線有所區隔　(D)此種服務方式餐盤使用量大,餐盤數量低於 即需補充。

【105-2模擬專二】

解析▶ (B)避免客人久候,菜餚量低於 即需補齊。

(　　) 3. 下列哪一種餐飲服務方式較不適合出現在結婚的宴客餐會中? 　(A)Cafeteria Service　(B)Self Service　(C)Catering Service　(D)Banquet Service。

【106-5模擬專二】

解析▶ (A)Cafeteria Service:速簡餐服務、(B)Self Service:自助餐服務、(C)Catering Service:外燴服務、(D)Banquet Service:宴會服務。

(　　) 4. 智業文化出版社辦理餐旅名人開講系列活動,邀請到臺灣法國料理名廚江振誠演講,參與的民眾多達千人,舉辦場地的飯店應將此場演講以何種場地布置形式呈現較為適當? 　(A)戲院型排列法　(B)教室型排列法　(C)口字形排列法　(D)U字型排列法。

【107-2模擬專二】

(　　) 5. 宴會服務有許多專業與細節,有關宴會服務的說明,下列何者不正確? (A)飯店內的宴會廳,英文稱為Ballroom　(B)Luncheon 是指午宴,多在中午十二點至下午二點之間舉行　(C)通常宴會訂席會收取訂金,約訂席總額的10~20%　(D)西式長桌宴會每8 位賓客會安排一位服務員。

【107-5模擬專二】

解析▶ (D)西式長桌宴會每10位賓客會安排一位服務員。

解答

10-4	1. D	2. B	3. A	4. A	5. D

(　　) 6. 對於宴會廳的性質與服務業務，下列敘述何者有誤？　(A)布置隨宴會性質及主人意思而定　(B)通常是飯店內最不能靈活運用的場所　(C)包攬業務大多為大型喜慶宴會或會議　(D) 因服務的顧客多，一次動用的服務生也較多。

(　　) 7. 下列關於宴會服務的描述，何者正確？　(A)菜單以宴會當天現場點菜為服務原則　(B)應支付保證桌數的全額費用作為宴會訂金　(C)火焰秀是最適合宴會開場使用的表演　(D)接受大型宴會預訂時，可以要求顧客簽訂宴會合約書。

(　　) 8. 關於餐廳與宴會之服務與作業，下列敘述何者正確？甲、鐵板燒屬於Self-service的一種；乙、Buffet Service餐廳須準備較大量的食材；丙、Catering Service的菜單內容易受場地、設備的影響而改變；丁、Banquet作業流程為：確認與簽約→發佈宴會通知單→執行服務→結帳→追蹤及建檔　(A)甲、乙、丙　(B)甲、乙、丁　(C)甲、丙、丁　(D)乙、丙、丁。

【104統測－專二】

解析 甲、Self-service：自助式服務；乙、Buffet Service：一價吃到飽自助餐服
丙、Catering Service：外燴服務；丁、Banquet：宴會。

(　　) 9. 宴會部的訂席與其業務單位之主要工作內容，包含下列哪幾項？甲、招攬業務；乙、佈置場地；丙、宴會結束後追蹤；丁、簽訂合約　(A)甲、乙、丙　(B)甲、乙、丁　(C)甲、丙、丁　(D)乙、丙、丁。

【100統測－專二】

(　　)10. 有關會議場地的布置，下列敘述何者錯誤？　(A)教室型排列法，桌子前後之間的距離應有90公分　(B)教室型排列法，桌子左右間應有90公分的距離　(C)戲院型排法，椅子和椅子並排之間應有約10公分的距離　(D)戲院型排法，走道須有120公分的距離。　　【101統測－專二】

解析 (B)120公分。

 解答

6. B　　7. D　　8. D　　9. C　　10.B

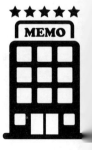

CHAPTER 11

RESTAURANT

餐廳顧客抱怨處理
及緊急事件處理

11-1　顧客抱怨及其他糾紛處理

11-2　餐廳客訴及緊急事件處理

趨・勢・導・讀

本章之學習重點：

顧客在消費上的心理感受非常重要，顧客每一次的消費經驗，其服務的流程及服務員的應對進退，都會讓顧客累積對店家的經驗，讓顧客有美好的消費經驗，才能夠留下顧客再次來店。

1. 了解顧客抱怨的原因。

2. 了解顧客抱怨的處理原則及步驟。

3. 熟悉緊急事件的處理應變要領。

4. 培養良好的工作安全衛生習慣。

5. 培養危機處理的應變能力。

11-1 顧客抱怨及其他糾紛處理

一、顧客常抱怨的成因

1. 服務未滿足顧客的需求：設備的不良與故障、語言能力不足、衛生問題、餐飲品質。

2. 服務未達到顧客的期望：服務效率不佳、顧客期望打折優惠、服務態度不佳。

3. 臨時發生狀況尋求協助：客人物品遺失、行李遺失。

二、顧客抱怨的目的

1. 希望接受道歉及承認錯誤。

2. 希望業者能改進。

3. 希望獲得補償。

4. 表現其身分的地位。

三、處理抱怨的態度及方法

（一）態度

1. 提出抱歉（同理心）。

2. 傾聽客人的訴說（不要中途插嘴，讓客人把話說完）。

3. 說話語氣要平和、態度誠懇。

4. 判斷事件是否超過權責（向主管報告）。

5. 決定處理和實施方法。

6. 詳實記錄。

（二）方法

1. 受理要快，處理要慢。

2. 程序上多承諾，實質上少承諾。

3. 面對問題去處理，不要有任何逃避的心態。

4. 責任歸屬的答覆要明確，但補救作為要保留彈性。

5. 要建立制度追蹤評鑑抱怨處理。

資料來源：《顧客服務與抱怨處理—2010年新版》，李良達著

四、顧客抱怨處理的結果

《處理不當》	《處理得宜》
1. 客人不再度光臨。 2. 客人利用媒體、網路破壞公司形象。 3. 影響公司業績。	1. 得知顧客的需求，了解自己的弱點。 2. 避免再發生同樣事件。 3. 有機會進一步接觸顧客、爭取可能失去的顧客。

考題推演

( ) 1. 關於餐廳服務人員在顧客抱怨時的處理態度，下列何者較<u>不適當</u>？ (A)為了不反駁客人，應該一直保持沉默 (B)記錄抱怨重點，避免遺忘 (C)給予適當的利益回饋 (D)利用同理心感受客人的立場。 【99統測－餐旅】

解答 A

解析 (A)處理顧客抱怨時，應積極傾聽，並適時安撫顧客情緒。

( ) 2. 防範顧客抱怨的方式，下列敘述何者錯誤？ (A)加強員工的職前訓練與在職教育 (B)加強餐廳環境與設備的整潔與安全維護 (C)透過標準化作業流程的建立與執行，以確保服務品質一致性 (D)餐飲銷售內容不需事前告知顧客。

解答 D

( ) 3. 處理顧客抱怨的溝通技巧與態度，下列敘述何者錯誤？ (A)無論可行與否，應立即對顧客做出承諾，以免顧客久候不耐 (B)溝通態度應誠懇寬容，保持理智冷靜 (C)保持風度與誠意，表達樂意協助之意 (D)感謝顧客的反映與指教，讓業者有改善的空間。

解答 A

(　　) 4. 關於餐廳基層服務人員處理顧客抱怨的原則與方式，下列何者最不適當？
(A)掌握時效　(B)迅速承諾　(C)耐心傾聽　(D)了解原因。

解答▶ B

 11-2　餐廳客訴及緊急事件處理

一、餐廳意外傷害之種類

排　序	員　工	顧　客
1	刀傷、碰（撞）傷，約30％	跌倒、滑倒，約47％
2	滑倒、跌倒	設備不良
3	扭傷、跌傷	食物變質
4	燙傷、燒傷	門窗碰傷

二、一般餐廳常見的緊急事件

項　目	說　明
食物中毒	食物中毒之症狀：嘔吐、腹痛、抽筋、呼吸困難、神智不清、昏迷等。其處理程序如下： 1. 迅速送醫急救：立即撥119。 2. 保留剩餘食品及患者之嘔吐物或排泄物。 3. 就地採取緊急措施： 　(1) 意識清醒者先給予大量喝水。 　(2) 食入非腐蝕性食物，可將手指伸入喉嚨進行催吐。 　(3) 讓病患靜躺休息，並保暖。 　(4) 若有嚴重腹瀉，可喝少量溫水，以防脫水。 　(5) 如誤食農藥、殺蟲劑，應讓患者喝下牛奶、鹽水或澱粉水等。 ※ 醫療院所發現食物中毒，應在24小時內通知衛生單位。
顧客突然身體不適或意外傷害	顧客在用餐時，可能發生吃壞肚子、急性腸胃炎、癲癇發作、中風、暈倒或滑倒、跌倒之意外傷害等狀況。其處理程序如下： 1. 顧客突然身體不適或跌倒受傷，應了解情況及原因，給予適當協助。 2. 找個舒服的位置讓客人坐下或躺下，維持環境的通風與安靜。 3. 若客人失去知覺，應留意是否噎到，避免客人有窒息之虞。 4. 詢問客人是否需要送醫或自行服藥。 5. 嚴重時應叫救護車送醫處理，應通知主管人員，並通知家人陪同就醫。 6. 不能提供任何藥物給客人。

項　目	說　明
燒燙傷	廚房工作人員發生的機率較高。熱液燙傷處理程序： 1. 沖：將受傷部位浸泡於冷水中，或以流動的清水沖洗，以降低皮膚表面溫度。 2. 脫：在水中小心將燙傷表面的衣服去除，不可將水泡弄破。 3. 泡：持續浸泡在冷水中至少半小時，以減輕疼痛及穩定情緒。 4. 蓋：用乾淨的紗布將傷口覆蓋，不可自行塗抹藥品，以保護傷口並避免傷口感染。 5. 送：除小傷口可自理外，建議盡速送醫治療。
瓦斯外洩	為廚房工作人員因使用不慎而造成的。瓦斯外洩之處理過程： 1. 聞到臭味，應以手掩住口鼻。 2. 關閉瓦斯開關，打開門窗。 3. 不可開啟電器開關如排油煙機或電風扇，及點燃火柴、打火機，以免氣爆。 4. 打電話通知消防隊或瓦斯公司前來處理。 5. 當發現有人一氧化碳中毒時，應立即將患者移至空氣流通處，盡速撥打119送醫急救，並視情況施行人工呼吸或心肺復甦術。
火災	1. 火災發生之處理程序： 　(1) 滅火：火源初萌時，應立即予以撲滅。 　(2) 切斷電源瓦斯。 　(3) 立即報警：應盡速撥打119報案。 　(4) 疏散顧客：應保持鎮定，並迅速地指揮顧客逃生。 2. 火災逃生方法： 　(1) 不可搭乘電梯。 　(2) 循避難方向指標，從安全梯逃生。 　(3) 濃煙中可以溼毛巾掩口鼻，或頭套透明塑膠袋，採低姿勢爬行或沿牆而逃生。 　(4) 在室內等待救援時，要阻止濃煙進入，以溼毛巾、衣服塞門縫，並以避難器具逃生，或逃往安全梯或頂樓平臺等待救援。 　(5) 絕不可跳樓。
地震	地震發生時，如何逃生： 1. 保持冷靜，靠近牆邊或柱子旁，以隨身物品保護頭部，並留意天花板之掉落物 2. 依循逃生路線往空曠處疏散。 3. 勿搭乘電梯，以免停電受困。

◎ 食品中毒之認識與預防

（一）前言

　　臺灣地處亞熱帶，一年四季從早到晚的溫度均適合細菌繁殖，民眾需特別注意。食用放在4～65℃之間，超過4小時以上的食物，只要食物曾經細菌污染，均可能發生食品中。如能對食品中毒有相當的認識和了解，並加以注意衛生，這樣才能減少食品中毒的發生。

（二）定義

　　指二人或二人以上攝取相同食品而發生相似之症狀，並且自可疑之食餘食品檢體或人體檢體分離出相同類型之致病原因，但如因攝食含肉毒桿菌毒素或急性化學物質之食品而引起中毒時，雖只有一人，目前國內也視為食品中毒案件。

　　常見引起食品中毒的原因：

1. 冷藏及加熱處理不足。
2. 食物調製後放置在室溫下過久。
3. 生、熟食交互污染。
4. 工作人員衛生習慣不良或本身已被感染而造成食物的污染。
5. 調理食物的器具或設備未清洗乾淨。
6. 水源遭污染。
7. 誤食含有天然毒素的食物。

（三）分類

　　食品中毒之致病原因食品中毒依致病原因分類，可分為細菌性食品中毒、天然毒素食品中毒、化學性食品中毒。

1. 細菌性食品中毒：又分為感染型、毒素型、中間型。

類型	定義	細菌名稱	存在處
感染型	病原菌污染在食品上又加以繁殖	沙門氏菌	禽肉、畜肉、蛋及蛋製品
		腸炎弧菌	生鮮海產、魚貝類

類型	定義	細菌名稱	存在處
毒素型	病原菌在食品中增殖時產生毒素	金黃色葡萄球菌	化膿的傷口
		肉毒桿菌	密閉的魚肉類罐頭
		仙人掌桿菌	米飯等澱粉類製品
中間型	感染型或毒素型分不清者	大腸桿菌	糞便汙染的食品或水源

2. 天然毒素食品中毒：毒貝類、毒河豚、毒菇、馬鈴薯塊莖發芽等。

名稱	汙染源
麻痺性貝類	受汙染的貝類造成的神經性中毒
河豚毒素	卵巢、肝臟、腸造成的神經性中毒
菇類毒素	含毒蕈鹼的香菇
茄靈毒素	馬鈴薯塊莖發芽
黃麴毒素	花生、玉米等五穀雜糧類

3. 化學性食品中毒：農藥、有毒非法食品添加物（如硼砂、非食用色素）、重金屬等。

名稱	汙染源	造成的疾病
砷(As)中毒	地下水	烏腳病
鉛(Pb)中毒	農作物	貧血
銅(Pb)中毒	牡蠣	肝、腎發炎
汞(Hg)中毒	深海魚	水俣病
鎘(Cu)中毒	稻米	痛痛病
錳(Mn)中毒	鐵製容器	巴金森氏症

（四）預防

1. 保持食物、用具、冰箱、人體及環境之清潔。

2. 迅速處理生鮮食物及調理食物，調理後之食品應迅速食用，剩餘食品亦應迅速處理。

3. 避免交互污染：生、熟食要分開處理，廚房應備兩套刀和砧板，分開處理生、熟食。

4. 加熱和冷藏：保持熱食恆熱、冷食恆冷原則，超過70℃以上細菌易被殺滅，7℃以下可抑制細菌生長，-18℃以下不能繁殖，所以食物調理及保存應特別注意溫度的控制。

5. 養成個人衛生習慣調理食物前徹底洗淨雙手。

6. 餐飲調理工作，按部就班謹慎行之，遵守衛生原則，注意安全維護，不可忙亂行之。

7. 手部有化膿傷口，應完全包紮好才可調理食物（傷口勿直接接觸食品）。

（五）發生食品中毒之處理

1. 迅速送醫急救。

2. 保留剩餘食品及患者之嘔吐或排泄物，並盡速通知衛生單位。

3. 醫療院（所）發現食品中毒病患，應在24小時內通知衛生單位。

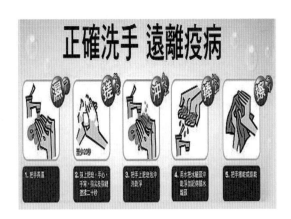

三、火災之特性與分類

（一）火災的特性

1. 物質燃燒的要素：可燃物（例如：紙張、木材）、助燃物（例如：氧氣）、熱能（即達到燃燒的溫度）、連鎖反應。

2. 火場的三大殺手：濃煙、高溫、大火。

（二）火災之分類

1. 火災依燃燒物質之不同可區分為四大類：

類　別	名　稱	說　明	備　註
A類火災	普通火災	**普通可燃物**，如木製品、紙纖維、棉、布、合成樹脂、橡膠、塑膠等發生之火災；通常建築物之火災即屬此類。	可以藉水或含水溶液的冷卻作用使燃燒物溫度降低，以達成滅火效果。
B類火災	油類火災	**可燃物液體**，如石油、或可燃性氣體如乙烷氣、乙炔氣、或可燃性油脂，如塗料等發生之火災。	最有效的是以掩蓋法隔離氧氣，使之窒熄。此外如移開可燃物或降低溫度亦可以達到滅火效果。

類　別	名　稱	說　明	備　註
C類火災	電氣火災	涉及通電中之電氣設備，如電器、變壓器、電線、配電盤等引起之火災。	有時可用不導電的滅火器控制火勢，但如能截斷電源再視情況依A或B類火災處理，較為妥當。
D類火災	金屬火災	活性金屬，如鎂、鉀、鋰、鋯、鈦等或其他禁水性物質燃燒引起之火災。	這些物質燃燒時溫度甚高，只有分別控制這些可燃金屬的特定滅火劑能有效滅火。（通常均會標明專用於何種金屬）

資料來源：內政部消防署防災知識網http://www.nfa.gov.tw。

2. 各種滅火器對火災類別之適用性：

	水	泡沫	乾粉		CO_2	海龍（1994年後禁用）	潔淨
甲類火災（A類／普通）	V	V	A	白		V	V
乙類火災（B類／油類）		V	B	黃	V	V	V
丙類火災（C類／電器）			C	藍	V	V	V
丁類火災（D類／金屬）	特定金屬專用滅火器						
滅火原理	冷卻法	窒息、冷卻	窒息、抑制		窒息、冷卻	窒息、冷卻、抑制	窒息、抑制

（三）火災應變與逃生要領

1. 火災的應變

	說　明
平時	1. 平時即要瞭解消防安全常識及逃生避難方法。 2. 認識居住環境或辦公處所之消防設施及逃生避難設備。
進入陌生場所時	1. 應先尋找安全門、梯、查看有無加鎖。 2. 熟悉逃生路徑，尤其是夜宿飯店、旅館或三溫暖等公共場所，更應特別注意。 3. 消防安全檢查記錄不佳之場所應避免進入為宜。

	說　明
發生火警時	**※三項措施**

發生火警時	滅火	1. 火源初萌時，立即予以撲滅。 2. 利用就近之滅火機、消防栓箱之水瞄，從事滅火。 3. 如無法迅速取得滅火器具，則可利用棉被、窗簾等沾濕來滅火。 4. 如火有擴大蔓延之傾向，則應迅速撤退至安全之處所。
	報警	1. 發現火災時，應立即報警。 2. 電話打「119」報警同時亦可大聲呼喊、敲門、喚醒他人知道火災之發生，而逃離現場。 3. 打「119」報警時，一定要詳細說明火警發生之地址、處所、建築物狀況等，以便適切派遣消防車輛前往救災。
	逃生	1. 正確的逃生，保全性命。 2. 逃生時，切勿驚慌以致張惶失措，更勿為了攜帶貴重財物，而延誤了逃生的時機。

2. 逃生的狀況與方法

	說　明
逃生 避難時	1. **不可搭乘電梯**，因為火災時往往電源會中斷，而被困於電梯中。 2. 循著避難方向指標，由安全門進入安全梯逃生。 3. **以毛巾或手帕掩口**：利用毛巾或手帕沾濕以後，掩住口鼻，可避免濃煙的侵襲。 4. **濃煙中採低姿勢爬行**：火場中離地面30公分以下的地方應還有空氣存在，尤其愈靠近地面空氣愈新鮮，因此盡量採取低姿勢爬行，頭部愈貼近地面愈佳。 5. **濃煙中戴透明塑膠袋逃生**：可利用透明塑膠袋（塑膠袋長約100公分，寬約60公分），使用大型的塑膠袋可將整個頭罩住，提供足量的空氣供給逃生之用。 6. **沿牆面逃生**：逃生時，如能沿著牆面，則當走到安全門時，即可進入，而不會發生走過頭的現象。
在室內 待救時	1. **用避難器具逃生**： 避難器具包括繩索、軟梯、**緩降機**、救助袋等。 2. **塞住門縫防止煙流進來**： 一般而言，房間的門不論是銅門、鐵門、鋼門，都會具有半小時至二小時的防火時效。此時可以利用膠布或沾溼毛巾、床單、衣服等塞住門縫，防止煙進來，另外如房間內有大樓中央空調使用的通風口，亦應一併塞住，以防止濃煙侵襲滲透。 3. **設法告知外面的人**： 設法讓外面的人知道你待救的位置，如大聲呼救，並揮舞明顯顏色的衣服或手帕，讓消防隊能設法救你。 4. **至易於獲救處待命**： 進入安全梯間或跑至樓頂平臺，均是容易獲救的地點。如不幸地，受困在房間內，則應跑至靠陽臺或窗戶旁等待救援。 5. **避免吸入濃煙**： 務必記住逃生過程中盡量避免吸入濃煙。

	說　明
無法期待 獲救時	1. 以床單或窗簾做成逃生繩： 　　利用房間內之床單或窗簾捲成繩條狀，首尾互相打結銜接成逃生繩。將繩頭綁在 　　房間內之柱子或固定物上，繩尾拋出陽臺或窗外，沿著逃生繩往下攀爬逃生。 2. 沿屋外排水管逃生： 　　如屋外有排水管，可利用排水管攀爬往下至安全樓層或地面逃生。 3. 不可輕易跳樓： 　　在火災中，常會發生逃生無門的狀況，但未到萬不得已時不可輕易跳樓，因為跳 　　樓非死即重傷，最好能靜靜待在房間內，設法防止火及煙的侵襲，等待消防人員 　　的救援。

資料來源：整理自內政部消防署防災知識網http://www.nfa.gov.tw。

四、滅火之原理及滅火器認識及操作

（一）滅火的原理

	燃燒條件	方法名稱	滅火原理	滅火方法
滅火的基本原理	可燃物	拆除法	搬離或除去可燃物	將可燃物搬離火中或自燃燒的火焰中除去
	助燃物（氧）	窒息法	除去助燃物	排除、隔絕或者稀釋空氣中的氧氣
	熱能	冷卻法	減少熱能	使可燃物的溫度降低到燃點以下
	連鎖反應	抑制法	破壞連鎖反應	加入能與游離基結合的物質，破壞或阻礙連鎖反應

資料來源：內政部消防署防災知識網http://www.nfa.gov.tw。

（二）滅火器的認識及操作

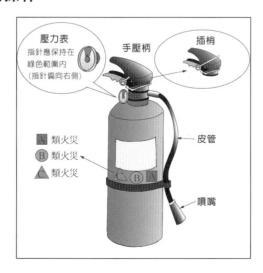

1. A類火災：木材、紙張、綿紗、布料、塑膠類等物質引起之火災。

2. B類火災：石油類、動植物油類、有機溶劑、液化石油氣、天然氣等物質引起之火災。

3. C類火災：通電中設備（尚未切斷電源者引起之火災）。

①提起滅火器，拉開安全插梢	②握住皮管，朝向火苗	③用力握下手壓柄
④朝向火源根部噴	⑤左右移動掃射	⑥熄滅後用水冷卻餘燼	⑦保持監控確定熄滅

五、正確使用緩降機

（一）緩降機的設置

　　國內高樓內側公共區所設置利用外牆逃生器材緩降機，主要可分為支架、煞車組與緩降繩等三部分。

1. 注意事項：

(1) 建議設置於十樓以下之樓層中。

(2) 依各類場所消防安全設備設置標準第二十五條規定：「建築物除十一層以上樓層及避難層外，各樓層應選設滑臺、避難梯、避難橋、救助袋、緩降機、避難繩索、滑杆或經中央消防主管機關認可具同等性能之避難器具。旅館自二樓至十樓都應設置。

2. 使用方法（如下步驟圖）

步驟一	步驟二	步驟三	步驟四
完全拉出支架及前臂後至定位。	將調數器掛上前支臂之掛環，鎖緊保險。（掛掛勾）	確定下方無障礙物及人員後，將捲有繩索的盤投下。（丟輪盤）	面向調數器將安全帶套入腋下，盡量拉高。將束帶環向身體拉緊至極限。（套安全帶）
步驟五	步驟六	步驟七	步驟八
伏上欄杆，雙手扳住外緣。將身體翻向外側，讓體重將身體帶下，最後順勢放開雙手。（夾束環）	自然下墜時雙臂縮回夾緊，雙手置於胸前，頭與身體保持自然垂直。（推牆壁）	落地時順勢蹲坐減少衝力。	迅速解開、卸下織帶，解開以方便下一使用者。

（二）注意事項

1. 緩降機一次僅能1人使用。

2. 使用時確認樓層及繩索長度。

3. 丟輪盤時，注意繩索是否打結，下面是否有障礙物阻隔。

4. 使用緩降機時，腋下要夾緊，雙手不可高舉，以免安全索脫落。

5. 保養緩降機要注意，緩降機不能上油，以免降低煞車功能。

六、探測器認識

分　類	說　明
差動式探測器	1. 原理 　(1) 當探測器裝置處溫度每分鐘上升10℃或以上時，應在4分半鐘以內動作。但通過探測器之氣流較裝置處所室溫度高出20℃時，該探測器亦應能在30秒內動作。 　(2) 內外氣室間之金屬薄膜因外氣室受熱膨脹向內彎曲，從而接觸底座上之接點而接通電流產生警訊。 2. 適於設置場所 　辦公室、客房、餐廳之外場及一般公共區域等。
定溫式探測器	1. 原理 　(1) 內裝有雙金屬片，其不同面之膨脹係數不同，因此受熱至一定溫度時會向內彎曲，接觸底座上之接點形成通路而產生警訊。 　(2) 裝置點溫度升至探測器設定溫度或於7分鐘內即由20℃上升至85℃時動作。 2. 適於設置場所 　高度及溫差變化大之場所，如：三溫暖、廚房、香爐上方及鍋爐房等。
偵煙式探測器	1. 原理 　(1) 遮光式：光電迴路會定時（如8～10秒）發出訊號測試環境狀況（有些測試器底座上紅燈會閃爍）；若受光端正常接受到信號，偵測器即不會有動作，若煙霧進入探測器內，而濃度足以遮斷光線時，受光端接受不到信號即發出警訊。 　(2) 離子式：如同遮光式，發光源改為放射性物質。 　(3) 煙之濃度到達8%遮光程度時，探測器應能在20秒內動作。 2. 適於設置場所： 　客房、公共區域、走廊、樓梯間及其他易產生煙霧地區。

七、灑水頭認識

（一）灑水頭的認識

1. 是裝設在消防灑水管線的頭端，平時可以止水蓄壓，緊急時可以自動開啟灑水，並且引導灑水方向的組件。

2. 依法規設置高度不應超過4公尺，灑水涵蓋半徑為1.5公尺。

（二）灑水頭依操作原理可分為三類

分　類	說　明
可溶性組件型灑水頭	1. 可溶性組件受熱達到一定的溫度後，會分解斷裂，基座內的水因此沖開頂蓋而噴出水。 2. 保養與檢查：迴水板必須突出裝潢，否則灑水時無法涵蓋預定的面積。
玻璃球型灑水頭	1. 玻璃球受熱達到一定的溫度後破裂，其基座內的水沖出。 2. 保養與檢查：迴水板必須突出裝潢，否則灑水時無法涵蓋預定的面積。
泡沫灑水頭	1. 是接在消防管上之噴頭上，內部未設開關。當發生火警時，會先由玻璃球灑水頭或可溶性組件型灑水頭噴出灑水，因而造成管內的壓力下降，消防幫浦將自動啟動，並啟動泡沫液與消防水混合，再灑水滅火。 2. 保養與檢查：因前端為開放式，因此要檢查管道是否堵塞。

（三）灑水頭的檢查要領

1. 確認灑水頭是否正確安裝，且無變形、損壞、腐蝕或有無被塗料而影響感知作用。

2. 確認灑水頭（迴水板）周圍60cm之內無障礙物。

3. 每個灑水頭的防護面積不得大於9平方公尺，間距不得大於3.5公尺。

（　　）1. 廚房中遭遇燒燙傷事件時，緊急處理的步驟為何？　(A) 脫→沖→蓋→泡→送　(B)沖→蓋→泡→脫→送　(C)沖→脫→泡→蓋→送　(D)蓋→泡→沖→脫→送。　　　　　　　　　　　　　　　　　　【90餐服技競】

解答 ▶ C

（　　）2. 依據「消防法」之規定，旅館應於客房中明顯處或房門後設置下列何項物品？　(A)房門編號　(B)煙霧偵測器　(C)旅館平面圖　(D)緊急逃難指示圖。　　　　　　　　　　　　　　　　　　　　　　【97統測模擬－餐服】

解答 ▶ D

解析 ▶ 依消防法之規定，旅館應於客房之房門後或明顯處設置緊急逃難指示圖。

( ) 3. 在客房外，會放置滅火器以防不時之需，一般旅館客房區域都放置何種滅火器？　(A)A型滅火器　(B)B型滅火器　(C)C型滅火器　(D)D型滅火器。

【97統測模擬－餐服】

解答 A

解析 A型滅火器：針對木材、紙張、綿紗等物質引起之火災。

( ) 4. 緩降機的操作動作有：甲、雙手拉繩面向牆壁跨出窗口；乙、將束帶套在腋下；丙、將緩降機掛上架子鎖緊螺絲；丁、拋繩輪；戊、將束帶扣環拉到胸前。試排列其操作順序　(A)丙→丁→乙→戊→甲　(B)乙→丁→甲→戊→丙　(C)甲→丁→戊→乙→丙　(D)戊→甲→丁→乙→丙。

【97統測模擬－餐服】

解答 A

解析 將緩降機掛上架子鎖緊螺絲→拋繩輪→將束帶套在腋下→將束帶扣環拉到胸前→雙手拉繩面向牆壁跨出窗口。
緩降機使用說明：
1. 先將緩降機掛於架子上，並將緩降機之勾子的螺絲鎖緊，並確定緩降機之架子確實並牢固的固定著。
2. 將緩降機之繩輪拋到樓下，並將另一邊之束帶套在腋下，將束帶之扣環拉到胸前。
3. 雙手接著繩子，人跨出窗外面向牆壁；放開雙手，兩手臂與身體垂直，切記勿將兩手臂向上伸出以免墜樓，兩手掌微微接觸牆壁，以躲開牆上之突出物。
4. 到達地面時迅速將身上之束套解下，以利別人逃生。

( ) 5. 餐旅業提供消費者各項餐旅服務需求，除了強調軟硬體服務的品質與口碑，更應重視消防安全的維護，以提供消費者安全的消費場所，下列敘述何者正確？　甲、火災的形成主要由易燃物、氧氣、熱源三要素構成；乙、旅館客房應備有瓦斯警報系統消防設施；丙、C類火災適合使用二氧化碳滅火劑，使用後無殘物留存，對機械無損；丁、火災形成後，使燃燒作用持續進行的現象稱之為連鎖反應；戊、餐廳廚房油鍋起火時，宜採取的因應措施順序為報警→滅火→逃生　(A)甲乙丙　(B)甲丙丁　(C)乙丙丁　(D)乙丁戊。

【97統測模擬－餐服】

解答 B

解析 乙、瓦斯警報系統為廚房應備消防設施，旅館客房應具備的消防設施如自動灑水設備、區域間隔防火牆、緊急廣播系統；戊、油鍋起火時如無滅火器，可將鍋蓋蓋上或用濕抹布覆蓋滅火。

(　　) 6. 關於避難緩降機使用步驟的先後順序，下列何者正確？　(A)掛掛勾、束束環、安全帶、丟輪盤、推牆壁　(B)掛掛勾、丟輪盤、套安全帶、束束環、推牆壁　(C)套安全帶、掛掛勾、丟輪盤、束束環、推牆壁　(D)套安全帶、束束環、掛掛勾、丟輪盤、推牆壁。

解答 ▶ B

(　　) 7. 下列哪一種滅火器，不可使用在電器類火災？　(A)泡沫滅火器　(B)A類乾粉滅火器　(C)海龍滅火器　(D)二氧化碳滅火器。

解答 ▶ A

11-1 顧客抱怨及其他糾紛處理

(　　) 1. 下列何者是顧客真正抱怨的目的？　(A)挑戰權威　(B)訓練膽量　(C)希望獲得補償或賠償　(D)無理取鬧。

(　　) 2. 下列何者不是顧客抱怨的積極效益？　(A)爭取可能失去的顧客　(B)得知顧客的需求　(C)了解自己的弱點　(D)影響業績。

(　　) 3. 發生嚴重地震時，下列餐飲服務人員的做法，何者錯誤？　(A)請顧客遠離吊燈、掛畫、架子、玻璃及窗戶等危險物品　(B)請顧客靠近牆邊或柱子旁，並以隨身物品保護頭部　(C)打開大門、出入口，逃生梯保持暢通　(D)儘速引導顧客搭乘電梯離開。　　　　　　　　　　【105統測－餐服】

(　　) 4. 關於餐廳基層服務人員處理顧客抱怨的原則與方式，下列何者最不適當？　(A)掌握時效　(B)迅速承諾　(C)耐心傾聽　(D)了解原因。

【107統測－餐服】

(　　) 5. 下列何者不為顧客抱怨處理的態度及方法？　(A)不理睬　(B)同理心　(C)傾聽　(D)誠懇。

(　　) 6. 處理顧客抱怨的流程為①決定處理方式；②傾聽客人的訴說；③詳實紀錄　(A)①→②→③　(B)①→③→②　(C)②→①→③　(D)②→③→①。

(　　) 7. 處理顧客抱怨的方式，下列何者有誤？　(A)受理要快，處理要慢　(B)程序上少承諾，實質上多承諾　(C)面對問題去處理，不要有任何逃避的心態　(D)要建立制度追蹤評鑑抱怨處理。

(　　) 8. 關於餐廳基層服務人員處理顧客抱怨的原則與方式，下列何者最不適當？　(A)掌握時效　(B)迅速承諾　(C)耐心傾聽　(D)了解原因。

【107統測專二】

解答

11-1	1. C	2. D	3. D	4. B	5. A	6. C	7. B	8. B

( ) 9. 餐廳面對來電客訴案件處理，應掌握之原則，下列何者錯誤？ (A)耐心傾聽 (B)由當日值班經理帶領登門拜訪表達歉意 (C)詳實記錄顧客姓名、地址、電話號碼與抱怨內容 (D)詳敘事發原委。 【105-3模擬專二】

( )10. 顧客抱怨處理應有之原則，下列何者不宜？ (A)找出顧客抱怨發生原因 (B)應主動消除與顧客對立情形 (C)報告上級主管 (D)應耐心傾聽，不用紀錄。 【105-4模擬專二】

( )11. 有關餐廳服務流程中，接受顧客點菜後發現下列情況：顧客點了他喜愛的新鮮龍蝦菜餚，但因貨源短缺，廚房無法準備那道佳餚，一名專業服務員下列何者為不應做出的反應？ (A)拿出菜單讓顧客選擇另一道菜餚 (B)推薦另一道佳餚 (C)道歉，並向顧客告知龍蝦沒貨 (D)為顧客提供免費甜品作為補償。 【105-5模擬專二】

( )12. 有關降低顧客抱怨的過程中，例如：在午餐時段，一名顧客對餐廳服務員所提供的服務感到不滿，以做好「Excellence卓越」服務顧客的過程中，服務員應做出下列何種反應？ (A)正常地服務顧客並假裝沒有什麼事 (B)以更多的注意力服務顧客，並主動詢問顧客是否有什麼需要 (C)避免與顧客互動或服務顧客，以減少緊張氣氛 (D)每當和顧客互動時道歉。

【105-5模擬專二】

( )13. 有關餐廳安全維護與緊急事件的應對，下列敘述何者錯誤？ (A)飯店或餐廳若有安全門必須是防火材質，平常應保持關閉狀態，但勿上鎖 (B)使用瓦斯爐灶時，應先打點火槍，點著母火，再開瓦斯點燃子火 (C)食物中毒如為誤食農藥，應該讓患者喝下牛奶、鹽水或澱粉水等 (D)取熱鍋時，避免燙傷的方式是使用濕抹布端取熱鍋。 【107-2模擬專二】

解析▶ (D)取熱鍋時，避免燙傷的方式是使用乾抹布端取熱鍋。

( )14. 下列四位服務員中，哪一位的顧客抱怨處理較不適當？(1)慧喬用心且主動傾聽顧客提出的抱怨，以積極的態度處理問題；(2)棟元展現誠意，抱持同理心，真誠表達歉意，展現處理事情的誠意；(3)寅娜掌握抱怨處理時效，

🎯 解答

9. B　　10.D　　11.D　　12.B　　13.D　　14.D

迅速解決問題；(4)熙俊以不容置疑的態度處理顧客抱怨，立即要求顧客負責　(A)慧喬　(B)棟元　(C)寅娜　(D)熙俊。【107-4模擬專二】

解析 建議熙俊以同理顧客，且緩和柔軟具有溝通雙向的態度處理顧客抱怨。

(　　) 15. 露露西餐廳新進服務員小西不小心將冰伯爵奶茶淋在王小姐身上，小西急忙擦拭桌面就離開，造成王小姐生氣客訴餐廳經理，下列處理客人抱怨所採取之步驟，其先後次序應為何？甲：提出合理補償（協助王小姐衣服送洗費用、贈送餐廳餐券）、乙：表現瞭解王小姐的感受，並表示同意她的說法、丙：向客人誠心誠意道歉、丁：傾聽客訴的理由，中間不打斷、戊：若無法解決問題，再立即向上級報告，出面處理　(A)甲→乙→丙→丁→戊　(B)乙→丁→甲→戊→丙　(C)丙→丁→乙→甲→戊　(D)丁→乙→丙→甲→戊。【109-2模擬專二】

11-2　餐廳客訴及緊急事件處理

(　　) 1. 沙門氏菌最容易附著於下列哪項食物？　(A)海鮮　(B)香腸　(C)雞蛋　(D)發芽的馬鈴薯。【106統測－餐服】

(　　) 2. 下列何者與火災或緊急逃生無關？　(A)emergency light　(B)exit　(C)explicit service　(D)hydrant。【107統測－餐服】

(　　) 3. 關於食物中毒的敘述，下列何者正確？　(A)過量食用非法食品添加物有引起食物中毒的疑慮　(B)食用發芽的馬鈴薯有可能會引起過敏性食物中毒　(C)只要有一人因感染腸炎弧菌死亡，即可列為食物中毒事件　(D)醫療院所應在48小時內將確診為食物中毒的病患通報衛生單位。

【108統測－餐服】

(　　) 4. 依據我國消防法規的規定，旅館客房內的避難指示圖，應該懸掛於何處？(A)浴室門後　(B)客房門後　(C)電視機上方　(D)行李架上方。

(　　) 5. 依據中華民國觀光法令，國際觀光旅館的營業最下樓層至客房樓層，設置客用升降機，以下何者<u>有誤</u>？　(A)150間以下2座　(B)251至375間4座　(C)501至625間6座　(D)901間以上每增100間增設一座。

解答

15.C　11-2　1. C　2. C　3. A　4. B　5. D

( ) 6. 消防偵煙器之基本功能為　(A)反應區域內煙霧過濃　(B)偵測有毒瓦斯外洩　(C)氧氣含量下降　(D)區域內有燃燒狀況。

( ) 7. 乾粉式滅火器上壓力表指針應停留於何區時才算功能正常　(A)紅區　(B)綠區　(C)黃區　(D)都可以。

( ) 8. 地震、火警、緊急疏散或打烊時，<u>不應將</u>何種設備關閉　(A)警鈴　(B)自來水　(C)電源　(D)瓦斯。

( ) 9. 火災中最可怕的是吸入濃煙中之　(A)二氧化碳　(B)一氧化碳　(C)二氧化氮　(D)一氧化氮。

( )10. 員工發現火警時，應即時應變，下列何者<u>不符合</u>應變要領？　(A)立即大聲呼叫「○○著火了」　(B)立即撥打「火警電話」　(C)先搶救自己貴重物品　(D)按「火警發信器」。

( )11. 餐廳發生火災時，應做的緊急措施為？　(A)立刻大聲喊叫，讓客人知道　(B)立刻按下警鈴，疏散客人　(C)立刻搭乘電梯，離開現場　(D)立刻讓客人結帳，再疏散客人。

( )12. 乾粉式滅火器一般<u>不能</u>處理何種火災　(A)一般火災　(B)油料火災　(C)電器火災　(D)金屬火災。

( )13. 房務員發現某房間經常有多名訪客進進出出，且不時傳出奇怪的氣味與噪音，則此房務員應該做出何種反應？　(A)不需要在意訪客人數　(B)暗示房客多給些小費　(C)立刻向主管通報狀況　(D)撥打電話向媒體爆料。

【106統測－餐服】

( )14. 旅館客房木質傢俱美輪美奐，當此類型客房發生火災時，下列何種滅火方式較不適用？　(A)水　(B)泡沫　(C)二氧化碳　(D)ABC 類乾粉。

【108統測－餐服】

( )15. 關於旅館緊急事件處理的敘述，下列何者錯誤？　(A)地震時應將門關好，以防門框變形無法逃生　(B)發生火警，必要時應盡快引導房客進行疏散

🎯 解答

6. A	7. B	8. A	9. B	10.C	11.B	12.D	13.C	14.C	15.A

(C)若客人酒醉鬧事太嚴重可報警處理　(D)如發現房客身亡應立即封鎖現場。 【104統測專二】

( )16. 下列何者不是垃圾處理之環保 5R原則之一？　(A)Recycle　(B)Reduce (C)Repair　(D)Replace。 【104統測專二】

( )17. 依據衛生福利部食品藥物管理署所定義食物中毒，下列敘述何者正確？甲、二人或二人以上攝取相同的食品而發生相似的症狀，稱為一件食品中毒案件。乙、如因攝食化學物質造成急性中毒，即使只有一人，也視為一件食品中毒案件。丙、如因攝食天然毒素造成急性中毒，則有三人或三人以上，稱為一件食品中毒案件。丁、如因肉毒桿菌毒素而引起中毒症狀，且自人體檢體檢驗出肉毒桿菌毒素，則有三人或 三人以上，才可視為一件食品中毒案件　(A)甲、乙　(B)甲、丙　(C)乙、丁　(D)丙、丁。 【104統測專二】

( )18. 關於人工清洗餐具之洗滌方式與流程，下列敘述何者正確？　(A)消毒的方式有煮沸殺菌法、熱水殺菌法、乾熱殺菌法及氯氣殺菌法等共四種　(B)洗滌流程依序為刮除髒物→預洗→沖洗槽→洗滌槽→消毒槽→烘乾　(C)消毒過的餐具經烘乾後，可用抹布加以擦拭，以確保餐具完全乾燥　(D)清潔後的餐具若未在 72 小時內送抵用餐場所，應予重新洗滌。 【105統測專二】

( )19. 發生嚴重地震時，下列餐飲服務人員的做法，何者錯誤？　(A)請顧客遠離吊燈、掛畫、架子、玻璃及窗戶等危險物品　(B)請顧客靠近牆邊或柱子旁，並以隨身物品保護頭部　(C)打開大門、出入口，逃生梯保持暢通 (D)儘速引導顧客搭乘電梯離開。 【105統測專二】

( )20. 沙門氏菌最容易附著於下列哪項食物？　(A)海鮮　(B)香腸　(C)雞蛋 (D)發芽的馬鈴薯。 【106統測專二】

( )21. 關於餐具之清潔，下列敘述何者錯誤？　(A)中性洗潔劑可用於餐具之清潔 (B)弱鹼性洗潔劑可用於餐具之清潔　(C)洗碗機中加入乾精有助於碗盤之乾燥　(D)三槽式的人工洗滌設備以沖洗槽的水溫度最高。 【106統測專二】

 解答

16.D　　17.A　　18.D　　19.D　　20.C　　21.D

( )22. 關於餐具清潔後的殘留物質檢驗配對，下列何者錯誤？ (A)澱粉：碘試液 (B)油脂：蘇丹四號試液 (C)清潔劑ABS：寧海俊試液 (D)大腸桿菌：大腸桿菌檢查試紙。 【107統測專二】

( )23. 下列何者與火災或緊急逃生無關？ (A)emergency light (B)exit (C)explicit service (D)hydrant。 【107統測專二】

( )24. 旅館客房木質傢俱美輪美奐，當此類型客房發生火災時，下列何種滅火方式較不適用？ (A)水 (B)泡沫 (C)二氧化碳 (D)ABC類乾粉。 【108統測專二】

( )25. 關於食物中毒的敘述，下列何者正確？ (A)過量食用非法食品添加物有引起食物中毒的疑慮 (B)食用發芽的馬鈴薯有可能會引起過敏性食物中毒 (C)只要有一人因感染腸炎弧菌死亡，即可列為食物中毒事件 (D)醫療院所應在48小時內將確診為食物中毒的病患通報衛生單位。 【108統測專二】

( )26. 關於各類資源回收的處理方式，下列敘述何者正確？ (A)廢紙餐具如便當盒，不需用水略微清洗即可回收 (B)寶特瓶宜先去除瓶蓋、吸管、倒空內容物，清洗瀝乾後回收 (C)塑膠光面的紙張、複寫紙、衛生紙及尿布等皆可當廢紙類回收 (D)乾電池及鋰電池等廢電池因體積小，可以直接丟入垃圾桶清運掉。 【108統測專二】

( )27. 下列何種消防設施，原則上不適合裝設於旅館客房中？ (A)灑水頭 (B)偵煙式探測器 (C)差動式探測器 (D)定溫式探測器。 【109統測專二】

( )28. 關於廚房油鍋起火而引起火災或燙傷的處理方式，下列敘述何者正確？ (A)宜在最短時間內用大量水柱朝油鍋噴灑以撲滅火源 (B)朝油鍋撒入大量的鹽或蘇打粉，無法減緩火勢蔓延 (C)此類火災是屬於B類火災，亦可使用泡沫滅火器來滅火 (D)若不慎被熱油燙傷時，應遵循「脫、沖、泡、蓋、送」的順序處理。 【109統測專二】

( )29. 餐廳使用不銹鋼餐具主要是為了符合垃圾減量5R中的哪一項原則？ (A)recycle (B)refund (C)repair (D)reuse。 【109統測專二】

🎯 解答

22.C　　23.C　　24.C　　25.A　　26.B　　27.D　　28.C　　29.D

(　　)30. 關於餐廳廚餘分類與處理的敘述，下列何者正確？　(A)可分成生廚餘與熱廚餘　(B)咖啡沖泡後所產生的咖啡渣是廚餘　(C)餐桌上未食畢的餅乾、巧克力等屬於生廚餘　(D)當天若無法及時清理可常溫妥善儲存，隔天再請業者處理。　　　　　　　　　　　　　　　　【110統測專二】

(　　)31. 顧客在餐廳用餐時，食用到不新鮮的海產所導致的食品中毒，是由下列何種細菌所引起？　(A)肉毒桿菌　(B)大腸桿菌　(C)仙人掌桿菌　(D)腸炎弧菌。　　　　　　　　　　　　　　　　　　　　　　　　　【110統測專二】

(　　)32. 有關食品中毒的敘述，下列何者正確？　(A)米飯因放置室溫太久產生肉毒桿菌　(B)肉類罐頭因殺菌未完全造成沙門氏菌　(C)海鮮食品因交互汙染產生腸炎弧菌　(D)廚師手上的傷口碰觸食物造成大腸桿菌。

【105-2模擬專二】

解析▶ (A)米飯因放置室溫太久產生仙人掌桿菌、(B)肉類罐頭因殺菌未完全造成肉毒桿菌、(D)廚師手上的傷口碰觸食物造成金黃色葡萄球菌。

(　　)33. 小間食堂因瓦斯外洩引發火災，如依火災類型區分，此類火災屬於下列何者？　(A)普通火災　(B)油類火災　(C)電器火災　(D)金屬火災。

【105-4模擬專二】

(　　)34. 2017年7月18日臺中逢甲商圈發生餐廳瓦斯氣爆事故，造成嚴重傷亡，再次凸顯職安及公安的重要性；有關餐廳安全維護處置之敘述，下列何者正確？甲、發生火警應立即撥打110 消防專線通報；乙、廚房因油炸起火燃燒，應使用B類滅火器滅火；丙、熟記「沖→脫→泡→蓋→送」燙傷處理原則；丁、人員疏散宜採水平式移動，再以垂直方向由安全梯向外逃生；戊、起灶烹調宜先開瓦斯再開點火器　(A)甲乙丙丁　(B)乙丙丁戊　(C)甲丁戊　(D)乙丙丁。　　　　　　　　　　　　　　　　　　　　　　　【106-2模擬專二】

(　　)35. 有關餐廳緊急事件處置應變之敘述，下列何者錯誤？　(A)顧客如出現食物中毒狀況，應迅速協助就醫，並保留剩餘餐點及嘔吐或排泄物，儘速通知衛生單位　(B)油鍋起火不可以水撲救　(C)發生火災時應立即啟動消防警鈴疏散顧客　(D)瓦斯外洩時，應立即開啟排風扇。　　　　【106-4模擬專二】

🎯 **解答**

| 30.B | 31.D | 32.C | 33.B | 34.D | 35.D |

(　)36.有關餐廳安全觀念及緊急事件處理的敘述，下列何者不正確？　(A)餐廳用火時，先點火再開瓦斯　(B)使用濕抹布拿取熱鍋　(C)肉毒桿菌中毒只要一人即視為食品中毒事件　(D)食品中毒時，若食入非腐蝕性食物，可將手指伸入喉嚨進行催吐。　【106-5模擬專二】

　　解析 (B)使用乾抹布拿取熱鍋。

(　)37.有關餐具清潔後的殘留物質檢驗配對，下列何者錯誤？　(A)澱粉：碘試液，殘留物反應呈藍紫色　(B)蛋白質：寧海俊試液，殘留物反應呈藍紫色　(C)油脂：清潔劑ABS 檢驗試劑及蘇丹試液，殘留物反應呈紅色斑點　(D)大腸桿菌：大腸桿菌檢查試紙，殘留物反應呈紅色斑點。
【107-2模擬專二】

　　解析 (C)油脂：蘇丹試液。清潔劑ABS檢驗試劑為1％花紺試液或10％鹽酸、氯仿試液。

(　)38.防災演練中能有效降低火災時火焰急速上竄及濃煙四起，應平日就要將大樓所有的「防火安全門」　(A)打開　(B)半開　(C)關閉　(D)鎖住。
【107-2模擬專二】

(　)39.有關火災種類與其適用滅火器，下列敘述何者正確？(A)A類火災：可燃性液體或氣體與油脂類物質所引起　(B)B類火災：指通電中之電氣機械器具及電氣設備　(C)C類火災：指普通可燃物引起之火災　(D)類火災：可燃性金屬物質或禁水性物質引起之火災。　【107-4模擬專二】

　　解析 (A)A類火災：指普通可燃物引起之火災、(B)B類火災：可燃性液體或氣體與油脂類物質所引起、(C)C 類火災：指通電中之電氣機械器具及電氣設備。

(　)40.有關火災的應變處理，下列敘述何者不正確？　(A)離地面距離愈高，其溫度愈高，離地30 公分處，仍有新鮮空氣，故採低姿勢沿牆面距離爬行到逃生門　(B)油脂燃燒著火，切勿用水去撲救　(C)炒菜時油鍋起火，不可蓋上鍋蓋，盡快使用乾抹布覆蓋滅火　(D)一氧化碳與濃煙是火災的第一殺手，一般房門有30分鐘~2小時的防火時效，只要將門關緊，火是不會馬上侵襲進來的。但煙是無孔不入，所以必須設法將門縫塞住。　【107-5模擬專二】

　　解析 (C)炒菜時油鍋起火，可蓋上鍋蓋，盡快使用浸濕的抹布覆蓋滅火。

 解答

36.B	37.C	38.C	39.D	40.C

( ) 41.餐廳廚房的火警偵測器應安裝哪一種類型的探測器較為合適？　(A)差動式探測器　(B)定溫式探測器　(C)偵煙式探測器　(D)紅外線式探測器。

【107-5模擬專二】

解析▶ (A)差動式探測器是利用周圍溫度上升，使探測器內之空氣膨脹，若溫度變化超過設定的範圍，便有感應，適用於辦公室、客廳等、(B)定溫式探測器是利用周圍溫度上升，使感應器內之電線或金屬片導通後，即發出警告示號，適用於廚房、香爐上方等、(C)偵煙式探測器，利用煙囪效應，煙霧上升的原理所設計，會產生濃煙、水蒸氣的地方不適宜安裝、(D)紅外線式探測器，是偵測到火苗所放射出的微弱紫外線及紅外線後，即發出警報，適合設置於挑高的空間，如中庭、大廳及倉庫等。

( ) 42.英橋一家人在墾丁討海人海鮮餐廳大啖新鮮龍蝦大餐後發生下痢及嘔吐的現象，請問他們最有可能感染下列哪一種食物中毒？　(A)腸炎弧菌　(B)沙門氏菌　(C)金黃色葡萄球菌　(D)大腸桿菌。　【108-2模擬專二】

解析▶ (A)腸炎弧菌：海鮮、(B)沙門氏菌：牛、老鼠、蛋、(C)金黃色葡萄球菌：傷口、膿瘡、(D)大腸桿菌：人及動物的腸道。

( )43.有關消防安全及逃生避難的敘述，下列何者錯誤？　(A)電器類火災又稱C類火災，不可用水滅火　(B)當火災發生時，應立即關閉電源及瓦斯並立即開窗，以保持通風　(C)離地面30公分以下還有空氣，所以在火場中宜採低姿態爬行　(D)發生火災逃生時，以濕毛巾掩住口鼻，循避難方向指標進入安全梯逃生。　【108-3模擬專二】

解析▶ (B)不可開窗，會加速燃燒。

( )44.有關「食物中毒的分類」中，下列何者不屬於植物性的天然毒素？　(A)含黃麴毒素的花生　(B)毒菇　(C)河豚毒　(D)發芽的馬鈴薯。

【108-4模擬專二】

解析▶ (C)河豚毒是屬於強烈的神經毒素，屬於動物性的天然毒素。

( ) 45.有關各項餐廳緊急事件的發生，下列敘述何者正確？　(A)當油鍋起火時，首先將瓦斯關閉，蓋上鍋蓋，並用乾毛巾覆蓋起火處　(B)瓦斯燃燒不完全會產生二氧化碳，它無色、無臭、無味，卻有毒，吸入過量會頭暈、嘔吐　(C)電器火災發生時，可用泡沫滅火器進行滅火　(D)如誤食農藥，可視患者情況喝適量牛奶、澱粉水。　【108-5模擬專二】

◎ 解答

41.B　　42.A　　43.B　　44.C　　45.D

解析 (A)當油鍋起火時，首先將瓦斯關閉，蓋上鍋蓋，並用濕毛巾覆蓋起火處、(B)瓦斯燃燒不完全會產生一氧化碳，它無色、無臭、無味，卻有毒，吸入過量會頭暈、嘔吐、(C)泡沫滅火器只適用於普通與油類火災，電器用品必須使用二氧化碳滅火器或ABC乾粉滅火器。

( )46. 火警感知器及消防灑水器皆安裝於天花板上，當火警感知器偵測到該場域的變化時，便會發出蜂鳴警示，並連動自動灑水器的啟動，而開始灑水滅火，請問餐廳和廚房較易產生高溫的場所，適合哪一種滅火器？甲、偵煙感知器；乙、定溫式感知器；丙、差動式感知器　(A)乙　(B)甲乙　(C)乙丙　(D)甲乙丙。　　　　　　　　　　　　　　　【108-5模擬專二】

解析 偵煙感知器可檢測現場是否有因燃燒引起的煙霧，定溫式感知器可檢測現場溫度是否超過標準，差動式感知器可檢測現場溫度變化是否過大，一般而言，餐廳和廚房較易產生高溫的場所，適合裝定溫式感知器。

( )47. 有關火災類別與滅火方式的敘述，下列何者正確？　(A)炒菜時油鍋起火引起火災是屬於B 類火災，可以灑水滅火　(B)飯店電梯的變壓器起火燃燒是屬於C類火災，必須要趕快關掉總電源，並使用泡沫滅火器撲滅　(C)旅館備品間囤放很多床單等布巾，員工在裡面偷抽菸，不小心引起火災是屬於A 類火災，可以使用A類乾粉滅火器或是泡沫滅火器　(D)不管是哪一類火災，都適用二氧化碳滅火器。　　　　　　　　　　　【109-2模擬專二】

解析 (A)炒菜時油鍋起火引起火災是屬於B類火災，不可以灑水滅火，應該蓋濕布或鍋蓋，隔絕空氣滅火、(B)飯店電梯的變壓器起火燃燒是屬於C類火災，必須要趕快關掉總電源，可使用C類乾粉滅火器或二氧化碳滅火器撲滅，泡沫滅火器禁用C 類火災、(D)二氧化碳滅火器適合油類、電氣火災。

( )48. 澎澎海鮮餐廳發生集體食物中毒事件，造成6 人出現噁心、嘔吐、腹瀉等症狀，經調查，客人點了碳烤生蠔、綜合刺身、和風九孔鮑等餐點，研判可能為水產類食物處理、保存不當，造成烹煮過程中，引發的何種細菌感染？　(A)肉毒桿菌　(B)沙門氏菌　(C)仙人掌桿菌　(D)腸炎弧菌。

【109-2模擬專二】

 解答

46.A 　　47.C 　　48.D

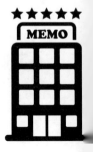

國家圖書館出版品預行編目資料

餐飲服務總複習/好文化編輯小組編著.--初版.--新北市：
新文京開發出版股份有限公司, 2021.08
　　面；　　公分

ISBN　978-986-430-764-7（平裝）

1. 餐飲業　2. 餐飲管理

483.8　　　　　　　　　　　　　　　　110013206

餐飲服務總複習　　　　　　　　　　　　　　　（書號：VF040）

編 著 者	好文化編輯小組
出 版 者	新文京開發出版股份有限公司
地　　址	新北市中和區中山路二段 362 號 9 樓
電　　話	(02) 2244-8188（代表號）
F A X	(02) 2244-8189
郵　　撥	1958730-2
初　　版	西元 2021 年 09 月 01 日

法律顧問：蕭雄淋律師
ISBN　978-986-430-764-7

New Wun Ching Developmental Publishing Co., Ltd.

New Age · New Choice · The Best Selected Educational Publications—NEW WCDP

新文京開發出版股份有限公司

NEW WCDP

新世紀‧新視野‧新文京 ─ 精選教科書‧考試用書‧專業參考書